清华电脑学堂

Flash多媒体动画制作实用教程

实战微课版

贾瑞 / 编

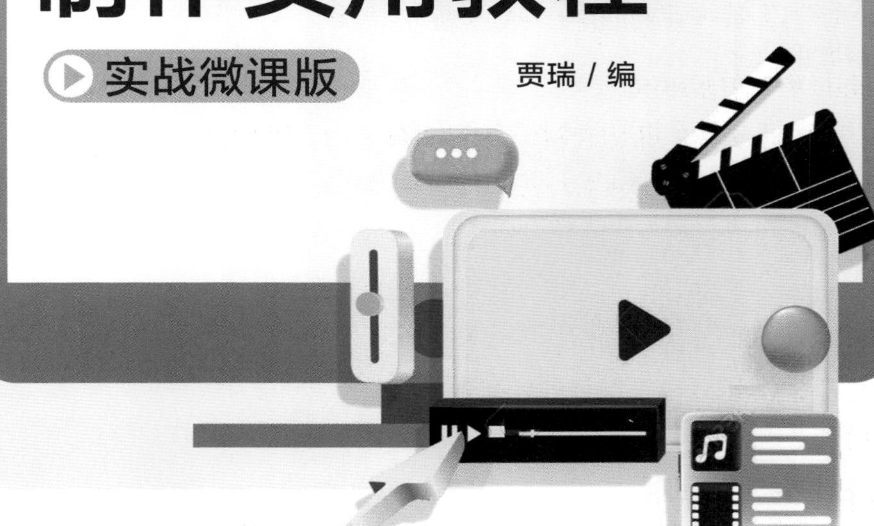

清華大學出版社
北京

内容简介

本书介绍了Flash CC动画设计与制作方面的知识，主要内容包括Flash动画制作基础，绘制与编辑图形，创建与编辑文本，编辑与修饰对象，元件、实例和库，应用外部媒体素材，时间轴和帧，制作Flash基本动画，图层与高级动画制作，使用组件和动画预设，动作脚本，测试与发布动画等方面的知识、技巧和操作案例。另外，本书赠送PPT教学课件、配套学习素材、配套习题和综合测试题试卷答案，方便读者学习和使用。

本书内容丰富、实用性强，适合学习Flash动画制作的初、中级读者，也适合动画设计从业人员、Flash动画爱好者和多媒体课件制作人员阅读使用，还可以作为中、高等院校动画制作相关专业和培训班的辅导教材。

图书在版编目（CIP）数据

Flash多媒体动画制作实用教程：实战微课版 / 贾瑞编. —北京：清华大学出版社，2023.3
（清华电脑学堂）
ISBN 978-7-302-62807-1

Ⅰ. ①F… Ⅱ. ①贾… Ⅲ. ①动画制作软件—教材 Ⅳ. ①TP391.414

中国国家版本馆CIP数据核字（2023）第029961号

责任编辑： 张　敏
封面设计： 郭二鹏
责任校对： 徐俊伟
责任印制： 丛怀宇

出版发行： 清华大学出版社
网　　址：http://www.tup.com.cn，http://www.wqbook.com
地　　址：北京清华大学学研大厦A座　　邮　编：100084
社 总 机：010-83470000　　邮　购：010-62786544
投稿与读者服务：010-62776969，c-service@tup.tsinghua.edu.cn
质量反馈：010-62772015，zhiliang@tup.tsinghua.edu.cn
课件下载：http://www.tup.com.cn，010-83470236
印 装 者： 小森印刷（北京）有限公司
经　　销： 全国新华书店
开　　本： 170mm×240mm　　**印　张：** 12　　**字　数：** 311千字
版　　次： 2023年4月第1版　　**印　次：** 2023年4月第1次印刷
定　　价： 79.80元

产品编号：096758-01

前言

随着网络的普及和发展，互联网表现方式更加多样化，人们对网络的追求也不再是单纯的图片与文字的结合，而是追求基于网络基础的动态效果和交互性。Flash 作为动画、广告、游戏的首选创作工具，采用先进的动画制作技术，能快速、高效地创建极具表现力和动感效果的动画，使网页动画的创作过程变得更加简单。

本书内容概况

本书的编者有着多年丰富的教学经验与实际动画的设计经验，希望把实际授课和作品设计制作中的经验表达出来，展现给读者，希望读者在体会到 Flash CC 强大功能的同时能够把设计思想、创意通过软件反映到动画设计的视觉效果上，使读者在掌握基本操作的同时还能通过实例和优秀的动画作品体会到动画设计的独特之处，实现由浅入深、由入门到精通这一循序渐进的学习过程。本书的主要内容包括以下 4 个方面。

1. 基础入门

第 1 ～ 7 章：首先介绍了 Flash 的应用领域、软件的界面和操作方法，然后讲解了 Flash 的基本编辑方法，颜色的管理，Flash 的绘制功能，元件以及实例和库等。此外，还针对【时间轴】面板的使用、文本的使用、声音和视频的应用等内容进行了深度剖析。

2. 基本动画制作

第 8 ～ 10 章：介绍了制作逐帧动画、补间形状动画、传统补间动画以及补间动画等基本动画的方法，并在此基础上介绍了引导层动画、场景动画和遮罩动画等高级动画的制作方法，同时讲解了图层的概念。此外，还针对组件、命令和动画预设进行了深度剖析。

3. 动作脚本

第 11 章：介绍了动作脚本的相关知识，包括编程环境和脚本语言两大部分。

4. 测试与发布动画

第 12 章：介绍了优化 Flash 影片、Flash 动画的测试以及发布 Flash 动画的具体操作。

本书编写特色

1. 轻松易学

全书内容安排由浅入深，语言通俗易懂，实例题材丰富多样，每个操作步骤的介绍都清晰、准确，特别适合广大职业院校及计算机培训学校作为相关专业的教学用书，同时也适合广大 Flash 初学者、设计处理爱好者作为学习参考用书。

2. 图文并茂

本书内容翔实、系统全面，采用“步骤讲述 + 配图说明”的方式进行编写，操作简单明了、浅显易懂。本书还提供了与内容同步讲解的多媒体教学视频，可以让读者像看电视一样轻松学会 Flash 动画制作与设计。

3. 快速提高

全书所有知识点均以案例形式讲解，并且本书安排了“范例应用”帮助初学者掌握相关工具、命令的应用，每章最后还安排了“课后习题”。在学习完本书之后，读者还可以通过“综合上机实训”和“知识与能力综合测试题试卷”得到进一步巩固与提高。

丰富的配套资源

本书配有丰富的学习资源，具体包括以下几个方面的内容，读者均可免费获取。

1. 同步视频教学课程

本书所有知识点均提供了同步视频教学课程，读者可以通过扫描书中的二维码在线实时观看，也可以将视频课程下载、保存到手机或者计算机中离线观看。

2. 配套学习素材

除第 1 章外，本书中每章的实例素材文件均可在章首页扫描二维码获取。

3. 同步配套PPT教学课件

本书提供了方便获取的 PPT 教学课件，如果选择该书作为教材，教师不用再担心没有教学课件。

4. 知识与能力综合测试题

本书共提供了 3 套知识与能力综合测试题试卷，但鉴于本书篇幅有限，第 2 卷和第 3 卷采用免费下载方式提供。

5. 习题答案

本书配套习题和知识与能力综合测试题试卷的答案通过免费下载方式提供。

以上 2 ～ 5 的资源，读者可以通过扫描下方二维码下载获取。

配套资源

本书凝聚了编者多年的教学和设计经验，旨在通过对知识点的归纳总结拓展读者的视野，鼓励读者多尝试、多练习、多思考、多动脑。希望读者在阅读本书之后，可以开拓视野，增长实践操作技能，并从中总结操作的经验和规律，达到灵活运用的水平。

编者

2022 年 10 月

目录

第1章 Flash 动画制作基础 001

绘制与编辑图形 014

第3章

第4章

第7章 时间轴和帧 086

第8章 制作 Flash 基本动画 098

使用组件和动画预设 130

动作脚本 142

测试与发布动画 160

第 1 章
Flash 动画制作基础

本章要点：

- 初识 Flash
- Flash CC 的工作界面
- 设置工作区
- 查看舞台
- 辅助工具

本章主要内容：

本章主要介绍 Flash 动画的应用领域、Flash 的基本术语、Flash CC 的工作界面、设置工作区和查看舞台方面的知识与技巧，并且讲解了如何使用辅助工具，在本章的最后还针对实际的工作需求讲解了使用贴紧对齐的方法。通过本章的学习，读者可以掌握 Flash 动画制作的入门知识，为深入学习 Flash CC 奠定基础。

1.1 初识 Flash

微视频

Flash 是一种二维矢量动画软件，用于设计和编辑 Flash 文档，通常还包括用于播放 Flash 文档的 Flash Player。本节将详细介绍 Flash 动画的应用领域、Flash 的基本术语和 Flash 的文件格式等内容。

1.1.1 Flash 动画的应用领域

Flash 互动内容已经成为创造网站活力的标志，目前 Flash 被广泛应用于网页设计、网页广告、网络动画、多媒体教学软件、游戏设计、企业介绍、产品展示和电子相册等领域。下面详细介绍 Flash 动画应用领域方面的知识。

1. 网页领域

有时候为达到一定的视觉冲击力，很多网站会在进入主页之前播放一段使用 Flash 制作的动画。此外，很多网站的 Logo（网站的标志）和 Banner（网页横幅广告）也都采用 Flash 制作。当需要制作一些交互功能较强的网站时，使用 Flash 制作整个网站互动性会更强，如图 1-1 所示。

2. 网络动画

在网络世界中，许多网友喜欢把自己制作的 Flash 音乐 MV 或 Flash 二维动画传输到网上供其他网友欣赏，实际上正是因为这些网络动画的流行，Flash 在网络中形成了一种独特的文化，如图 1-2 所示。

图 1-1

图 1-2

3. 电子贺卡

用户还可以使用 Flash 制作出精美的贺卡，然后发送贺卡给收卡人，收卡人在收到贺卡后单击就可以打开贺卡。贺卡的种类有很多，可以是静态图片，也可以是动画，甚至可以带有美妙的音乐，如图 1-3 所示。

4. 互动游戏

使用 Flash 的动作脚本功能可以制作一些精美、有趣的在线小游戏，例如连连看、贪吃蛇、棋牌类游戏等。由于 Flash 游戏具有体积小的优点，在手机中已经嵌入 Flash 游戏，如图 1-4 所示。

图 1-3

图 1-4

5. 多媒体教学课件

图 1-5

随着网络教育的逐渐普及，网络授课不再是以枯燥的文字为主，更多的教学内容被制成了动态影像，或者将教师的知识点讲解录音进行在线播放，但是这些教学内容只是生硬地播放事先录制好的内容，学习者只能被动地单击播放，而不能主动地参与其中。Flash 的出现改变了这一切。由 Flash 制作的课件具有很高的互动性，使学习者能够真正融入在线学习中，亲身参与每一个实验，就好像自己真正在动手一样，使原本枯燥的学习变得活泼、生动，如图 1-5 所示。

1.1.2 Flash 的基本术语

在正式开始学习 Flash CC 之前，需要对 Flash 有一些大概的了解，这样才不会在一些小问题上浪费时间。下面详细介绍 Flash 的基本术语，以解决初学者在学习过程中可能遇到的麻烦。

1. 帧

帧是进行动画制作的最小单位，主要用来延伸时间轴上的内容。帧在时间轴上以灰色填充的方式显示，通过增加或减少帧的数量可以控制动画播放的速度，如图 1-6 所示。

2. 空白关键帧

空白关键帧是舞台上没有任何内容的关键帧。在 Flash CC 中，新建 Flash 空白文档或者新建图层时，时间轴上默认图层的第 1 帧即为空白关键帧，用一个空心圆表示，如图 1-7 所示。

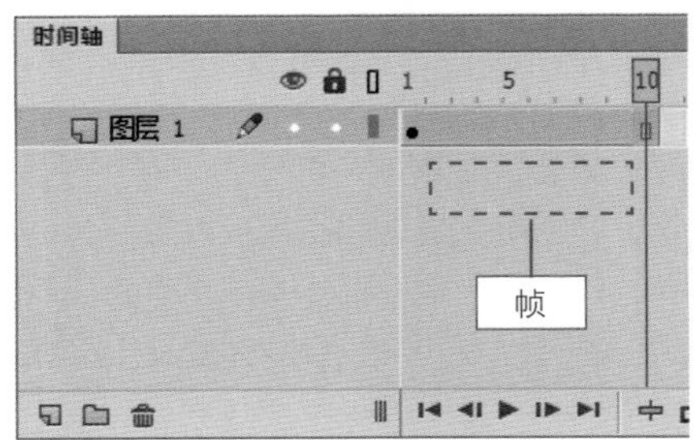

图 1-6

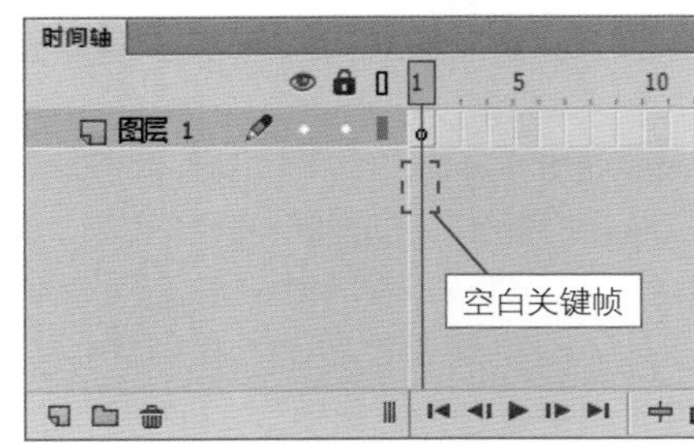

图 1-7

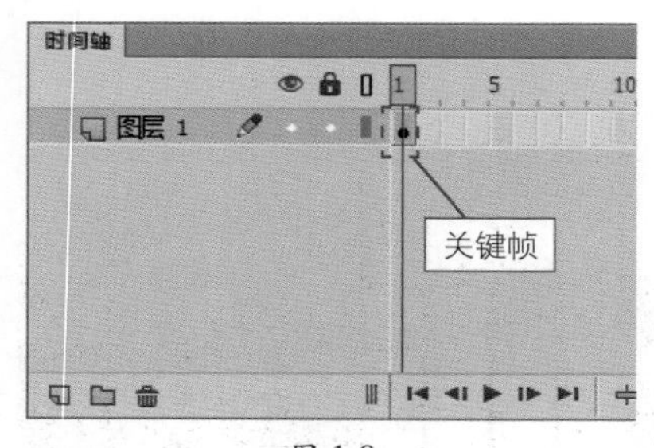

图 1-8

3. 关键帧

关键帧定义了对动画的对象属性所做的更改或包含了控制文档的 ActionScript 代码。关键帧不用画出每个帧就可以生成动画，所以能够更轻松地创建动画。关键帧在时间轴上显示为实心的圆点，如图 1-8 所示。用户可以通过在时间轴中拖动关键帧来轻松更改补间动画的长度。

知识常识

用户尽可能在同一动画中减少关键帧的使用，以减少动画文件的体积，还要尽量避免在同一帧处大量使用关键帧，以减少计算机的运行负担。

1.1.3 Flash 的文件格式

Flash 文件有多种格式，例如 FLA、SWF、XFL、GIF、JPEG、PSD 和 PNG 等。下面详细介绍 Flash 文件格式的相关知识。

1. FLA和SWF

FLA 格式是 Flash 中使用的主要文件格式，是包含 Flash 文档的媒体、时间轴和脚本基本信息的文件。SWF 文件是 FLA 文件的压缩版本，一般通过发布就可以应用到网页中，也可以直接播放。

2. XFL

XFL 格式代表了 Flash 文档，是一种基于 XML 开放式文件夹的方式。这种格式方便设计人员和程序员合作，能够提高工作效率。

3. GIF和JPEG

GIF 格式是为了在网络上传输图像而创建的文件格式。它采用压缩方式将图片压缩得很小，有利于在网上传输。另外，它支持背景透明和动画，可以用来制作简单的动画。

JPEG 格式是由联合图像专家组制定的带有压缩的文件格式。它可以设置压缩品质数值，压缩数值越大，压缩后的文件越小，但图像的某些细节会被忽略，所以存在一定程度上的失真。该格式主要用于图像预览以及制作超文本文档。

4. PSD和PNG

PSD 是 Photoshop 默认的文件格式，而且是除大型文档格式（PSB）之外支持所有 Photoshop 功能的唯一格式。PSD 格式可以保存图像中的图层、通道和颜色模式等信息，将文件保存为 PSD 格式，方便用户以后进行修改。在 Flash 中可以直接导入 PSD 文件并保留许多 Photoshop 功能，同时保持 PSD 文件的图像质量和可编辑性。在导入 PSD 文件时还可以对其平面化，并创建一个位图图像文件。

PNG（便携网络图形）格式是作为 GIF 的替代品开发的，用于无损压缩和在 Web 上显示图像。与 GIF 不同，PNG 支持 24 位图像并产生无锯齿边缘的背景透明度，但是某些 Web 浏览器不支持 PNG 图像。PNG 格式支持无 Alpha 通道的 RGB、索引颜色、灰度和位图模式的图像。PNG 保留灰度和 RGB 图像中的透明度。

1.2 Flash CC 的工作界面

微视频

在使用 Flash CC 软件制作动画之前，需要先了解 Flash CC 工作界面的组成。本节将详细介绍 Flash CC 工作界面的组成，包括舞台、菜单栏、工具箱、时间轴、【属性】面板和其他面板等方面的知识。

1.2.1 初识 Flash 工作界面

Flash CC 中文版的工作界面主要由菜单栏、时间轴、工具箱、【属性】面板、浮动面板和舞台等组成，如图 1-9 所示。

图 1-9

1.2.2 舞台

舞台是所有动画元素的最大活动空间，也就是 Flash CC 中的场景，其背景色显示为白色，是编辑和播放动画的矩形区域。用户在舞台上可以进行放置和编辑向量插图、文本框、按钮以及导入位图图形、剪辑视频等操作。Flash 动画必须在舞台上创建，因为在输出影片时只有白色区域中的对象才能被显示，如图 1-10 所示。

1.2.3 菜单栏

Flash CC 的菜单栏中包括【文件】菜单、【编辑】菜单、【视图】菜单、【插入】菜单、【修改】菜单、【文本】菜单、【命令】菜单、【控制】菜单、【调试】菜单、【窗口】菜单及【帮助】菜单，执行菜单中的命令即可完成相应操作，如图 1-11 所示。

图 1-10

图 1-11

1.2.4 工具箱

Flash CC 的工具箱中提供了绘制和编辑动画图形的各种工具。工具箱由【工具】选区、【查看】选区、【颜色】选区和【选项】选区组成，如图 1-12 所示。

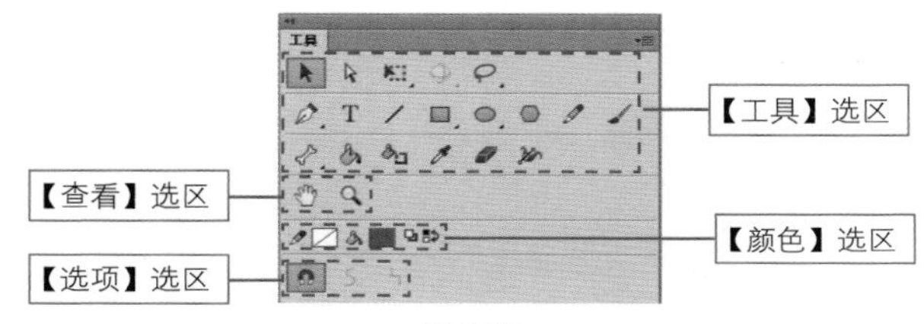

图 1-12

1.2.5 时间轴

在 Flash CC 中，时间轴用来组织和控制文档内容在一定时间内播放的图层数和帧数。按照功能不同，时间轴窗口分为左、右两部分，分别为图层控制区和时间线控制区，如图 1-13 所示。

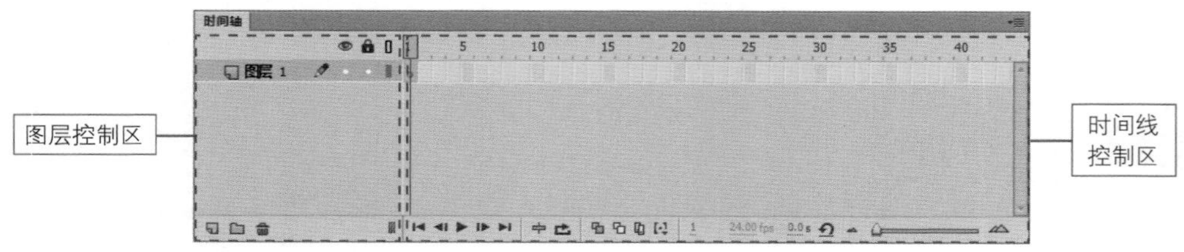

图 1-13

1.2.6 【属性】面板和其他面板

在 Flash CC 中，用户经常会使用【属性】面板、【颜色】面板、【对齐】面板和【动作】面板等。下面介绍【属性】面板和其他面板的知识。

1. 【属性】面板

当选定单个对象时，例如文本、组件、形状、位图、视频、组、帧等，【属性】面板可以显示其相应的信息和设置，如图 1-14 所示。

2. 其他面板

Flash CC 还提供了【颜色】面板、【样本】面板、【对齐】面板、【变形】面板等，用来查看、组合和更改资源等，并且提供了自定义显示面板的方式。例如，可以通过【窗口】菜单显示或隐藏面板，还可以通过拖动鼠标来调整面板的大小以及重新组合面板，如图 1-15 所示。

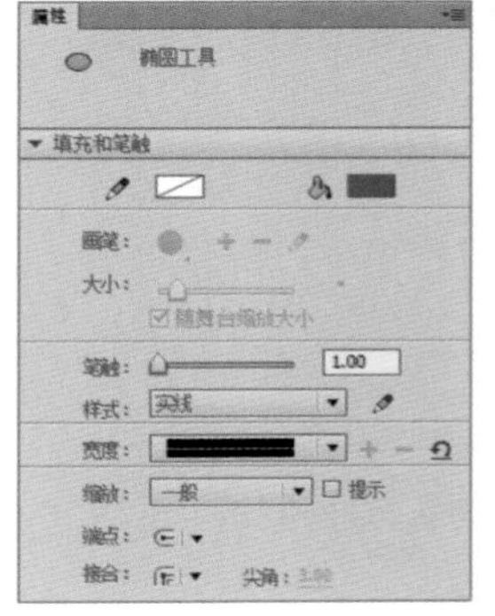
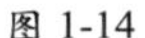

图 1-14

图 1-15

经验技巧

如果要同时关闭所有面板，可以在菜单栏中单击【窗口】菜单，选择【隐藏面板】菜单项来隐藏所有面板；或者按键盘上的 F4 键，快速地隐藏面板。

1.3 设置工作区

Flash CC 的工作区可以随意调整，用户可以根据个人喜好或习惯调整面板的大小和位置并存储为自定义工作区。如果用户觉得没有调整好工作区，可以恢复使用预设工作区。这些工作区可以使不同用户在不同的工作项目中最大化地体会到软件的功能。

微视频

1.3.1 使用预设工作区

Flash CC 提供了方便的适合各种设计人员的工作区，一共有 7 种方案可以选择。下面详细介绍使用预设工作区的方法。

打开 Flash CC 软件，单击界面右上角的【传统】按钮，在弹出的菜单中可以选择不同的工作区；或在菜单栏中执行【窗口】→【工作区】命令，也可以显示 Flash CC 的工作区，如图 1-16 和图 1-17 所示。

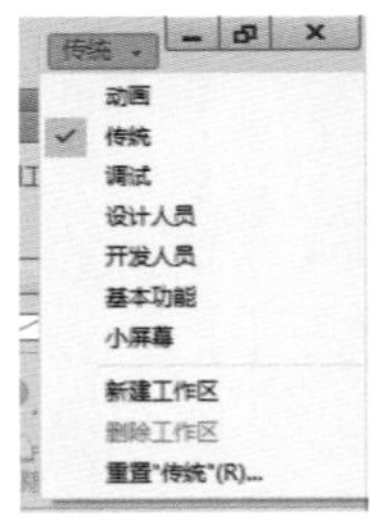

图 1-16

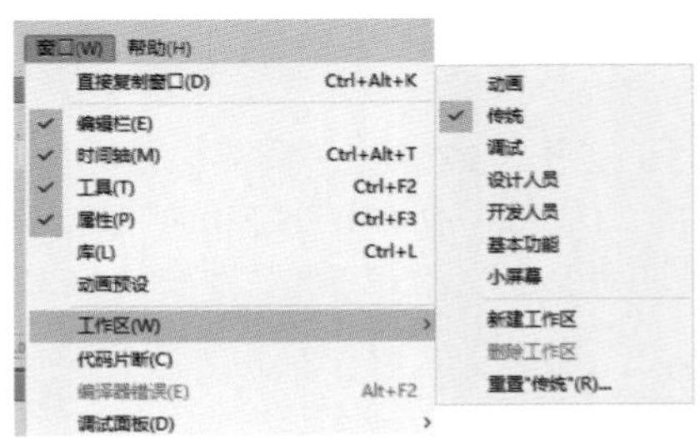

图 1-17

1.3.2 创建自定义工作区

调整面板的位置和大小，如果当前的工作区符合用户的需要，就可以将其保存为自定义工作区。下面介绍创建自定义工作区的方法。

（1）①单击界面右上角的【传统】按钮，②选择【新建工作区】选项，如图 1-18 所示。

（2）弹出【新建工作区】对话框，①在【名称】文本框中输入名称，②单击【确定】按钮，如图 1-19 所示。

（3）可以看到界面右上角显示当前工作区名称为“000”，通过以上步骤即可完成创建自定义工作区的操作，如图 1-20 所示。

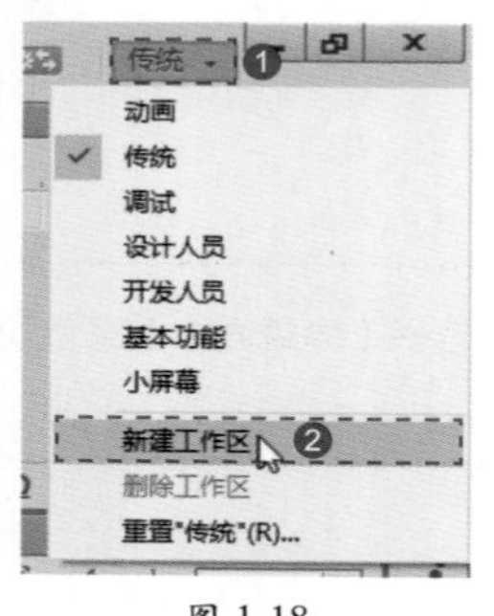

图 1-18

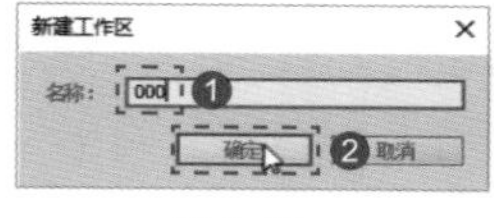

图 1-19

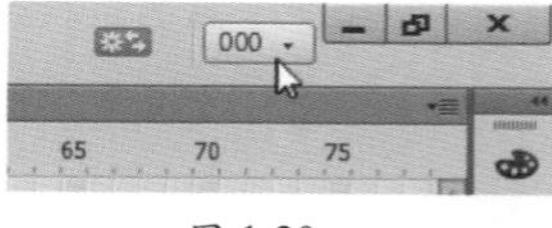

图 1-20

1.3.3 删除和重置工作区

单击界面右上角的【000】按钮，选择【删除工作区】选项，将弹出【删除工作区】对话框，单击【名称】下拉列表，选择准备删除的工作区，单击【确定】按钮即可完成删除工作区的操作，如图 1-21 和图 1-22 所示。

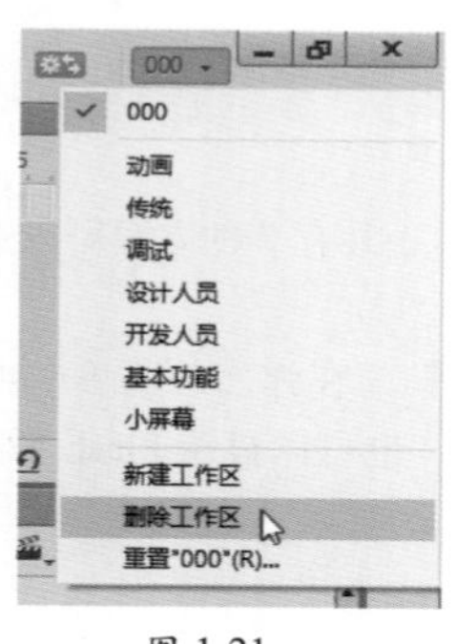

图 1-21

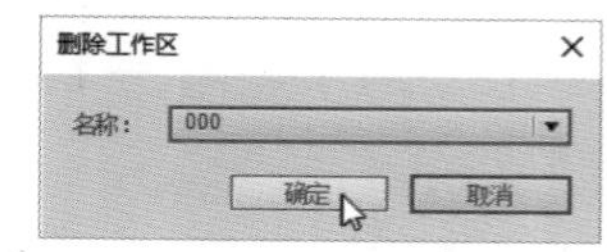

图 1-22

在 Flash 中，工作区会按照上次排列的方式进行显示，但用户可以将工作区重置为原来存储的面板排列方式。单击界面右上角的“000”按钮，选择“重置‘000’”选项，弹出提示对话框，单击【是】按钮即可完成工作区的重置，如图 1-23 和图 1-24 所示。

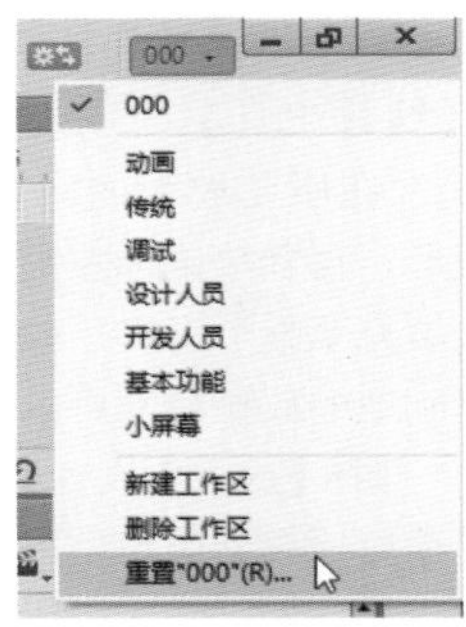

图 1-23

图 1-24

1.4 查看舞台

在 Flash 中，舞台是播放影片时观众看到的区域，它包含文本、图形及出现在屏幕上的视频。在 Flash Player 或即将播放 Flash 影片的 Web 浏览器中移动元素进出这一矩形区域，就可以让元素进出舞台。本节将介绍舞台的相关知识。

微视频

1.4.1 缩放舞台

在制作 Flash 影片的过程中，用户经常需要缩小或者放大舞台，以便更好地对舞台上内容的细节进行操作。在工具箱中单击【缩放工具】按钮，默认情况下选择的是【放大工具】，将鼠标指针移至舞台上进行单击，即可放大舞台，如图 1-25 所示。按住 Alt 键则切换为【缩小工具】，在舞台上单击即可缩小舞台。

图 1-25

图 1-26

如果需要对舞台上内容的特定区域进行放大，首先要选中【缩放工具】，无论当前是放大模式还是缩小模式，在所要放大的区域按住鼠标左键拖曳出一个矩形，再释放鼠标左键，指定的区域就会被放大并且填充至整个窗口，如图 1-26 所示。

若需要精确地缩放舞台，可以在菜单栏中单击【视图】菜单，选择【放大】或者【缩小】菜单项，也可以通过【缩放比率】菜单项来进行缩放操作，如图 1-27 所示；或者在舞台上方的工具栏中单击【缩放比率】下拉按钮，选择合适的比率，如图 1-28 所示。

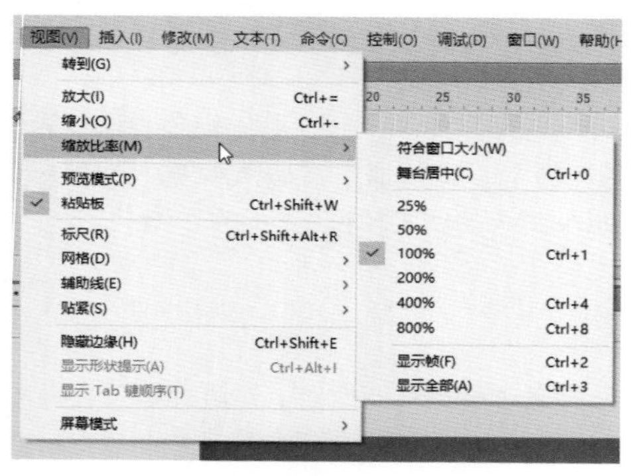

图 1-27

图 1-28

1.4.2 全屏模式

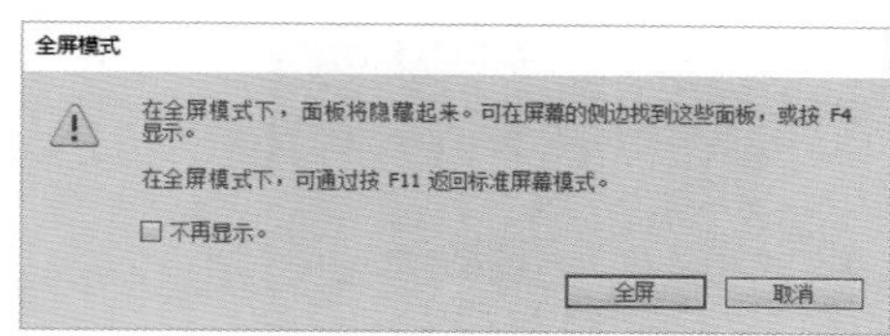

图 1-29

当 Flash 作品的舞台区域较大或较小时，编辑效率会大大降低，为此 Flash CC 增加了全屏模式，按 F11 键即可进入全屏模式，此时 Flash CC 会弹出【全屏模式】对话框，如图 1-29 所示。

1.5 辅助工具

微视频

为了使 Flash 动画的设计与制作更加精确，Flash CC 提供了“标尺”“网格”和“辅助线”等工具，这些工具具有很好的辅助作用，能够帮助用户提高设计的质量。本节将详细介绍辅助工具的相关知识及操作方法。

1.5.1 使用标尺

使用标尺，可以快速确定图形的大小。下面介绍标尺的操作方法。

在菜单栏中单击【视图】菜单，选择【标尺】菜单项（图 1-30），则在场景中会显示“垂直标尺”和“水平标尺”，如图 1-31 所示。

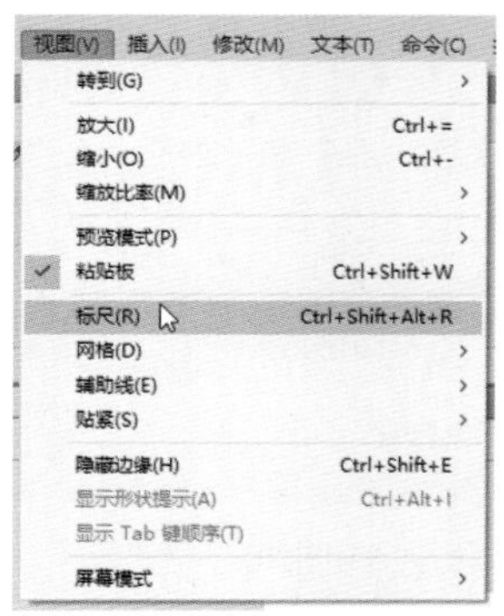

图 1-30

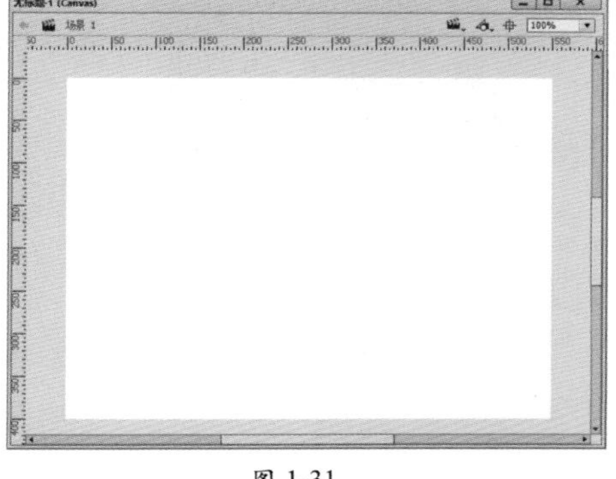

图 1-31

1.5.2 使用参考线

“参考线”也叫“辅助线”，主要起到参考作用。在制作动画时，使用参考线可以将对象和图形对齐到舞台中的某一横线或纵线上。

要使用参考线，必须启用标尺，如果显示了标尺，在垂直标尺或水平标尺上按住鼠标左键并将其拖曳到舞台上，即可完成“参考线”的绘制，如图 1-32 所示。

执行【视图】→【辅助线】→【编辑辅助线】命令，在弹出的【辅助线】对话框中可以修改辅助线的“颜色”等，如图 1-33 所示。

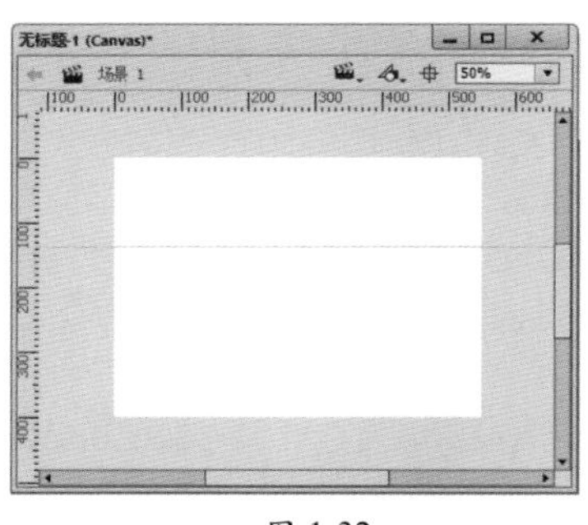

图 1-32

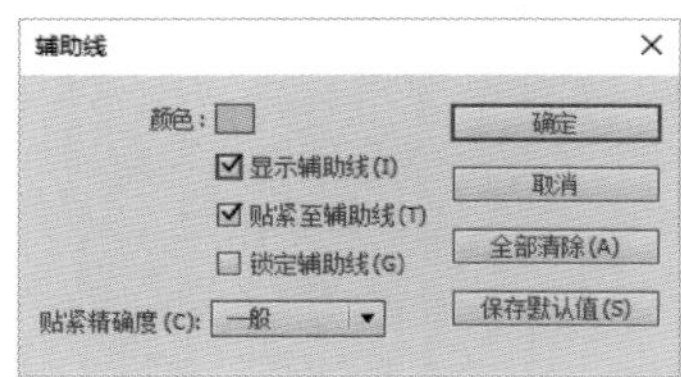

图 1-33

1.5.3 使用网格

网格在文档的所有场景中显示为一系列直线，在制作一些规范图形时，显示网格将会使操作变得更方便，以提高绘制图形的精确度。

在菜单栏中单击【视图】菜单，选择【网格】菜单项，然后选择【显示网格】子菜单项（图 1-34），可以看到舞台上布满了网格线，如图 1-35 所示。

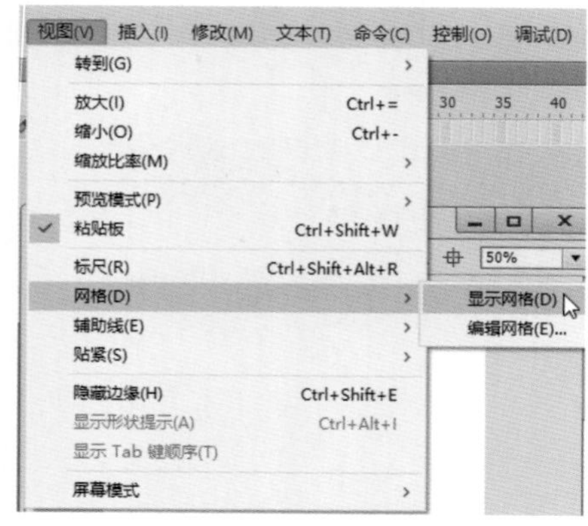

图 1-34

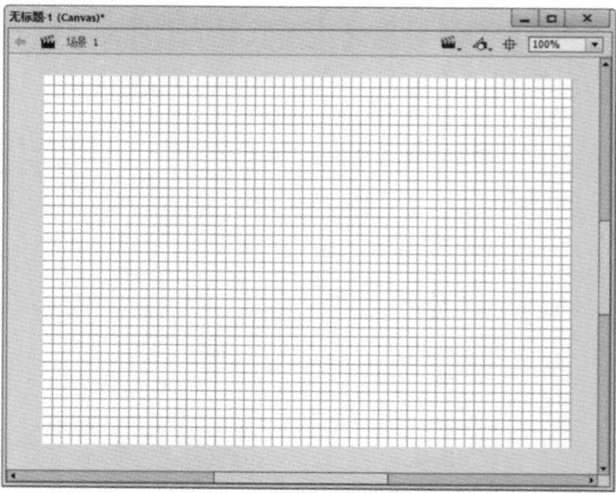

图 1-35

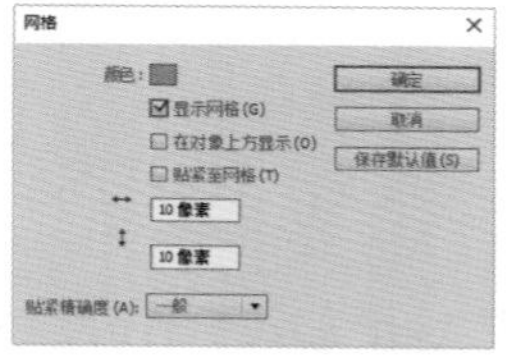

图 1-36

执行【视图】→【网格】→【编辑网格】命令，弹出【网格】对话框，通过该对话框可以对网格进行编辑，如图 1-36 所示。

1.6 范例应用——使用贴紧对齐

微视频

在 Flash CC 中提供了 5 种贴紧对齐方式，分别为贴紧对齐、贴紧至网格、贴紧至辅助线、贴紧至像素、贴紧至对象，贴紧功能主要用于将各个图形元素对齐，提高制作的速度和精度。

在菜单栏中单击【视图】菜单，选择【贴紧】菜单项，然后在子菜单中选择贴紧方式，如图 1-37 所示。其中，【贴紧对齐】菜单项用于设置对象的水平或垂直边缘之间以及对象边缘和舞台边界之间的紧贴对齐容差，也可以在对象的水平和垂直中心位置之间打开贴紧对齐功能；【贴紧至网格】菜单项用于设置对象与网格之间的贴紧，这样在创建或移动对象时对象都会被限定到网格上；【贴紧至辅助线】菜单项用于设置对象与辅助线贴紧对齐；【贴紧至像素】菜单项用于将舞台上的对象直接与单独的像素或像素的线条贴紧；【贴紧至对象】菜单项用于将对象沿其他对象的边缘直接对齐。

执行【视图】→【贴紧】→【编辑贴紧方式】命令，弹出【编辑贴紧方式】对话框，通过该对话框可以对贴紧方式进行编辑，如图 1-38 所示。

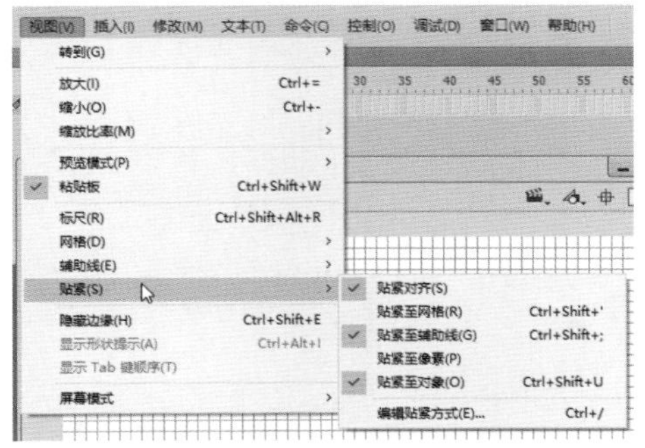

图 1-37

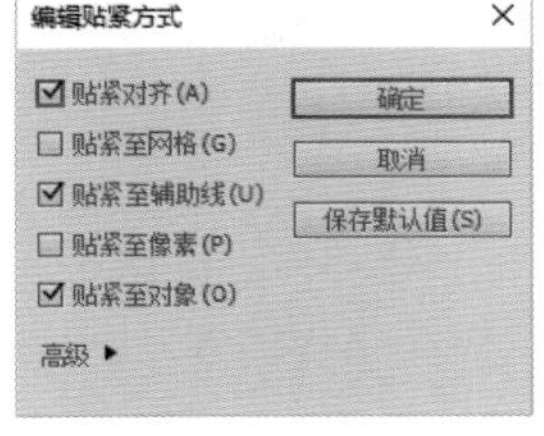

图 1-38

经验技巧

若要临时打开或关闭像素贴紧功能，则按下键盘上的 C 键，当释放 C 键时，像素贴紧会返回到选择【视图】→【贴紧】→【贴紧至像素】的状态。若要暂时隐藏像素网格，则按下键盘上的 X 键，当释放 X 键时，像素网格会重新出现。

1.7 课后习题

一、填空题

1. Flash CC 中文版的工作界面主要由 ________、________、工具箱、【属性】面板、浮动面板和舞台等组成。

2.________ 是所有动画元素的最大活动空间，也就是 Flash CC 中的场景，是编辑和播放动画的矩形区域。

3. ________ 用来组织和控制文件内容在一定时间内播放的图层数和帧数，按照功能不同，时间轴窗口分为左、右两部分，分别为 ________ 和时间线控制区。

4. 当 Flash 作品的舞台区域较大或较小时，编辑效率会大大降低，为此 Flash CC 增加了全屏模式，按键盘上的 ________ 键即可进入全屏模式。

二、判断题

1. 用户在舞台上可以进行放置和编辑向量插图、文本框、按钮以及导入位图图形、剪辑视频等操作。（　　）

2. 使用【属性】面板不能查看和更改对象属性，当选定单个对象时，例如文本、组件、形状、位图、视频、组、帧等，【属性】面板可以显示其相应的信息和设置。（　　）

3. 属性面板组由【颜色】面板、【样本】面板、【对齐】面板、【变形】面板等组成，可以查看、组合和更改资源等。（　　）

三、简答题

1. 怎样设置贴紧对象？

2. 怎样创建自定义工作区？

第 2 章 绘制与编辑图形

本章要点：

- 文档的基本操作
- 导入文件
- 对象选取工具
- 基本绘图工具
- 图形颜色与处理
- 辅助绘图工具

本章学习素材

本章主要内容：

本章主要介绍文档的基本操作、导入文件、对象选取工具、基本绘图工具、图形颜色与处理方面的知识与技巧，并且讲解了如何使用辅助绘图工具，最后还针对实际的工作需求讲解了绘制花朵图形的方法。通过本章的学习，读者可以掌握绘制与编辑图形方面的知识，为深入学习 Flash CC 奠定基础。

2.1 文档的基本操作

在使用 Flash 创建动画前必须先新建一个文档。Flash CC 提供了多种新建文档的方法，不仅可以方便用户，而且可以有效地提高工作效率，用户可以根据工作过程中的实际需要以及自己的个人喜好进行选择。

微视频

2.1.1 新建动画文档

下面以创建 ActionScript 3.0 文档为例，介绍新建动画文档的操作方法。

（1）启动 Flash CC，①单击【文件】菜单，②选择【新建】菜单项，如图 2-1 所示。

（2）弹出【新建文档】对话框，①选择【常规】选项卡，②选择 ActionScript 3.0 选项，③单击【确定】按钮，如图 2-2 所示。

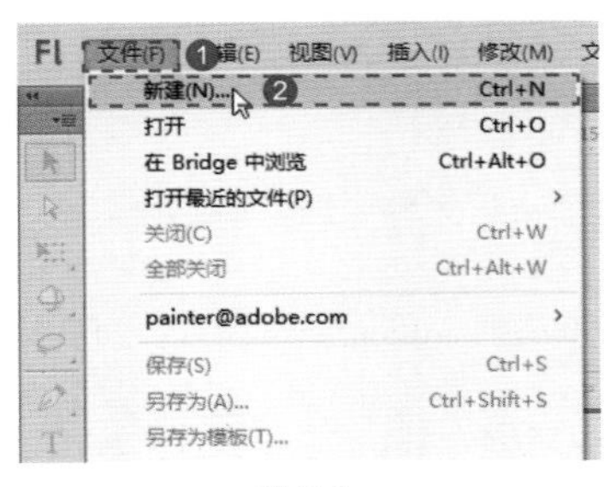

图 2-1

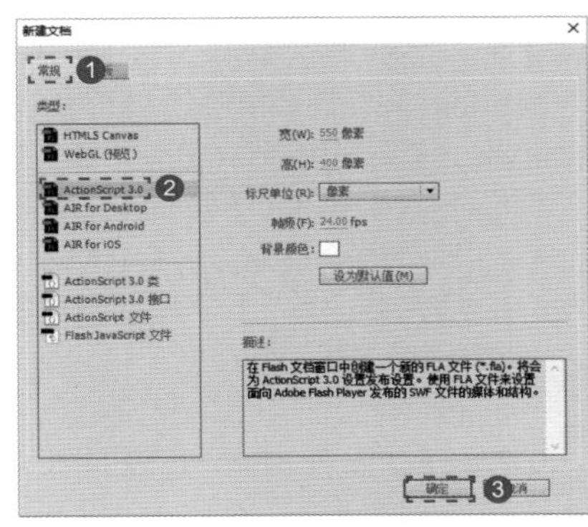

图 2-2

（3）完成建立空白动画文档的操作，如图 2-3 所示。

图 2-3

【新建文档】对话框的【常规】选项卡中的选项如下。

- HTML5 Canvas：Flash CC 新增的一种文档类型，它对创建丰富的交互性 HTML5 内容提供本地支持。这意味着用户可以使用传统的 Flash 时间轴、工作区及工具来创建内容，生成的是 HTML 输出。
- WebGL（预览）：WebGL 是一个无须额外插件就可以在任何兼容的浏览器中显示图形的开放 Web 标准。WebGL 完全集成到所有允许使用 GPU 加速进行图像处理的 Web 标准浏览器中，并作为 Web 页面中画布的一部分发挥作用。WebGL 元素可以嵌入其他 HTML 元素中，并与页面的其他部分实现合成。
- ActionScript 3.0：选择该选项，表示使用 ActionScript 3.0 作为脚本语言创建动画文档，生成一个格式为 *.fla 的文件。
- AIR for Desktop：选择该选项，表示使用 Flash AIR 文档开发在 AIR 跨桌面平台运行的应用程序，将会在 Flash 文档窗口中创建新的 Flash 文档（*.fla），该文档会设置 AIR 的发布设置。
- AIR for Android：选择该选项，表示创建一个 Android 设备支持的应用程序，将会在 Flash 文档窗口中创建新的 Flash 文档（*.fla），该文档会设置 AIR for Android 的发布设置。
- AIR for iOS：选择该选项，表示创建一个 Applei OS 设备支持的应用程序，将会在 Flash 文档窗口中创建新的 Flash 文档（*.fla），该文档会设置 AIR for iOS 的发布设置。
- ActionScript 3.0 类：ActionScript 3.0 允许用户创建自己的类，选择该选项可创建一个 AS 文件（*.as）来定义一个新的 ActionScript 3.0 类。
- ActionScript 3.0 接口：该选项可用于创建一个 AS 文件（*.as）以定义一个新的 ActionScript 3.0 接口。
- ActionScript 文件：可以在“帧”或者“元件”上添加 ActionScript 脚本代码，也可以在此创建一份 ActionScript 外部文件以供调用。
- FlashJavaScript 文件：该选项用于创建一个 JSFL 文件，JSFL 文件是一种作用于 Flash 编辑器的脚本。

经验技巧

在 Flash CC 中已经不再支持 ActionScript 1.0 和 ActionScript 2.0 脚本代码，如果需要在 Flash 动画中实现交互控制功能，只能通过 ActionScript 3.0 脚本代码来完成，这对于已经习惯了使用 ActionScript 1.0 和 ActionScript 2.0 脚本代码的用户来说需要有一个适应的过程。

2.1.2　新建模板动画文档

在【新建文档】对话框中选择【模板】选项卡，然后在该选项卡下选择相应的文档类型，单击【确定】按钮即可新建模板动画文件，如图 2-4 所示。

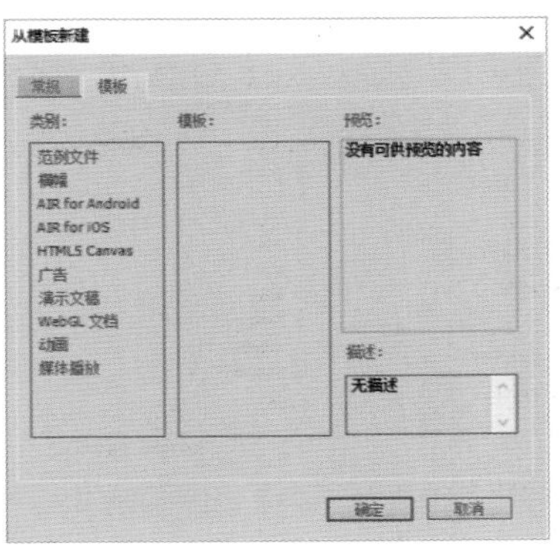

图 2-4

2.1.3　保存动画文档

用户在完成 Flash 动画的制作后可以将文档保存，以便下次打开查看。下面介绍保存文档的操作方法。

（1）①单击【文件】菜单，②选择【保存】菜单项，如图 2-5 所示。

（2）弹出【另存为】对话框，①选择保存位置，②在【文件名】文本框中输入名称，③单击【保存】按钮即可完成保存动画文档的操作，如图 2-6 所示。

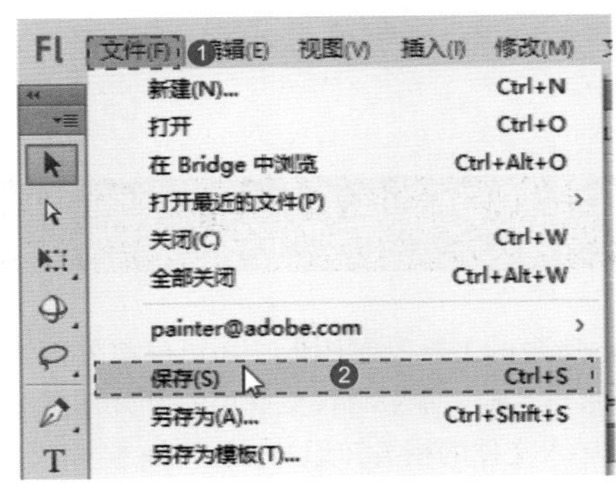

图 2-5

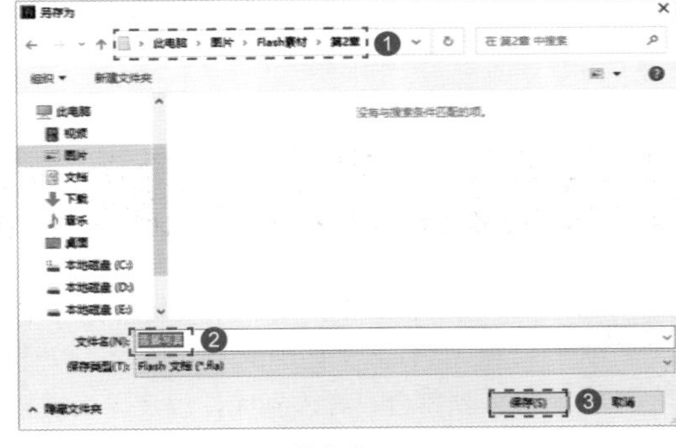

图 2-6

2.1.4　打开动画文档

在 Flash CC 中用户可以用快捷方式打开文档，以便再次编辑这个文档。下面介绍打开文档的操作方法。

（1）启动 Flash CC，①单击【文件】菜单，②选择【打开】菜单项，如图 2-7 所示。

（2）弹出【打开】对话框，①选择文件所在的位置，②选中文件，③单击【打开】按钮，如图 2-8 所示。

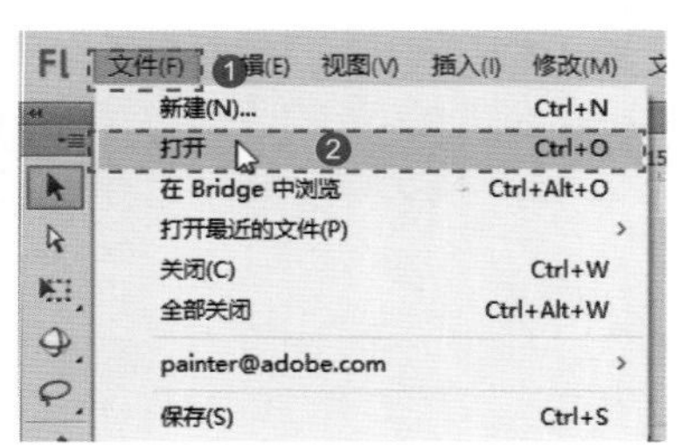

图 2-7

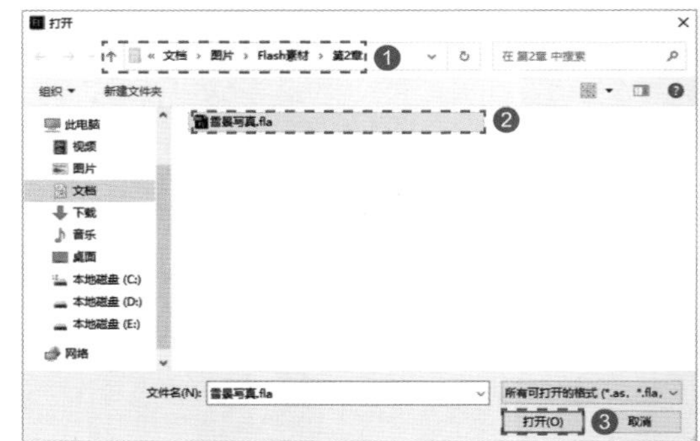

图 2-8

（3）文档已经打开，如图 2-9 所示。

图 2-9

2.2 导入文件

微视频

在 Flash 中，用户不仅可以运用 Flash 所带的工具绘制图形，还可以将外部素材导入 Flash 文档中的不同位置，以辅助制作动画。本节将详细介绍打开外部库、导入到舞台、导入到库，以及导入视频等导入文件的相关知识及操作方法。

2.2.1 打开外部库

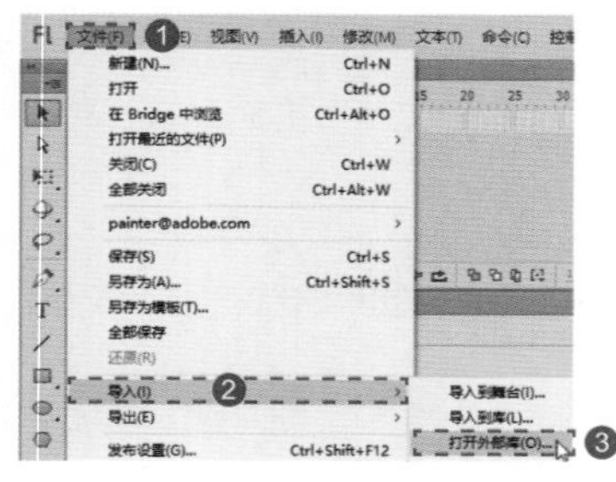

图 2-10

在 Flash 中，当前文档还可以使用其他文档库中的资源。下面详细介绍打开外部库的操作方法。

（1）启动 Flash CC，①单击【文件】菜单，②选择【导入】菜单项，③选择【打开外部库】子菜单项，如图 2-10 所示。

（2）弹出【打开】对话框，①选择文件所在的位置，②选中文件，③单击【打开】按钮，如图 2-11 所示。

（3）工作区中将出现所选文档的【库】面板，而不会打开选择的文档，如图 2-12 所示。

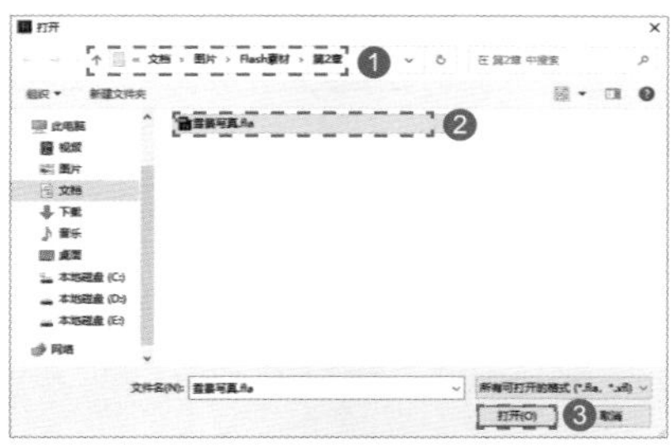

图 2-11

图 2-12

2.2.2 导入到舞台

在 Flash 中，用户还可以导入外部图像、音频和视频文件。下面详细介绍导入到舞台的操作方法。

（1）新建空白动画文档，①单击【文件】菜单，②选择【导入】菜单项，③选择【导入到舞台】子菜单项，如图 2-13 所示。

（2）弹出【导入】对话框，①选择文件所在的位置，②选中文件，③单击【打开】按钮，如图 2-14 所示。

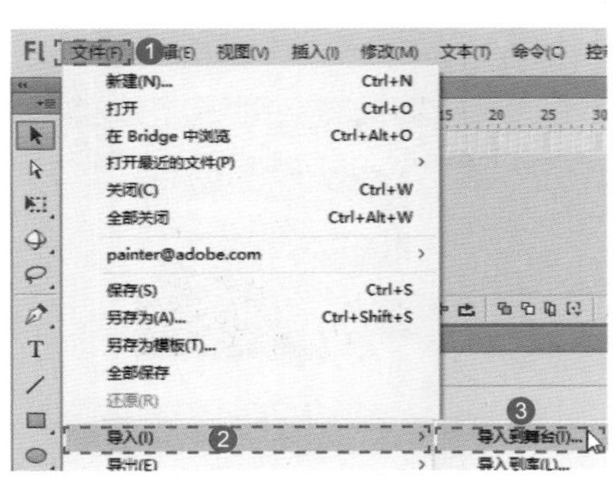

图 2-13

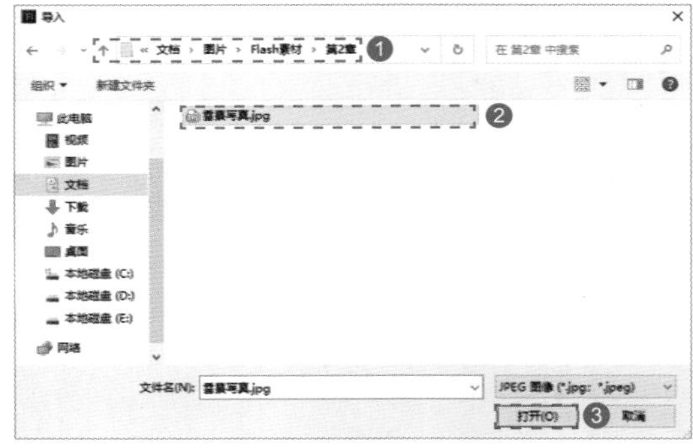

图 2-14

（3）这样即可将所选的素材文件导入到舞台中，如图 2-15 所示。

图 2-15

经验技巧

Flash 还支持 .psd、.ai 等多图层文件的导入。在【导入】对话框中选择 .psd 格式的文件，单击【打开】按钮，会弹出【将（所选文件）导入到舞台】对话框，单击【确定】按钮，文件将以多图层方式打开。

2.2.3 导入到库

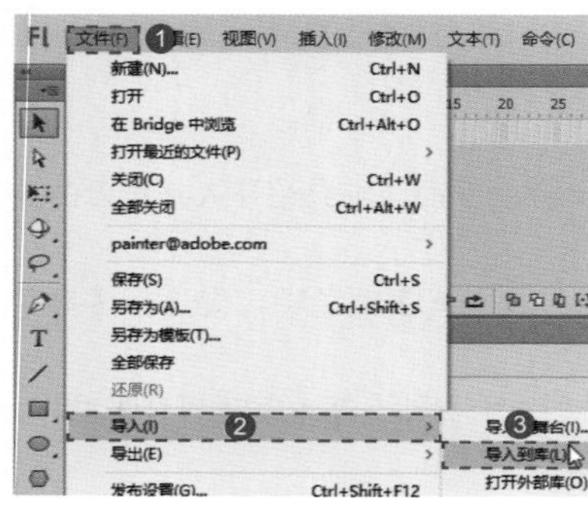

图 2-16

在 Flash 中除了可以将素材导入到舞台中，还可以将素材导入到库中，此时素材不会在舞台中出现。下面介绍导入到库的操作方法。

（1）新建空白动画文档，①单击【文件】菜单，②选择【导入】菜单项，③选择【导入到库】子菜单项，如图 2-16 所示。

（2）弹出【导入到库】对话框，①选择文件所在的位置，②选中文件，③单击【打开】按钮，如图 2-17 所示。

（3）这样即可将所选的素材导入到库中，且不会在舞台中出现，如图 2-18 所示。

图 2-17

图 2-18

2.2.4 导入视频

在 Flash 中还可以导入多媒体视频文件，以丰富动画。下面详细介绍导入视频的操作方法。

（1）新建空白动画文档，①单击【文件】菜单，②选择【导入】菜单项，③选择【导入视频】子菜单项，如图 2-19 所示。

（2）弹出【导入视频】对话框，单击【浏览】按钮，如图 2-20 所示。

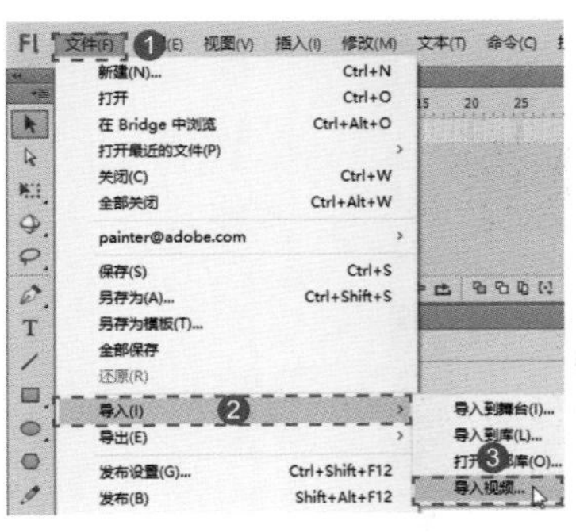

图 2-19

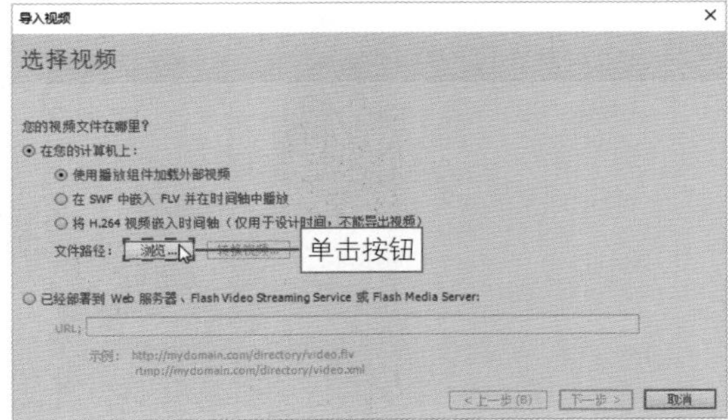

图 2-20

（3）弹出【打开】对话框，①选择文件所在的位置，②选中文件，③单击【打开】按钮，如图 2-21 所示。

（4）返回【导入视频】对话框，单击【下一步】按钮，如图 2-22 所示。

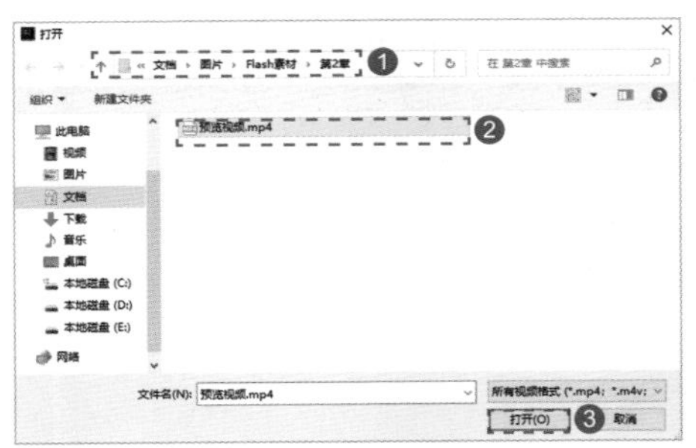

图 2-21

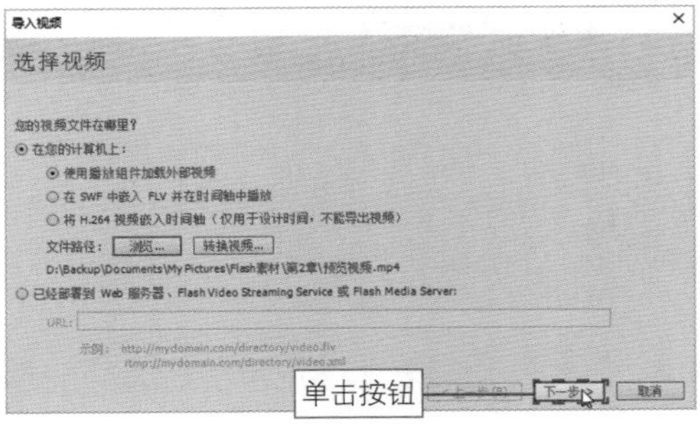

图 2-22

（5）进入下一页面，①选择合适的外观，②单击【下一步】按钮，如图 2-23 所示。

（6）进入下一页面，单击【完成】按钮，如图 2-24 所示。

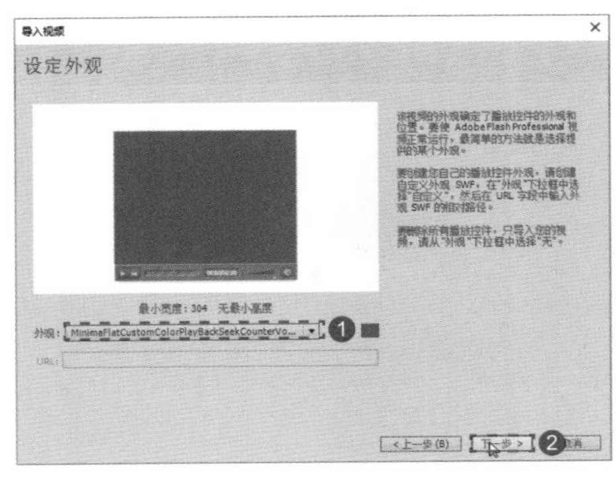

图 2-23

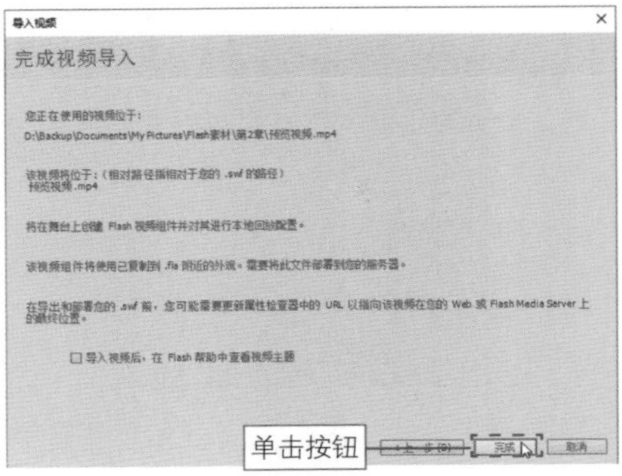

图 2-24

（7）这样即可将所选的视频文件导入到舞台中，按 Ctrl+Enter 组合键预览观看，如图 2-25 所示。

图 2-25

2.3 对象选取工具

微视频

在 Flash CC 中，在对舞台中的图形对象进行编辑操作之前，需要先使用对象选取工具来选择对象。在选择对象或笔触时，Flash 会用选取框加亮显示它们。本节将详细介绍选择工具、套索工具和部分选取工具的知识与操作方法。

2.3.1 选择工具

用户可以使用选择工具在舞台中对要编辑的对象进行点选、框选等操作。下面介绍在 Flash CC 中如何使用选择工具。

（1）单击工具箱中的【选择工具】按钮，如图 2-26 所示。

（2）在舞台中的图形上单击即可完成选取操作，如图 2-27 所示。

图 2-26

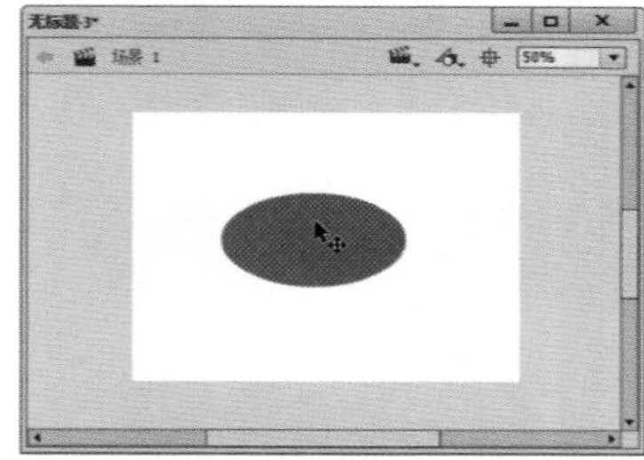

图 2-27

2.3.2 套索工具

套索工具常用来选择不规则的图形或区域，从而选择出适合工作需要的图形。套索工具有 3 种选取方式，即普通套索工具、多边形工具和魔术棒。下面介绍在 Flash CC 中如何使用套索工具。

（1）①在工具箱中单击【套索工具】按钮，②在舞台中单击并拖动鼠标，创建形状选取框，如图 2-28 所示。

（2）可以看到被选取框框住的图形部分被选中，如图 2-29 所示。

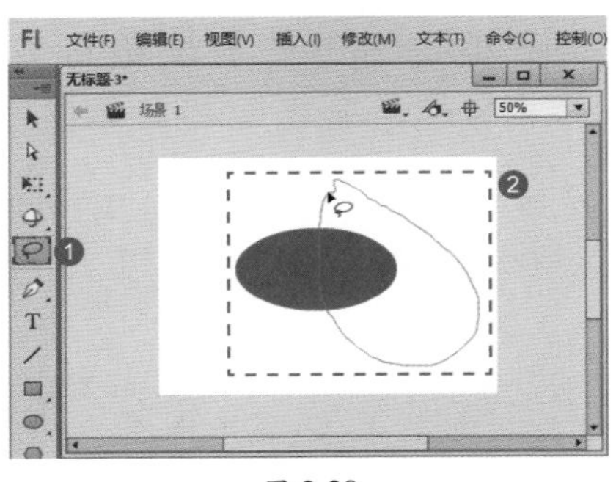

图 2-28

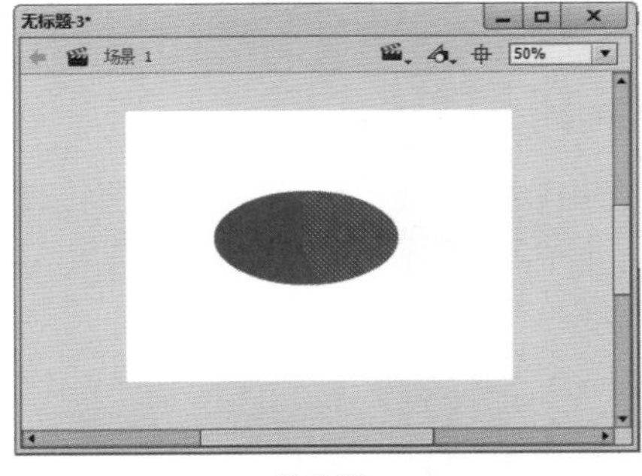

图 2-29

2.3.3 部分选取工具

部分选取工具可以用来选择图形上的结点，用户可以使用部分选取工具来改变图形的形状。下面介绍在 Flash CC 中使用部分选取工具改变图形形状的操作方法。

（1）①在工具箱中单击【部分选取工具】按钮，②将鼠标指针移至图形顶点上，单击并拖动鼠标，如图 2-30 所示。

（2）图形形状发生改变，通过以上步骤即可完成使用部分选取工具改变图形形状的操作，如图 2-31 所示。

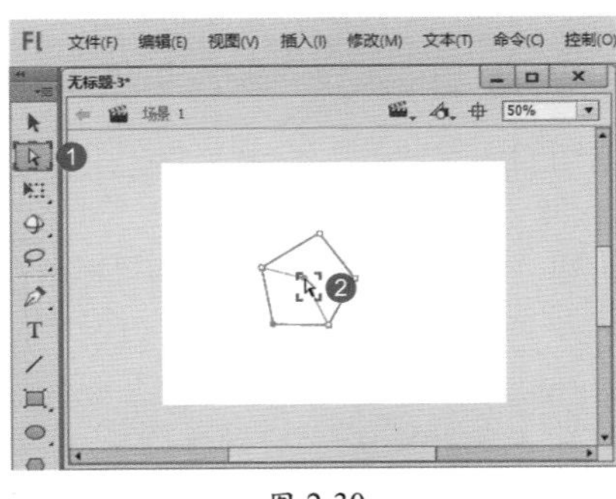

图 2-30

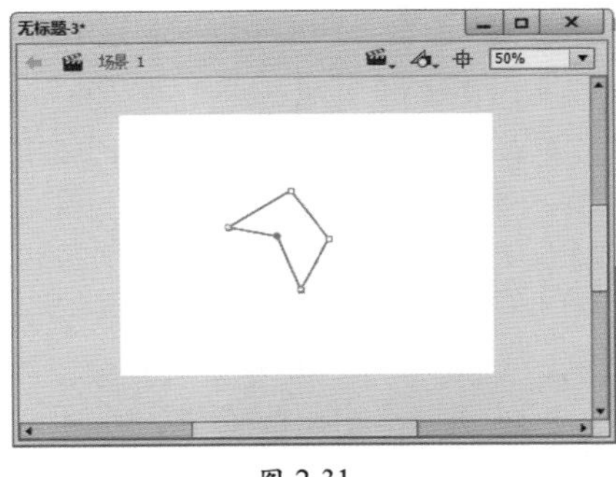

图 2-31

2.4 基本绘图工具

在 Flash CC 中，用户可以使用线条工具、铅笔工具、椭圆工具与基本椭圆工具、矩形工具与基本矩形工具、钢笔工具等绘制基本线条与图形。本节将详细介绍绘制基本线条与图形的知识。

微视频

2.4.1 线条工具

在 Flash CC 中，线条工具的主要功能是绘制直线。在工具箱中单击【线条工具】按钮，在舞台上单击并拖动鼠标至需要的位置，释放鼠标左键，即可绘制出一条直线，如图 2-32 所示。

2.4.2 铅笔工具

使用铅笔工具可以随意绘制出不同形状的线条。在工具箱中单击【铅笔工具】按钮，在舞台上单击并拖动鼠标绘制线条，释放鼠标左键，即可完成使用铅笔工具的操作，如图 2-33 所示。

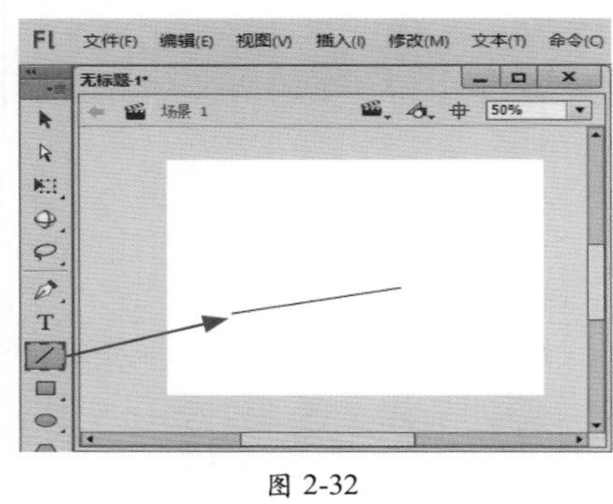

图 2-32

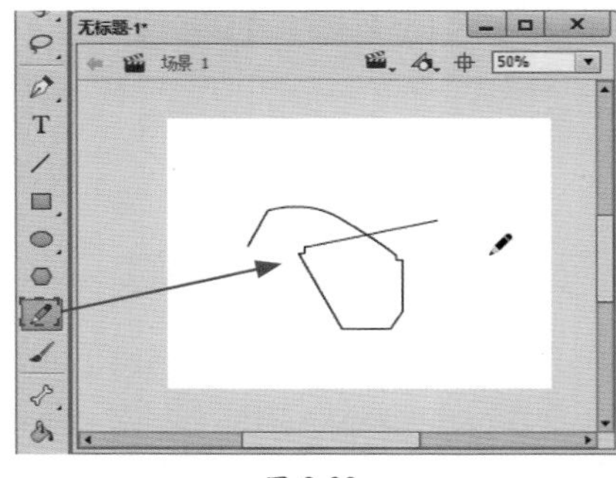

图 2-33

2.4.3 椭圆工具与基本椭圆工具

椭圆工具与基本椭圆工具的区别在于，使用基本椭圆工具绘制的图形，可以直接使用选择工具拖动椭圆的转换点进行修改，无须重新绘制。

（1）①在工具箱中单击【椭圆工具】按钮，②在舞台中单击并拖动鼠标至合适的位置，释放鼠标左键，即可完成绘制椭圆的操作，如图 2-34 所示。

（2）①在工具箱中单击【基本椭圆工具】按钮，②在舞台中单击并拖动鼠标至合适的位置，释放鼠标左键，即可完成绘制基本椭圆的操作，如图 2-35 所示。

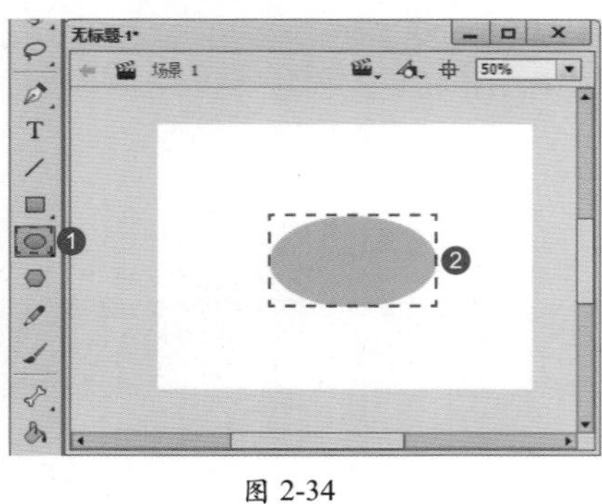

图 2-34

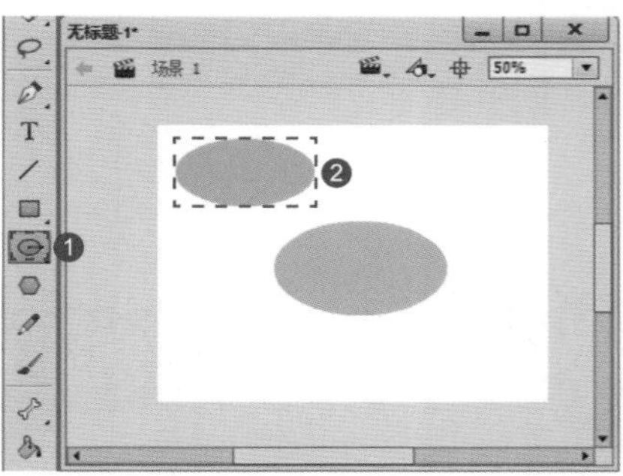

图 2-35

2.4.4 矩形工具与基本矩形工具

矩形工具与基本矩形工具的区别和椭圆工具与基本椭圆工具的区别类似。下面介绍使用矩形工具与基本矩形工具绘制矩形的操作。

（1）①在工具箱中单击【矩形工具】按钮，②在舞台中单击并拖动鼠标至合适的位置，释放鼠标左键，即可完成绘制矩形的操作，如图 2-36 所示。

（2）①在工具箱中单击【基本矩形工具】按钮，②在舞台中单击并拖动鼠标至合适的位置，释放鼠标左键，即可完成绘制基本矩形的操作，如图 2-37 所示。

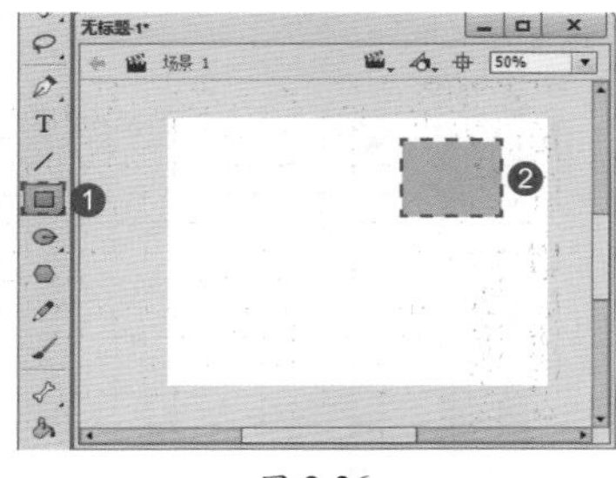

图 2-36

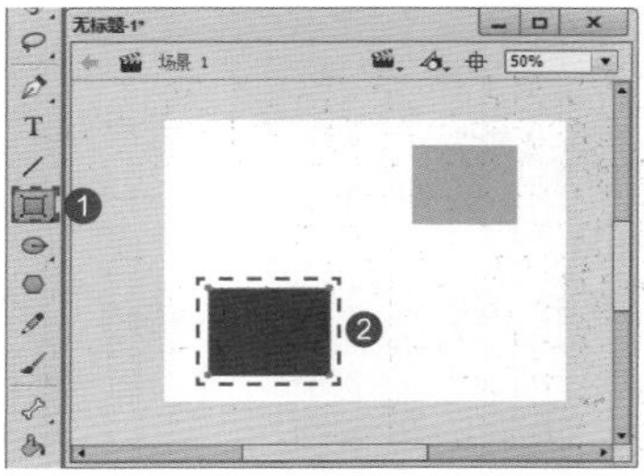

图 2-37

2.4.5 钢笔工具

在 Flash CC 中，钢笔工具的主要功能是绘制曲线。下面介绍使用钢笔工具绘制曲线的操作方法。

（1）①在工具箱中单击【钢笔工具】按钮，②在舞台中单击确定第 1 个端点的位置，如图 2-38 所示。

（2）移动鼠标指针至其他位置单击并拖动鼠标至合适的角度释放鼠标左键，即可完成使用钢笔工具绘制曲线的操作，如图 2-39 所示。

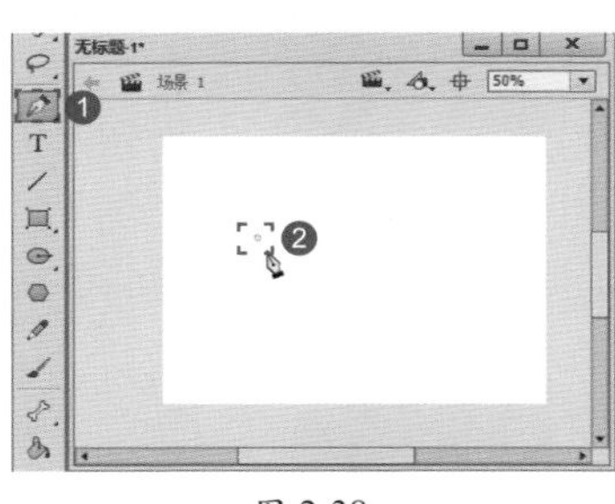

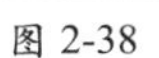
图 2-38

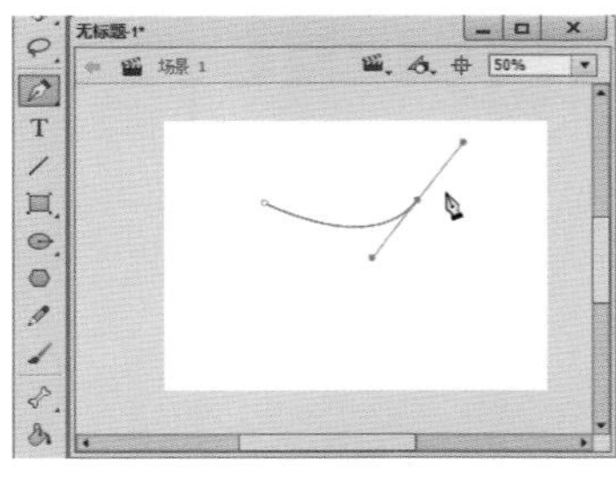

图 2-39

2.5 图形颜色与处理

Flash CC 具有强大的颜色处理功能，在绘制图形后，用户可以对笔触颜色和填充颜色等进行设置。对图形填充颜色实际上是对图形的笔触和填充分别进行填

微视频

色。本节将详细介绍填充图形颜色方面的知识与操作技巧。

2.5.1 笔触颜色和填充颜色

在 Flash CC 中，笔触颜色是用来更改图形对象的笔触或边框的颜色，填充颜色是用来更改形状填充区域的颜色。下面介绍使用笔触颜色与填充颜色填充图形的方法。

（1）①在工具箱中单击【笔触颜色】按钮，②选择笔触颜色，如图 2-40 所示。

（2）①单击【填充颜色】按钮，②选择填充颜色，如图 2-41 所示。

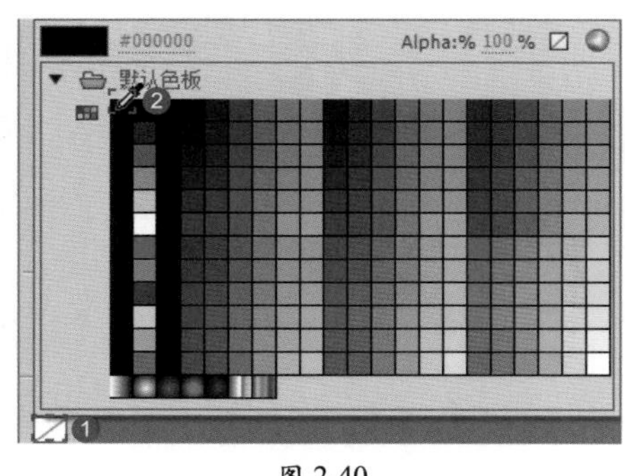

图 2-40

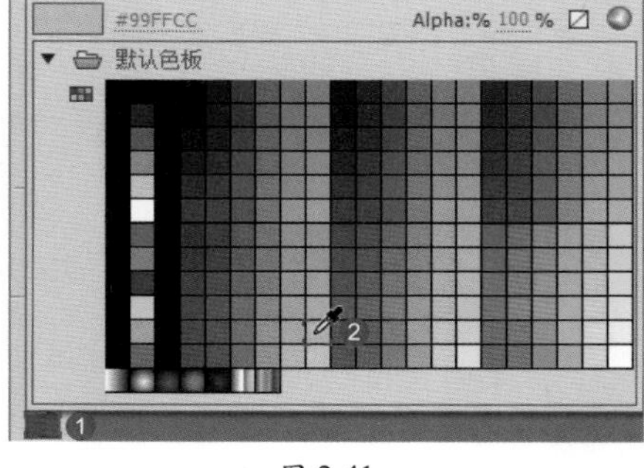

图 2-41

（3）①单击【矩形工具】按钮，②在舞台中绘制矩形，可以看到矩形的边框和填充颜色是刚刚设置的颜色，如图 2-42 所示。

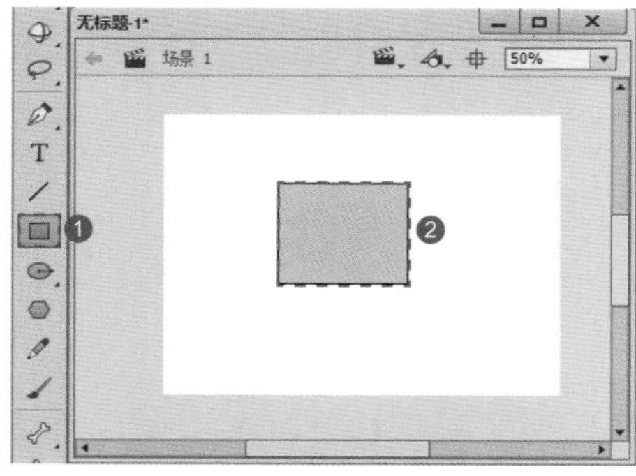

图 2-42

2.5.2 使用【颜色】面板填充图形

【颜色】面板在制作 Flash 动画时较为常用，使用【颜色】面板不仅可以对笔触颜色和填充颜色进行设置，还可以设置纯色、渐变色和位图，从而达到不同的绘制效果。

执行【窗口】→【颜色】命令或按 Alt+Shift+F9 组合键，将打开【颜色】面板，默认【颜色类型】为【纯色】，如图 2-43 所示。

【颜色类型】下拉列表用于设置笔触颜色或填充颜色的应用类型，在该下拉列表中有【无】【纯色】【线性渐变】【径向渐变】和【位图填充】5 个选项，如图 2-44 所示。

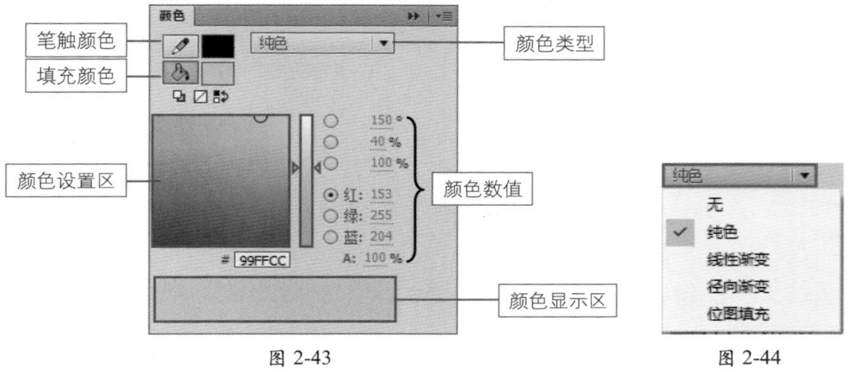

图 2-43　　图 2-44

2.5.3　滴管工具

在 Flash CC 中，使用滴管工具可以吸取舞台中图形上的颜色填充到另一个图形上。下面介绍使用滴管工具的操作方法。

（1）①在工具箱中单击【滴管工具】按钮，②在舞台中单击要吸取颜色的图形，如图 2-45 所示。

（2）鼠标指针变为形状，移动鼠标至要填充的图形上，单击鼠标左键，即可将吸取的颜色填充到其他图形中，如图 2-46 所示。

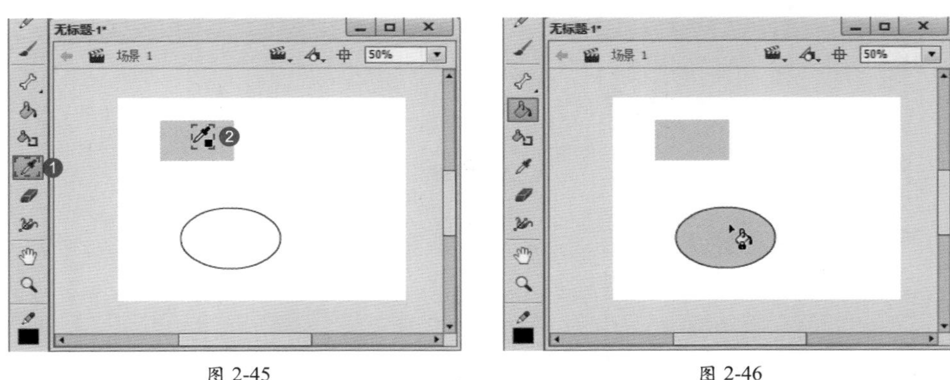

图 2-45　　图 2-46

2.5.4　颜料桶工具

使用颜料桶工具不仅可以填充空白区域，还可以对所填充的颜色进行修改。下面详细介绍使用颜料桶工具填充颜色的操作方法。

（1）①设置填充颜色，②在工具箱中单击【颜料桶工具】按钮，③鼠标指针变为形状，移动鼠标至要填充的图形上，单击鼠标左键，如图 2-47 所示。

（2）图形填充了当前的填充颜色，如图 2-48 所示。

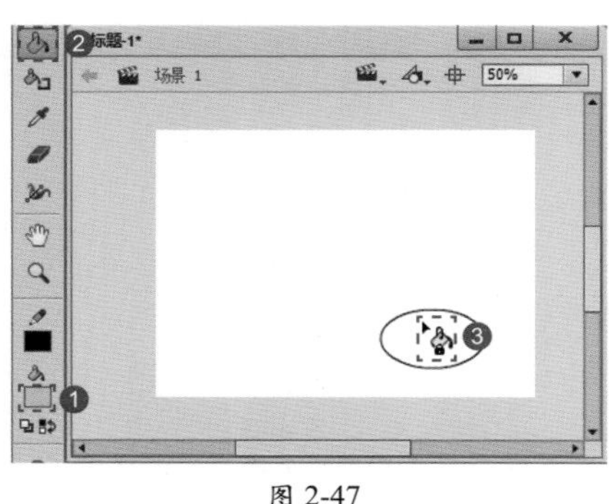

图 2-47

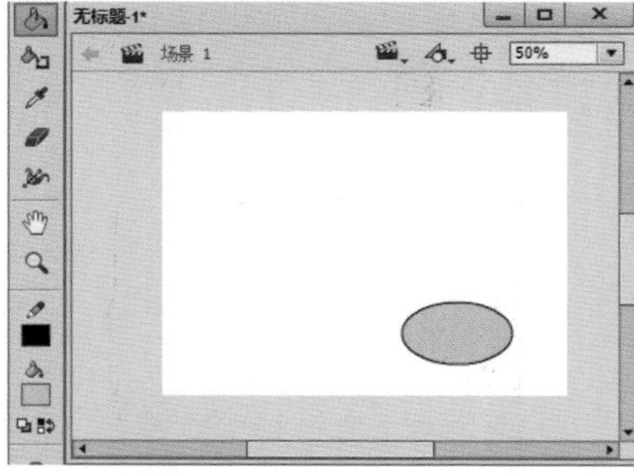

图 2-48

2.5.5 墨水瓶工具

在 Flash CC 中，用户可以使用墨水瓶工具填充边线。下面详细介绍使用墨水瓶工具填充边线的操作方法。

（1）在舞台中绘制形状，①在工具箱中单击【墨水瓶工具】按钮，②移动鼠标至要填充的图形上，单击鼠标左键，如图 2-49 所示。

（2）图形边框填充了当前的笔触颜色，如图 2-50 所示。

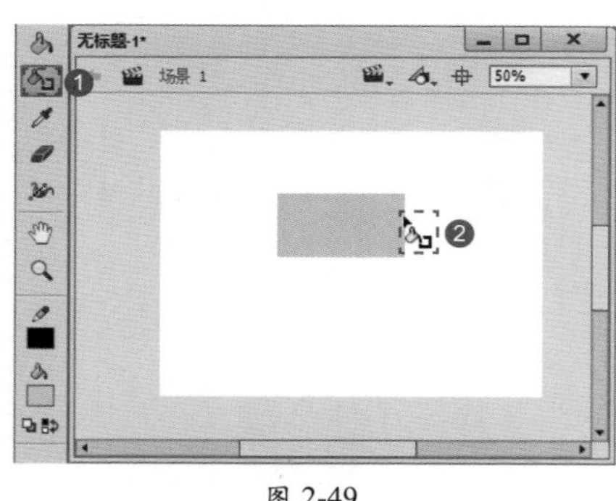

图 2-49

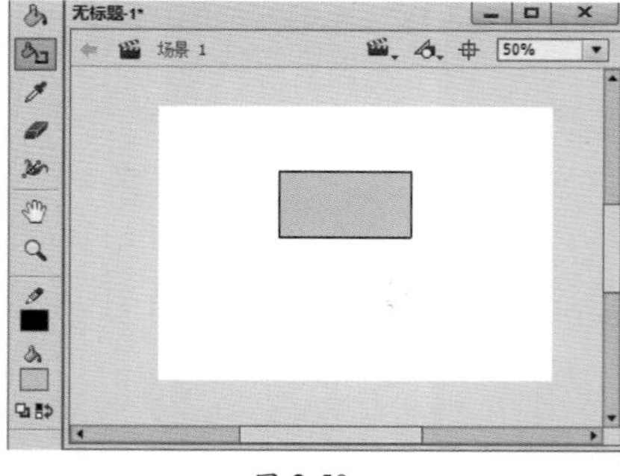

图 2-50

2.6 辅助绘图工具

微视频

前面介绍了 Flash CC 提供的重要绘图工具，在绘图过程中通常还会用到一些辅助绘图工具，例如手形工具、任意变形工具、渐变变形工具和【对齐】面板等。本节将详细介绍使用辅助绘图工具绘制图形的相关知识及操作方法。

2.6.1 手形工具

手形工具用于移动舞台，通常配合【缩放工具】按钮一起使用，以便查看图像的局部细节。

在工具箱中单击【手形工具】按钮，将鼠标指针移至舞台中，单击并拖动鼠标即可移动整个舞台的位置，如图 2-51 和图 2-52 所示。

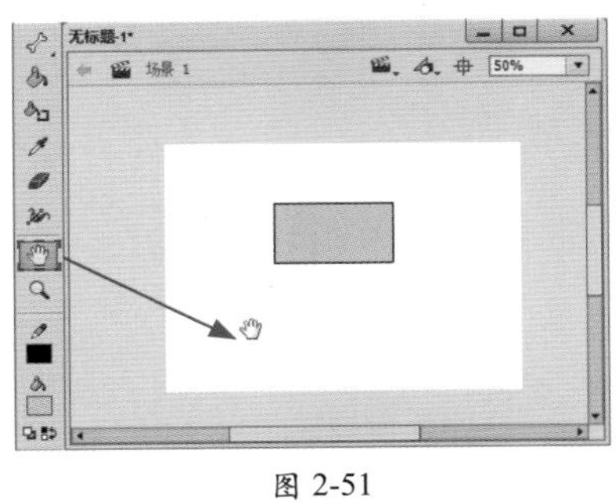
图 2-51

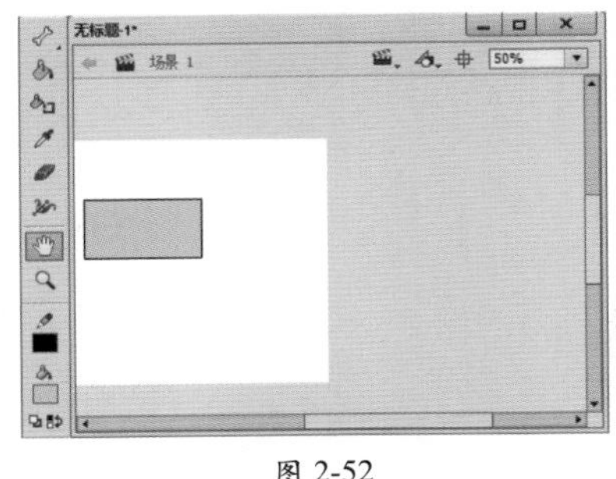
图 2-52

此外，当在工具箱中选择其他工具时，按住空格键不放，工具将暂时切换为手形工具，释放空格键，将恢复为原有工具。

2.6.2 任意变形工具和渐变变形工具

在 Flash CC 中，变形工具分为任意变形工具和渐变变形工具两种。下面具体介绍这两种变形工具的操作方法。

1. 任意变形工具

使用任意变形工具可以对图形进行变形操作。下面以封套图形为例，介绍使用任意变形工具的操作方法。

（1）在舞台中绘制矩形，①在工具箱中单击【任意变形工具】按钮，②单击【封套】按钮，③图形周围出现控制点，用鼠标单击其中一个控制点并拖动，如图 2-53 所示。

（2）图形的形状发生改变，通过以上步骤即可完成使用任意变形工具的操作，如图 2-54 所示。

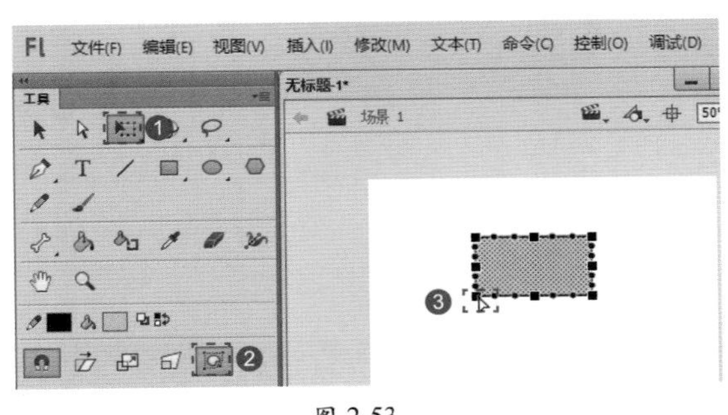
图 2-53

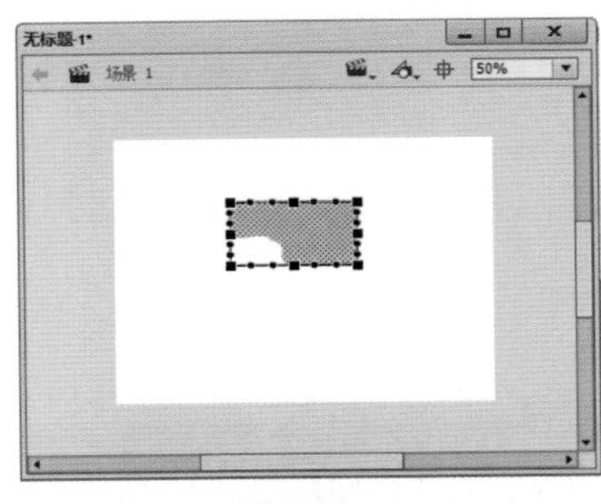
图 2-54

2. 渐变变形工具

使用渐变变形工具可以对填充颜色区域进行变形操作。下面介绍使用渐变变形工具的操作方法。

（1）在舞台中绘制矩形并填充渐变色，①在工具箱中单击【渐变变形工具】按钮，②单击图形，图形上出现颜色渐变控制手柄，如图 2-55 所示。

（2）用鼠标单击控制手柄并按住鼠标左键进行拖动，拖动至合适位置释放鼠标，渐变颜色的范围发生改变，这样即可完成使用渐变变形工具的操作，如图 2-56 所示。

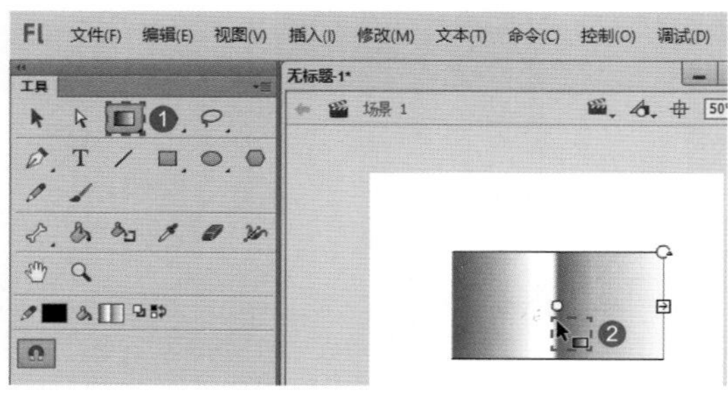

图 2-55

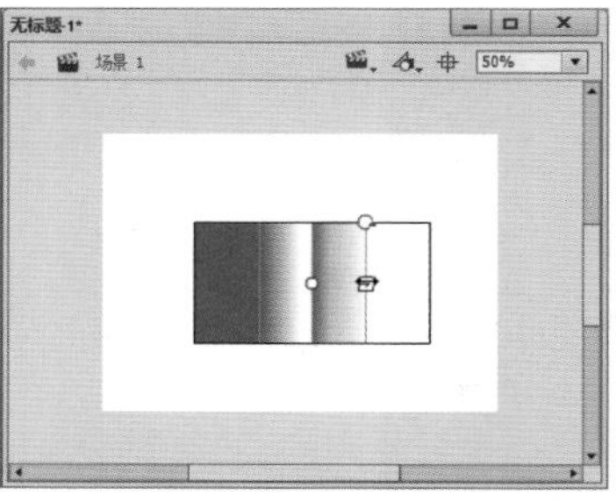

图 2-56

2.6.3 【对齐】面板

【对齐】面板中包含左对齐、水平中齐、右对齐、顶对齐、垂直中齐、底对齐等对齐方式。下面详细介绍使用【对齐】面板的操作方法。

（1）选中准备对齐的两个图形，如图 2-57 所示。

（2）执行【窗口】→【对齐】命令，打开【对齐】面板，单击【左对齐】按钮，如图 2-58 所示。

（3）可以看到两个图形完成了左对齐，通过以上步骤即可完成使用【对齐】面板的操作，如图 2-59 所示。

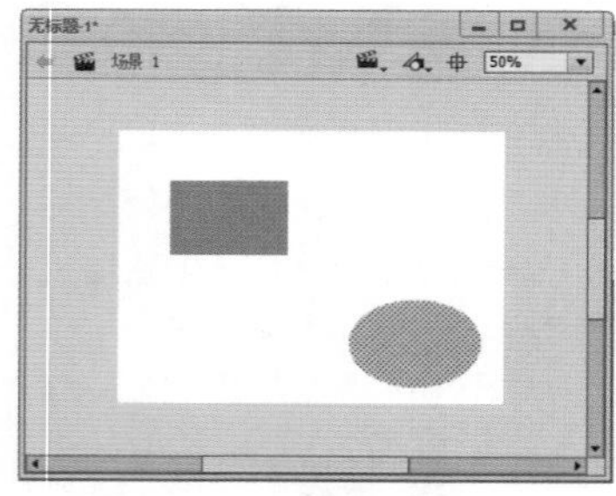

图 2-57

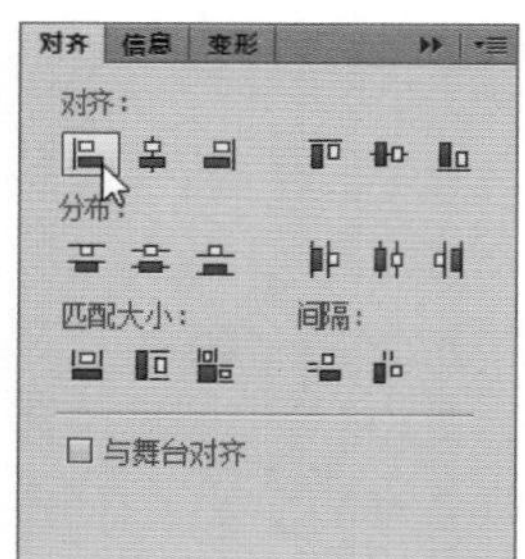

图 2-58

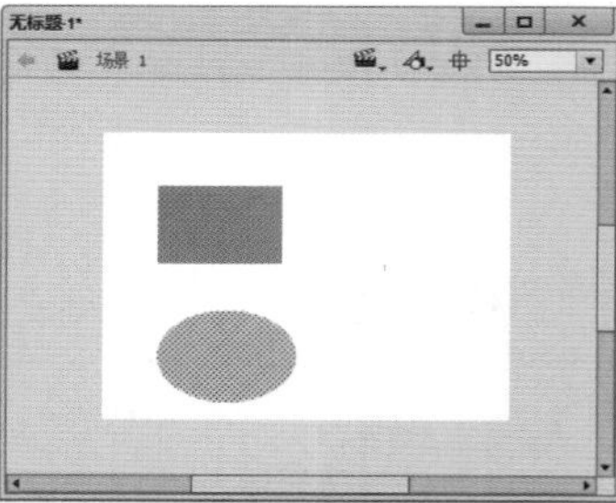

图 2-59

2.7 范例应用——绘制花朵图形

微视频

用户可以运用本章所学的知识点绘制花朵图形，所用到的知识点包括使用多角星形工具和椭圆工具绘制花朵，为花朵填充颜色，使用线条工具绘制花梗，使用钢笔工具绘制叶子，为叶子填充颜色，复制并更改叶子的大小等。

实例文件保存路径：配套素材\第 2 章\效果文件

实例效果文件名称：花朵.fla

（1）新建动画文档，单击工具箱中的【多角星形工具】按钮，在界面右侧的【属性】面板下的【工具设置】选项中单击【选项】按钮，如图 2-60 所示。

（2）弹出【工具设置】对话框，设置参数，单击【确定】按钮，如图 2-61 所示。

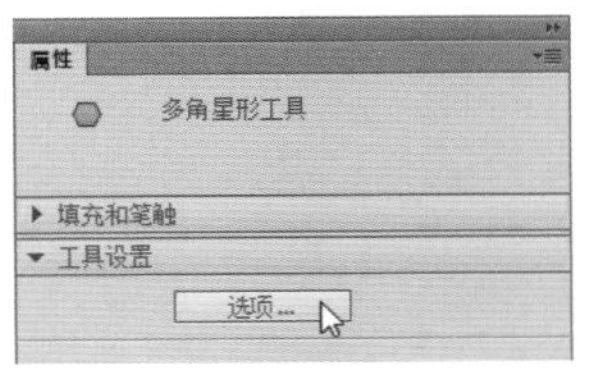

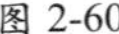

图 2-60

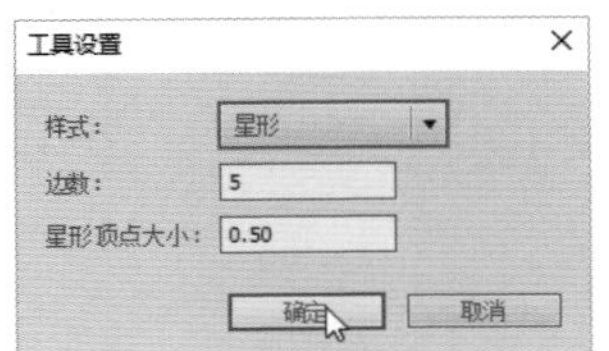

图 2-61

（3）在舞台上绘制一个红色的五角星，如图 2-62 所示。

（4）单击工具箱中的【选择工具】按钮，移动形状的每个角的两条边，使其变为花朵形状，如图 2-63 所示。

图 2-62

图 2-63

（5）使用椭圆工具按住 Shift 键绘制一个黄色的正圆，然后选中两个形状，按 Ctrl+G 组合键组合形状。单击【任意变形工具】按钮，缩小花朵的大小，如图 2-64 所示。

（6）①单击工具箱中的【铅笔工具】按钮，②设置笔触为【平滑】，如图 2-65 所示。

图 2-64

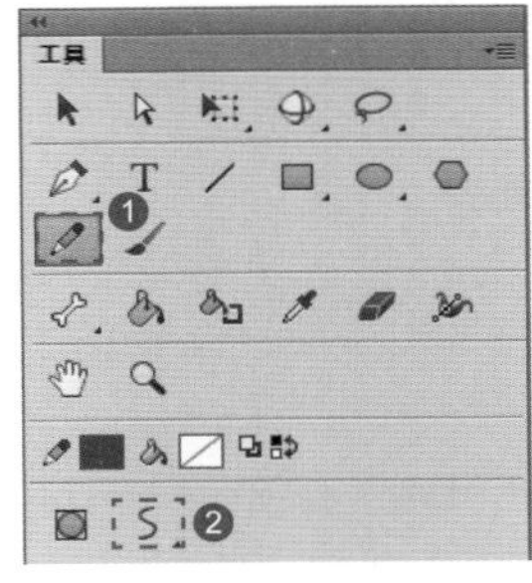

图 2-65

（7）设置笔触颜色为绿色、笔触大小为 2，绘制花梗，如图 2-66 所示。

（8）单击工具箱中的【钢笔工具】按钮，绘制叶子，然后使用颜料桶工具将叶子内部填充为浅绿色，如图 2-67 所示。

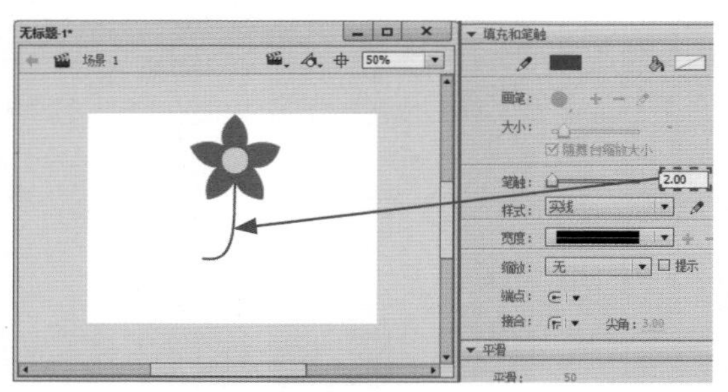

图 2-66

图 2-67

（9）使用线条工具绘制叶脉，更改笔触大小为 2，绘制叶梗，如图 2-68 所示。

（10）复制叶子，使用任意变形工具缩小并旋转叶子，如图 2-69 所示。

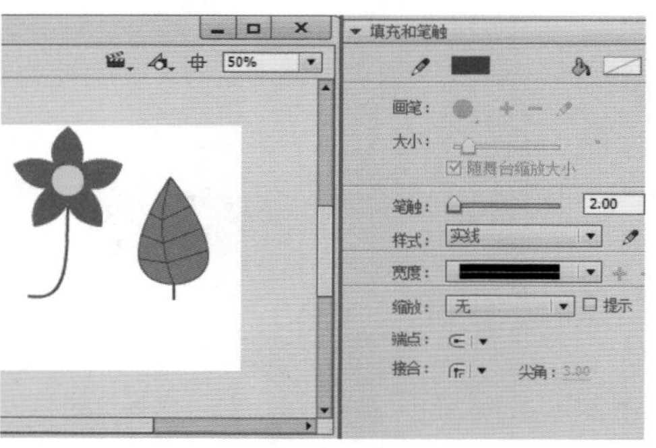

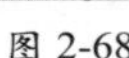

图 2-68

图 2-69

2.8　课后习题

一、填空题

1. 将素材导入到 __________ 中，素材将不会在舞台中出现。

2. 套索工具有 3 种选取方式，即普通套索工具、__________ 和魔术棒。

二、判断题

1. Flash 支持将外部素材导入 Flash 文档中的不同位置以辅助制作动画。（　　）

2. Flash 不支持 .psd、.ai 等多图层文件的导入。（　　）

三、简答题

1. 怎样使用线条工具？

2. 怎样使用墨水瓶工具？

第3章 创建与编辑文本

本章要点：

- 使用文本工具
- 设置文本属性
- 编辑文本

本章学习素材

本章主要内容：

本章主要介绍怎样使用文本工具和设置文本属性的方法，同时讲解了如何编辑文本，最后，还针对实际的工作需求讲解了制作文字倒影动画的方法。通过本章的学习，读者可以掌握创建与编辑文本方面的知识，为深入学习 Flash CC 奠定基础。

3.1 使用文本工具

微视频

文本是制作动画时必不可少的元素，它可以使动画的主题更为突出。Flash CC 具有强大的文本创建与编辑功能，用户可以使用文本工具创建 3 种类型的文本，即静态文本、动态文本和输入文本。本节将详细介绍文本工具的相关知识。

3.1.1 文本的类型

在 Flash CC 中，文本有静态文本、动态文本和输入文本 3 种类型。

- 静态文本：在默认情况下，创建的文本框为静态文本框，用于显示静止不变的文字效果，有较强的灵活性，可以创建旋转、扭曲、任意缩放等特效，在影片播放过程中不可以改变文本内容。
- 动态文本：用来显示动态可更新的文本，在影片制作或播放过程中可以输入或更改动态文本。
- 输入文本：一种在影片播放过程中可以即时输入文本的方式。在输入文本时需要使用 Enter 键进行换行。

3.1.2 静态文本

在 Flash CC 中创建静态文本时，静态文本框会随着文字的输入自动扩展和换行。下面介绍创建静态文本的操作方法。

（1）新建 Flash 空白文档，①在工具箱中单击【文本工具】按钮T，②在舞台上定位光标，如图 3-1 所示。

（2）使用输入法输入内容，如图 3-2 所示。

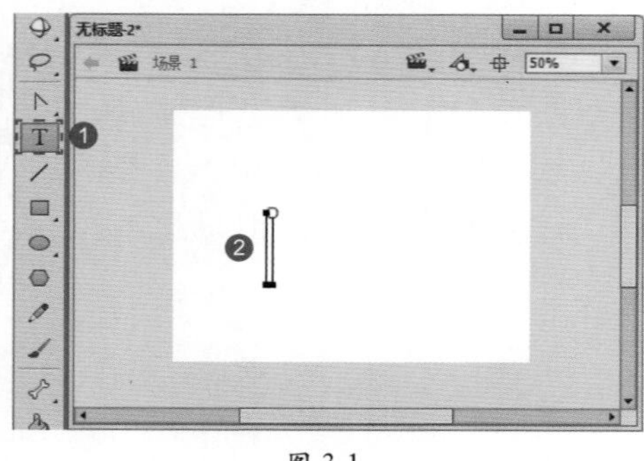

图 3-1

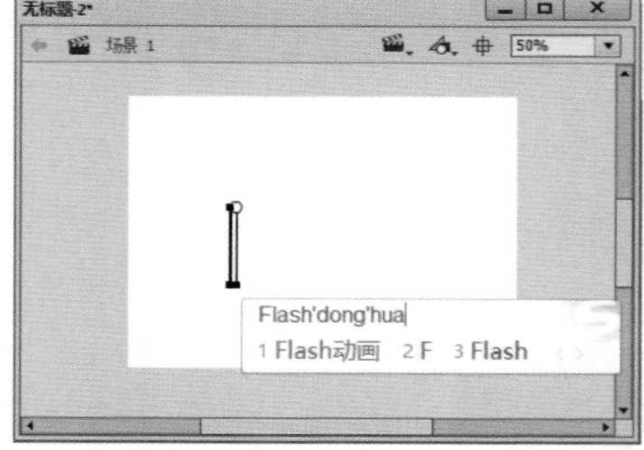

图 3-2

（3）按空格键完成输入，如图 3-3 所示。

知识常识

在 Flash CC 中，静态文本可以分为水平文本和垂直文本。在创建静态文本后，可以在【属性】面板中对所创建静态文本的属性进行设置，例如字体颜色、字体样式、文字大小和文字方向等。

图 3-3

3.1.3 动态文本

动态文本显示的是更新的文本。下面详细介绍创建动态文本的操作方法。

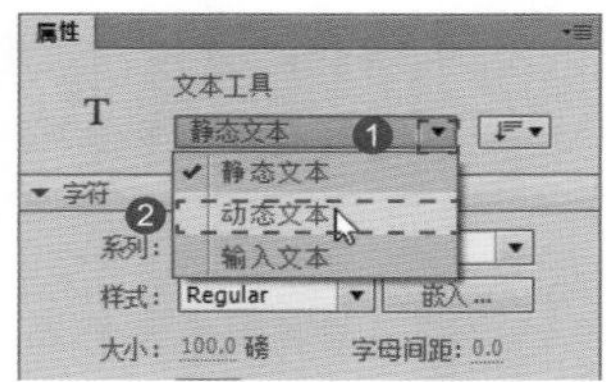

图 3-4

（1）新建空白文档，在工具箱中单击【文本工具】按钮 T，①在界面右侧的【属性】面板中单击【文本类型】下拉按钮，②选择【动态文本】选项，如图 3-4 所示。

（2）在舞台中单击鼠标左键，指定动态文本的输入位置，如图 3-5 所示。

（3）使用输入法输入内容，如图 3-6 所示。

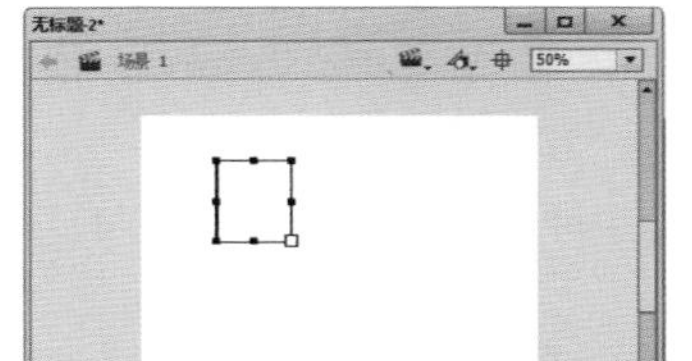

图 3-5

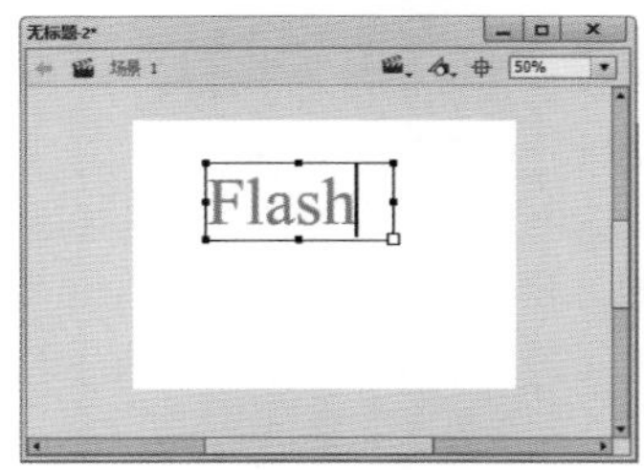

图 3-6

3.1.4 输入文本

输入文本是一种在动画播放过程中可以接受用户的输入操作，从而产生交互的文本。下面详细介绍创建输入文本的操作方法。

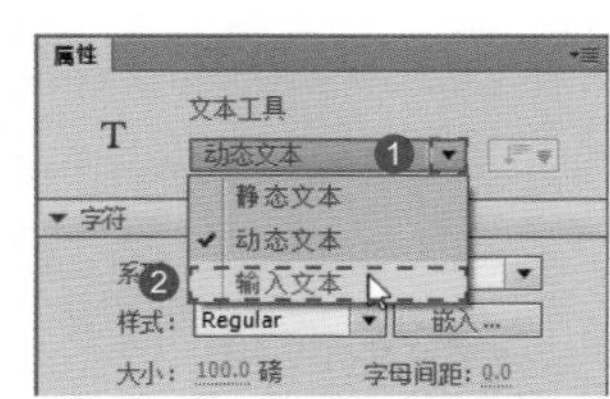

图 3-7

（1）新建空白文档，在工具箱中单击【文本工具】按钮 T，①在界面右侧的【属性】面板中单击【文本类型】下拉按钮，②选择【输入文本】选项，如图 3-7 所示。

（2）在舞台中单击鼠标左键，指定输入文本的输入位置，如图 3-8 所示。

（3）使用输入法输入内容，如图 3-9 所示。

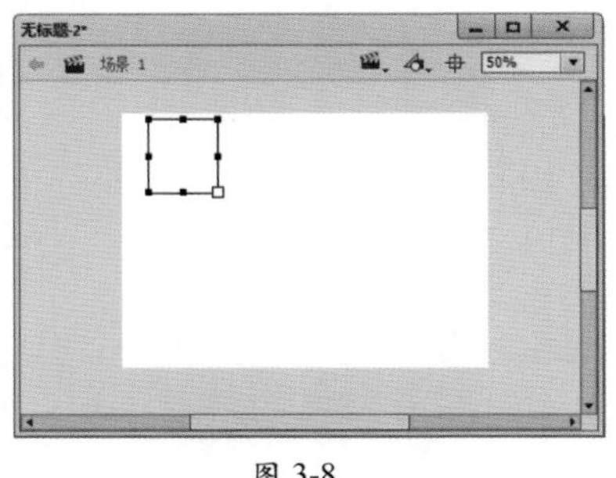

图 3-8

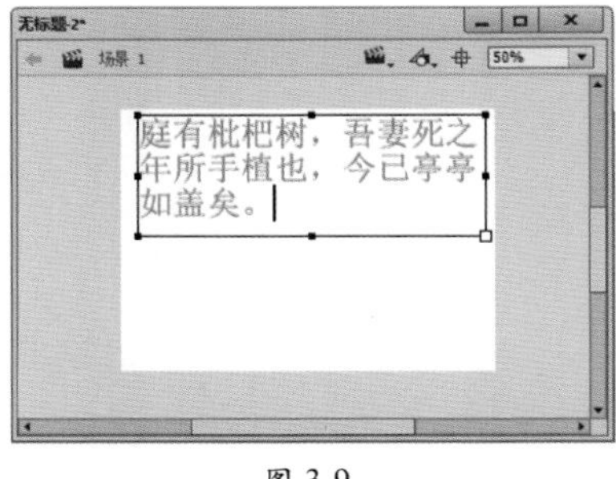

图 3-9

3.2 设置文本属性

在 Flash CC 中，为了突出文字的美观，用户可以通过【属性】面板设置文字及文字段落的属性，例如设置字符属性、设置段落属性，以及设置文本框的位置和大小。本节将介绍设置文本属性的相关知识与操作技巧。

3.2.1 设置字符属性

字符属性设置包括对字体系列、样式、大小、嵌入方式、字母间距和颜色等属性的设置。下面以更改字体系列为例，介绍设置字符属性的操作方法。

（1）选中文字，在界面右侧的【属性】面板中展开【字符】选项区，设置字体系列、大小、字母间距以及颜色等属性，如图 3-10 所示。

（2）可以看到文字效果已经发生改变，如图 3-11 所示。

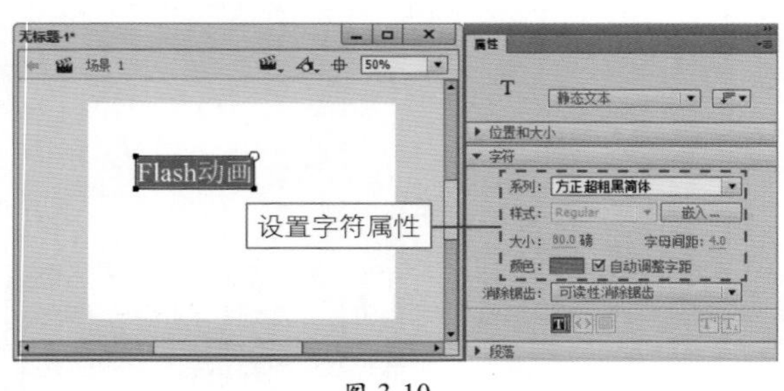

图 3-10

图 3-11

经验技巧

在 Flash CC 中，设置文字的颜色属性时只能使用纯色，不能使用渐变色，只有在将文字转换成线条或填充时才能使用渐变色进行设置。

3.2.2 设置段落属性

段落属性设置主要是对段落文本的对齐方式、间距、边距等属性的设置，也包括对动态文本和输入文本换行操作的设置。下面介绍设置段落属性的操作方法。

（1）选中文本框，在界面右侧的【属性】面板中展开【段落】选项区，单击【居中对齐】按钮，如图 3-12 所示。

（2）可以看到文字从左对齐变为居中对齐，如图 3-13 所示。

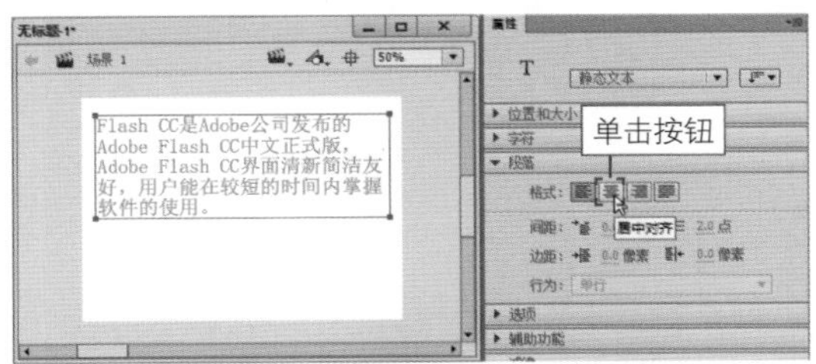

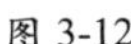
图 3-12

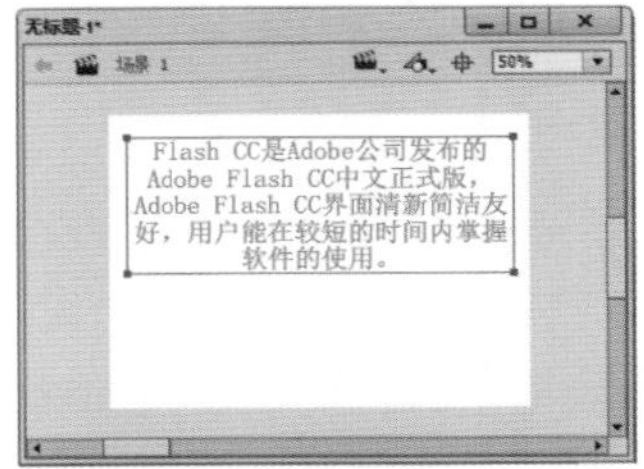

图 3-13

3.2.3 设置文本框的位置和大小

在完成文本的输入后，用户可以对选中文本框的位置和大小进行设置。下面详细介绍设置文本框位置和大小的操作方法。

（1）选中文本框，在界面右侧的【属性】面板中展开【位置和大小】选项区，设置 X、Y、宽和高的数值，如图 3-14 所示。

（2）可以看到文本框的位置和大小已经发生改变，如图 3-15 所示。

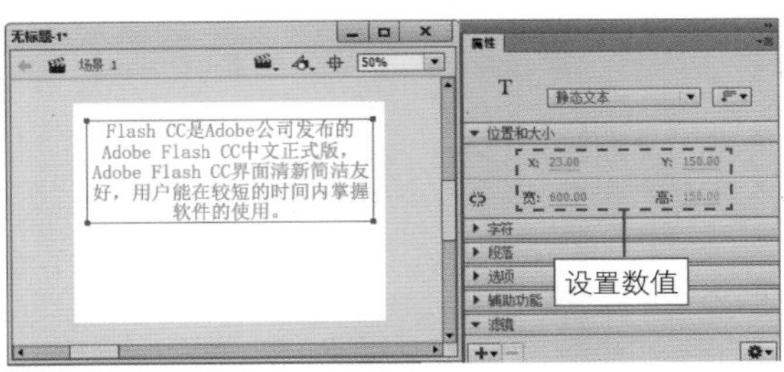

图 3-14

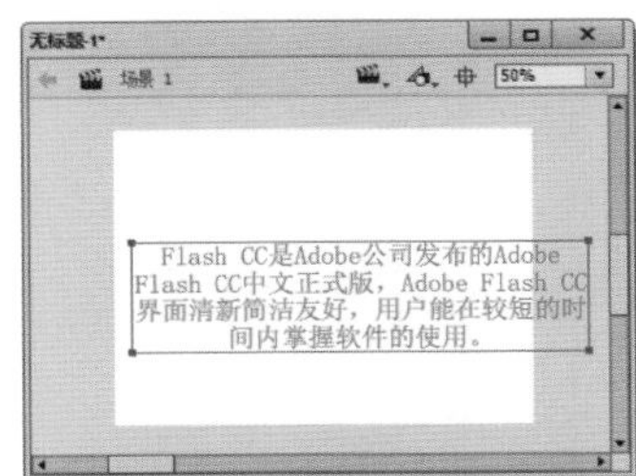

图 3-15

3.3 编辑文本

在 Flash CC 中，通过选择和移动文本、变形文本、为文本设置超链接、消除锯齿和更改文本方向等操作，来实现对文本对象的编辑和处理。本节将详细介绍对文本对象进行编辑和处理的操作方法。

微视频

3.3.1 选择和移动文本

在 Flash CC 中，用户可以使用选择工具对文本进行选择和移动操作。下面介绍选择和移动文本的操作方法。

（1）在工具箱中单击【选择工具】按钮，在文字上单击即可选中文本框，如图 3-16 所示。

（2）单击并拖动鼠标至合适的位置释放鼠标左键，即可移动文本框，如图 3-17 所示。

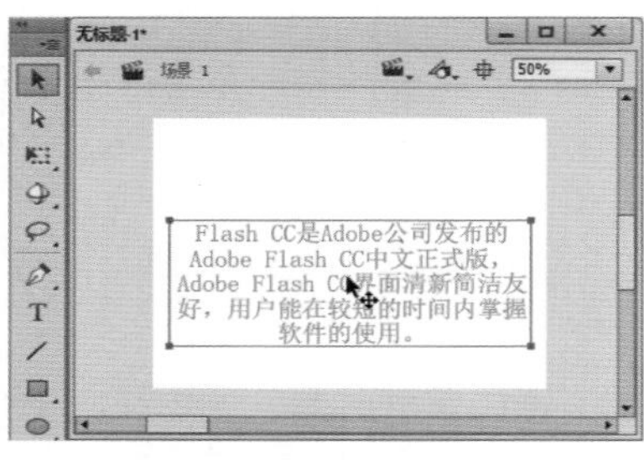

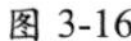

图 3-16

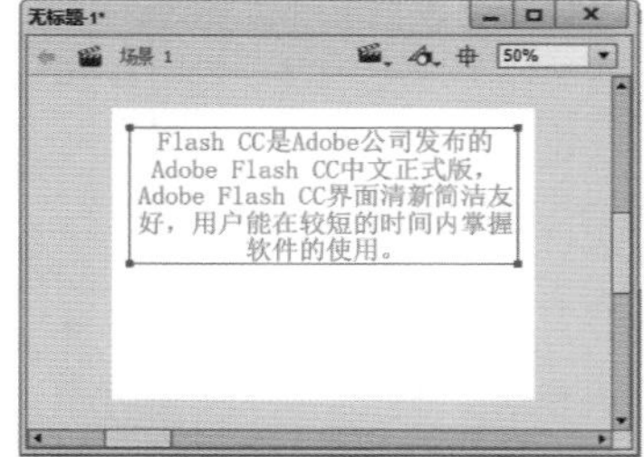

图 3-17

3.3.2 变形文本

在制作 Flash 动画时，经常会对文本对象进行旋转、倾斜和缩放等变形操作。下面以旋转文本为例介绍变形文本的操作方法。

（1）在工具箱中单击【任意变形工具】按钮，在舞台中单击选择文本对象，然后移动鼠标指针至文本框四周的控制点上，鼠标指针变为形状，如图 3-18 所示。

（2）单击并拖动鼠标至合适的位置释放鼠标左键，旋转文本的操作完成，如图 3-19 所示。

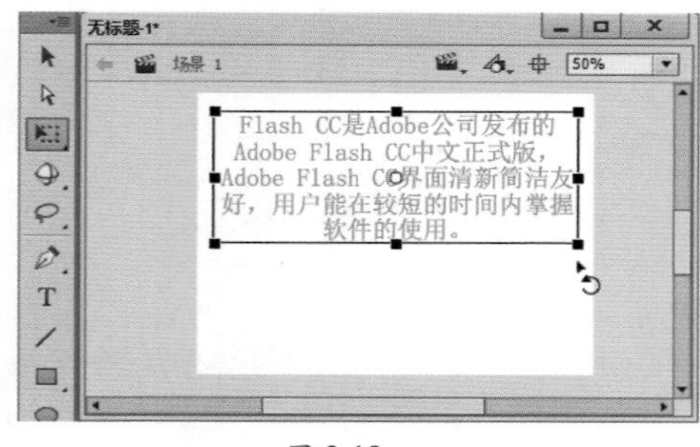

图 3-18

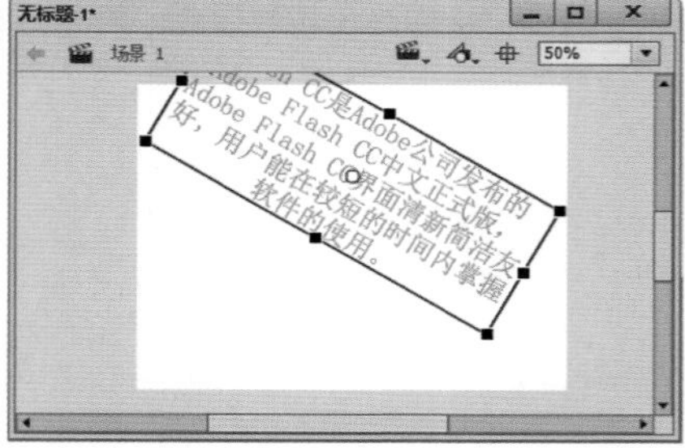

图 3-19

3.3.3 为文本设置超链接

用户可以为Flash CC中的文字设置超链接，例如在文字中添加网址或者邮箱地址的链接等，在后期测试影片时单击该文字即可进入预先设定的链接地址。

使用选择工具单击选中文本，在界面右侧的【属性】面板中展开【选项】选项区，在【链接】文本框中输入地址，可以看到文本下方添加了下画线，表示已经为该文本添加了超链接，如图 3-20 所示。

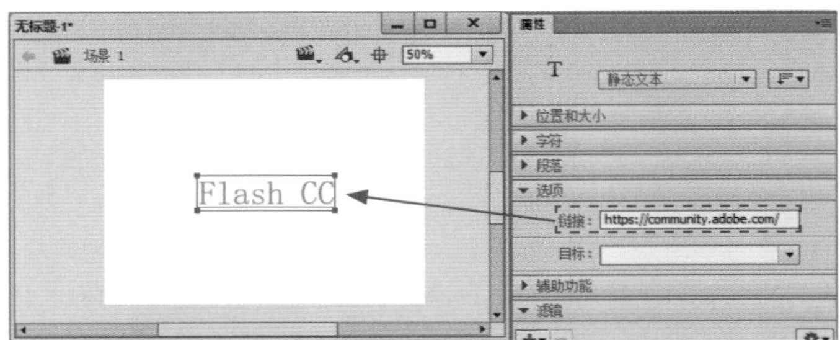

图 3-20

3.3.4 消除锯齿

在 Flash CC 中，如果文本边缘有明显的锯齿，可以在【属性】面板中通过选择【动画消除锯齿】【可读性消除锯齿】或【自定义消除锯齿】选项进行消除，以此来创建平滑的字体对象。

使用选择工具单击选中文本，在界面右侧的【属性】面板中展开【字符】选项区，单击【消除锯齿】下拉按钮，在弹出的下拉列表中根据需要进行选择，如图 3-21 所示。

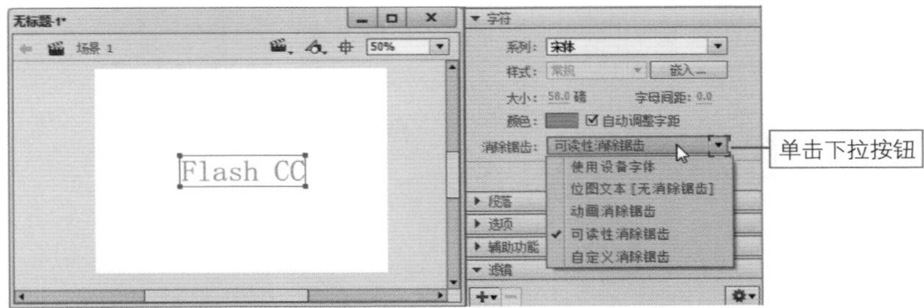

图 3-21

- 【使用设备字体】选项：指定 SWF 文件使用本地计算机中安装的字体来显示文字。通常，设备字体采用大多数字体大小时都很清晰。此选项不会增加 SWF 文件的大小，但会使文字的显示依赖于用户计算机上安装的字体。在使用设备字体时应选择最常安装的字体系列。另外，采用这种方式消除锯齿不能使用具有旋转或纵向传统文本的设备字体。如果希望使用此类设备字体，可选择另一种消除锯齿模式，并嵌入文本字段使用的字体。
- 【位图文本（无消除锯齿）】选项：关闭消除锯齿功能，不对文本提供平滑处理，用尖锐的边缘显示文本。由于在 SWF 文件中嵌入了字体轮廓，所以增加了 SWF 文件的大小。当位图文本的大小与导出大小相同时，文本比较清晰，在对位图文本缩放后，文本的显示效果比较差。
- 【动画消除锯齿】选项：通过忽略对齐方式和字距微调信息来创建更平滑的动画。此选项会导致创建的 SWF 文件较大，因为嵌入了字体轮廓。为了提高清晰度，应在指定此选项时使用 10 磅或更大的字号。
- 【可读性消除锯齿】选项：使用 Flash 文本呈现引擎来改进字体的清晰度，特别是较小字体的清晰度。此选项会导致创建的 SWF 文件较大，因为嵌入了字体轮廓。若要使用此选项，必须发布到 Flash Player 8 或更高版本。如果要对文本设置动画效果，不要使用此选项，而应该选择【动画消除锯齿】选项。

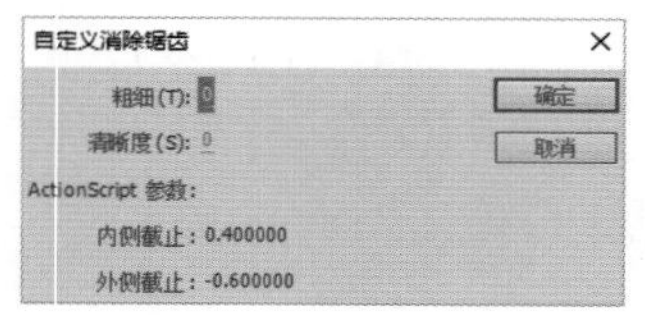

图 3-22

- 【自定义消除锯齿】选项：选择该选项，用户可以修改字体的属性，如图 3-22 所示。使用“清晰度”可以指定边缘与背景之间过渡的平滑度，使用“粗细”可以指定字体消除锯齿转变显示的粗细。此选项会导致创建的 SWF 文件较大，因为嵌入了字体轮廓。若要使用此选项，必须发布到 Flash Player 8 或更高版本。

3.3.5　更改文本方向

在创建文本后，用户还可以更改文本的方向。Flash CC 提供了 3 种文本方向，即水平、垂直和垂直且从左向右。下面介绍更改文本方向的方法。

（1）使用选择工具单击选中文本，在界面右侧的【属性】面板中单击【改变文本方向】按钮，选择【垂直，从左向右】选项，如图 3-23 所示。

（2）可以看到原本水平显示的文本变为垂直且从左向右显示，如图 3-24 所示。

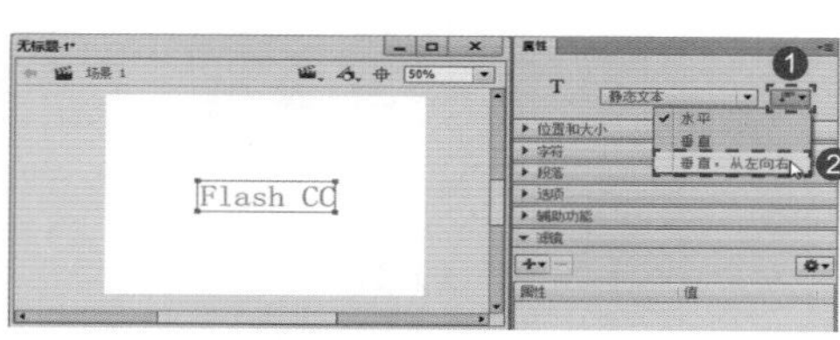

图 3-23

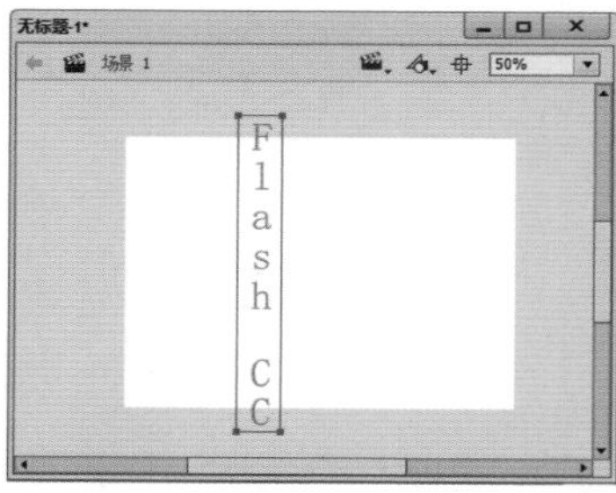

图 3-24

3.4　范例应用——制作文字倒影动画

用户可以运用本章所学的知识点制作文字倒影动画。所用到的知识点包括新建元件、将对象转换为元件、创建传统补间动画等。

微视频

实例文件保存路径：配套素材\第 3 章\效果文件

实例效果文件名称：文字倒影.fla

（1）新建动画文档，①单击【插入】菜单，②选择【新建元件】菜单项，如图 3-25 所示。

（2）弹出【创建新元件】对话框，设置参数，单击【确定】按钮，如图 3-26 所示。

（3）在工具箱中单击【文本工具】按钮 T ，在【属性】面板中设置参数，如图 3-27 所示。

（4）输入文字，如图 3-28 所示。

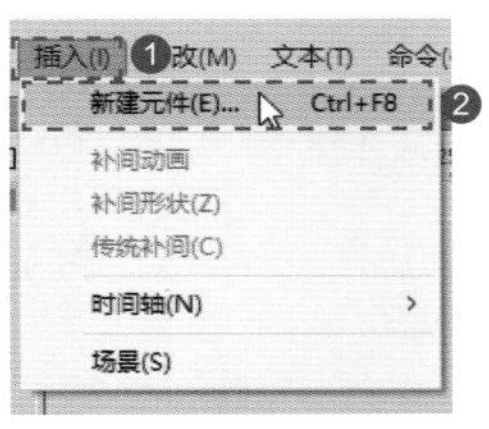

图 3-25

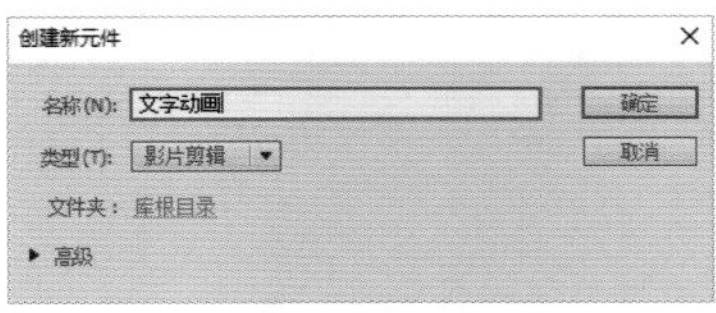

图 3-26

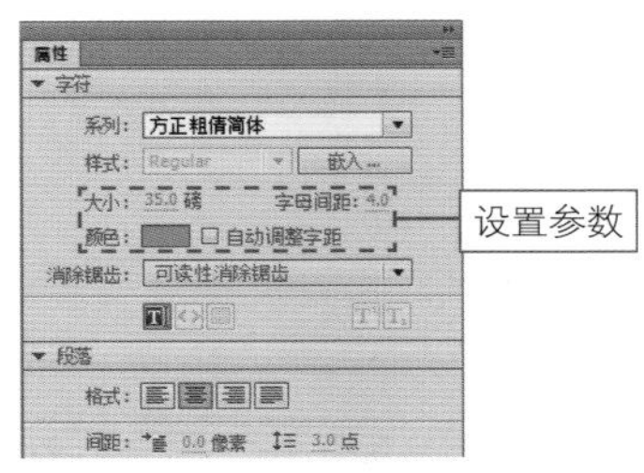

图 3-27

图 3-28

（5）执行【修改】→【转换为元件】命令，弹出【转换为元件】对话框，设置参数，单击【确定】按钮，如图 3-29 所示。

（6）在时间轴中选中第 44 帧，按 F6 键插入关键帧，将文字略微向上移动一些，然后右击第 1 帧，选择【创建传统补间】菜单项，效果如图 3-30 所示。

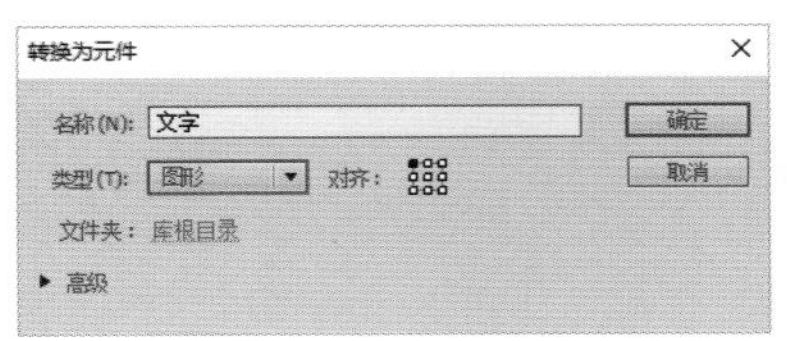

图 3-29

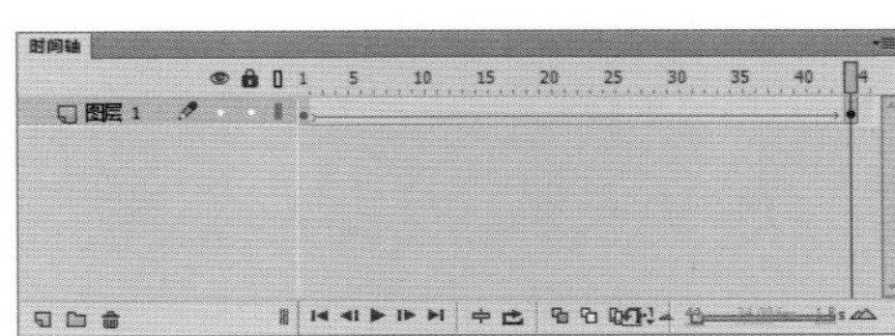

图 3-30

（7）选中第 80 帧，按 F7 键插入空白关键帧，并复制第 1 帧粘贴到第 80 帧，然后右击第 80 帧，在弹出的快捷菜单中选择【创建传统补间】菜单项，效果如图 3-31 所示。

（8）新建“图层 2”，将“图层 1”中第 1 帧的文字复制到该图层，然后执行【修改】→【变形】→【垂直翻转】命令，效果如图 3-32 所示。

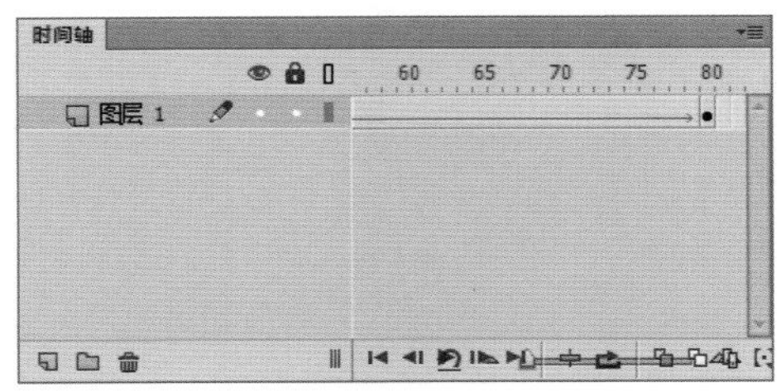

图 3-31

图 3-32

（9）参考第（6）步使用相同的方法完成“图层 2”的制作，如图 3-33 所示。

（10）返回主场景，将“文字动画”元件从【库】面板中拖入舞台，如图 3-34 所示。

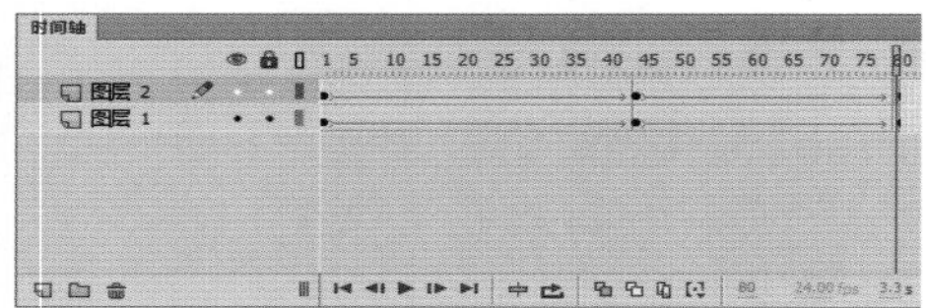

图 3-33

图 3-34

（11）单击【矩形工具】按钮，在【颜色】面板中设置填充颜色，如图 3-35 所示。

（12）新建“图层 2”，在倒影上绘制矩形，并使用渐变变形工具调整渐变颜色，效果如图 3-36 所示。

（13）动画制作完成，按 Ctrl+Enter 组合键测试动画效果，如图 3-37 所示。

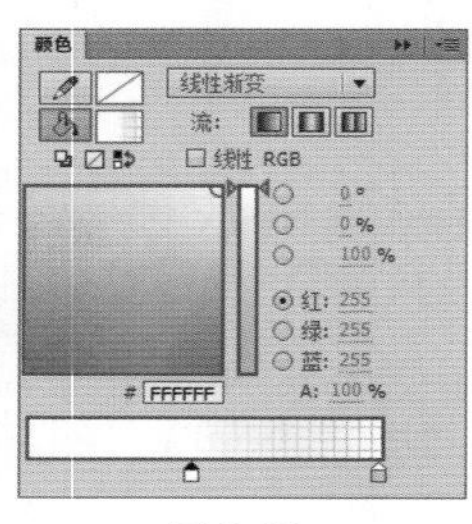

图 3-35

图 3-36

图 3-37

3.5 课后习题

一、填空题

1. 用户可以使用文本工具创建 3 种类型的文本，即静态文本、动态文本和 ________。

2. 字符属性设置包括对字体系列、________、大小、嵌入方式、________ 和颜色等属性的设置。

二、判断题

1. 在 Flash CC 中，为了突出文字的美观，用户可以通过【颜色】面板设置文字及文字段落的属性。（　　）

2. 动态文本用来显示动态可更新的文本，在影片制作或播放过程中可以输入或更改动态文本。（　　）

三、简答题

1. 在 Flash CC 中怎样输入动态文本？

2. 在 Flash CC 中怎样为文本设置超链接？

第 4 章 编辑与修饰对象

本章要点：

- 预览对象
- 对象的基本操作
- 变形对象
- 合并对象
- 组合、对齐与层叠对象

本章学习素材

本章主要内容：

本章主要介绍预览对象、对象的基本操作、变形对象和合并对象方面的知识与技巧，同时讲解了怎样组合、对齐与层叠对象，最后，还针对实际的工作需求讲解了绘制日出的方法。通过本章的学习，读者可以掌握编辑与修饰对象方面的知识，为深入学习 Flash CC 奠定基础。

4.1 预览对象

微视频

在 Flash CC 中，预览图形对象的模式有多种，在菜单栏中选择【视图】→【预览模式】菜单项可以看到 5 种预览模式，即轮廓、高速显示、消除锯齿、消除文字锯齿和整个模式。本节将介绍图形预览模式方面的知识。

4.1.1 轮廓

轮廓预览模式是指图形在舞台中以“边线轮廓”显示，复杂的图形将以细线显示。下面介绍以轮廓预览图形对象的操作方法。

（1）创建一个雨景模板，执行【视图】→【预览模式】→【轮廓】命令，如图 4-1 所示。

（2）可以看到舞台中的图形只显示出轮廓，如图 4-2 所示。

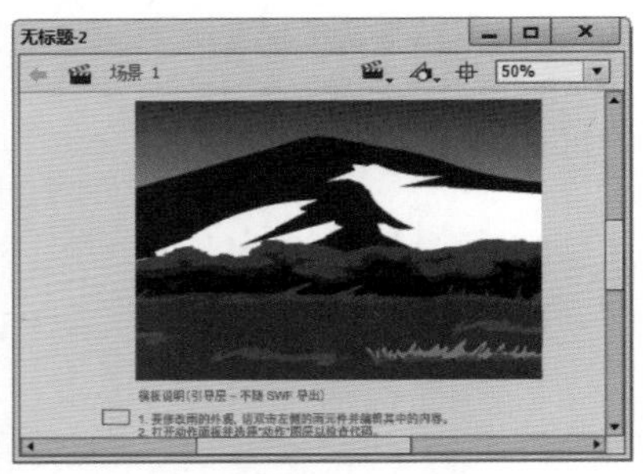

图 4-1

图 4-2

知识常识

在 Flash CC 中，如果觉得使用菜单栏显示轮廓操作麻烦，可以在【时间轴】面板上单击【将所有图层显示为轮廓】按钮 将图形以轮廓显示，再次单击该按钮，则恢复到原始图形显示状态。

4.1.2 消除锯齿

在 Flash CC 中，【消除锯齿】是较常用的预览模式，可以使用户很明显地看到图中的形状和线条，被消除了锯齿的线条和图像的边缘会更加平滑。执行【视图】→【预览模式】→【消除锯齿】命令，即可完成使用消除锯齿模式预览图像的操作，如图 4-3 所示。

4.1.3 消除文字锯齿

【消除文字锯齿】也是较常用的预览模式，可以将文字的锯齿消除。但对于大量的文字而言，在选择了【消除文字锯齿】预览模式后，其显示速度将会变得非常缓慢。执行【视图】→【预览模式】→【消除文字锯齿】命令，即可完成使用消除文字锯齿模式预览图像的操作，如图 4-4 所示。

图 4-3

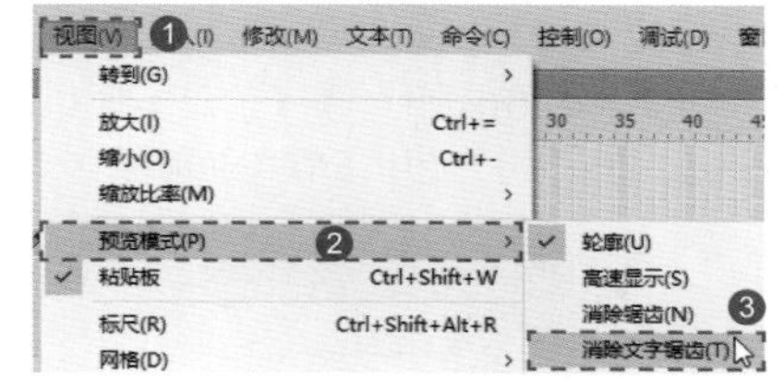

图 4-4

4.1.4 整个

使用整个预览模式可以显示舞台中的所有内容，例如图形、边线和文字都会以消除锯齿的方式显示。但对于复杂图形来说会增加计算机的运算时间，在操作中会显示得比较慢。执行【视图】→【预览模式】→【整个】命令，即可完成以整个预览模式预览图像的操作，如图 4-5 所示。

图 4-5

4.2 对象的基本操作

在 Flash CC 中，图形对象是舞台中的项目，Flash 允许对象进行各种编辑操作。对象的基本操作包括对象的移动、复制和删除等，这些操作可以提高工作效率。本节将详细介绍对象的基本操作方面的知识。

微视频

4.2.1 移动对象

在 Flash CC 中，移动对象的方法有多种，例如使用鼠标、方向键、【属性】面板和【信息】面板移动对象。下面详细介绍移动对象的方法。

1. 使用鼠标移动对象

在 Flash CC 中，使用鼠标移动对象是最快捷的方法。在场景中选中图形，按住鼠标左键并向相应的位置拖动，即可完成使用鼠标移动对象的操作。需要注意的是，使用鼠标移动对象的前提是使用工具箱中的选择工具。

2. 使用方向键移动对象

在 Flash CC 中，使用方向键进行对象的移动，可以使移动更加精确。选中对象，按键盘上的【↑】【↓】【←】【→】方向键进行对象的移动。

3. 使用【属性】面板移动对象

选中准备移动的图形，在【属性】面板的【位置和大小】选项区的【X】和【Y】文本框中输入相应的数值，然后按 Enter 键，即可完成使用【属性】面板移动对象的操作，如图 4-6 所示。

4. 使用【信息】面板移动对象

选中准备移动的图形，在【信息】面板的【X】和【Y】文本框中输入相应的数值，然后按 Enter 键，即可完成使用【信息】面板移动对象的操作，如图 4-7 所示。

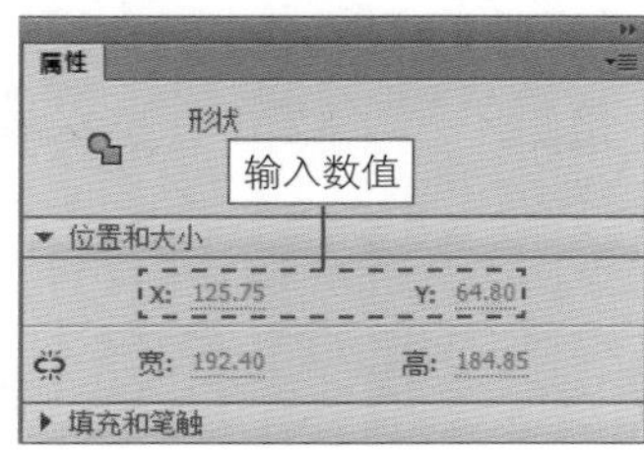

图 4-6

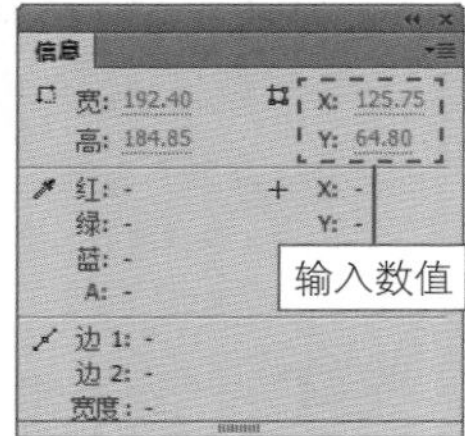

图 4-7

4.2.2 复制对象

在制作 Flash 动画时，为了制作出想要的效果，需要经常使用复制对象功能。下面介绍使用快捷键配合鼠标操作复制对象的方法。

（1）单击工具箱中的【选择工具】按钮，然后单击选中图形，如图 4-8 所示。

（2）在按住 Alt 键的同时单击并拖动图形至其他位置释放鼠标左键，即可复制出一个图形，如图 4-9 所示。

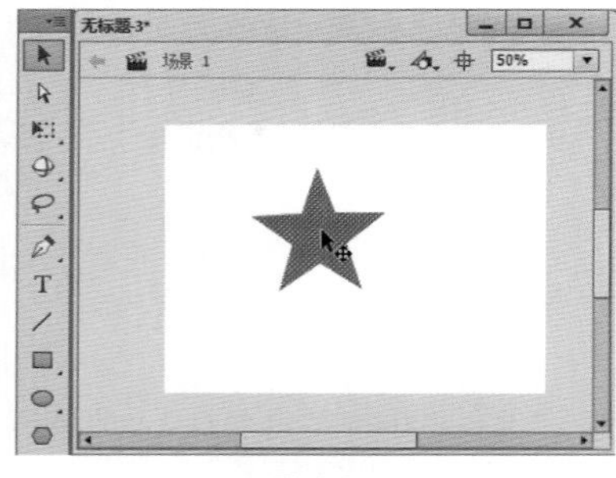

图 4-8

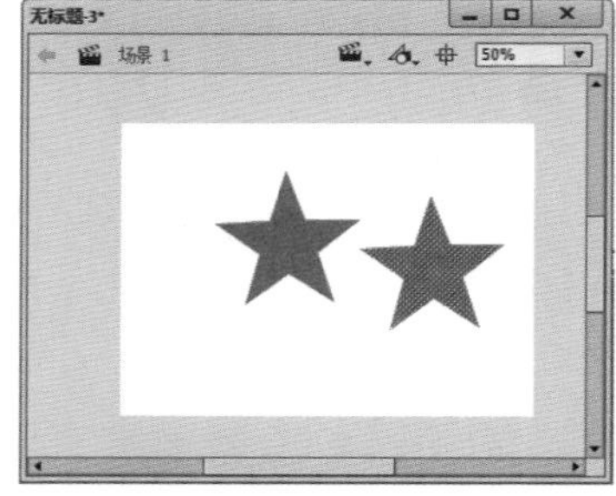

图 4-9

经验技巧

在舞台中右击图形对象，在弹出的快捷菜单中选择【复制】菜单项，然后在空白处按 Ctrl+V 组合键，或者右击，在弹出的快捷菜单中选择【粘贴到当前位置】菜单项，完成复制对象的操作。

4.2.3 删除对象

在制作 Flash 动画时，对于不需要的图形对象或文字，可以将其删除，以保持文档的整洁。下面介绍删除对象的操作方法。

（1）使用选择工具选中图形，如图 4-10 所示。

（2）按 Delete 键删除图形，如图 4-11 所示。

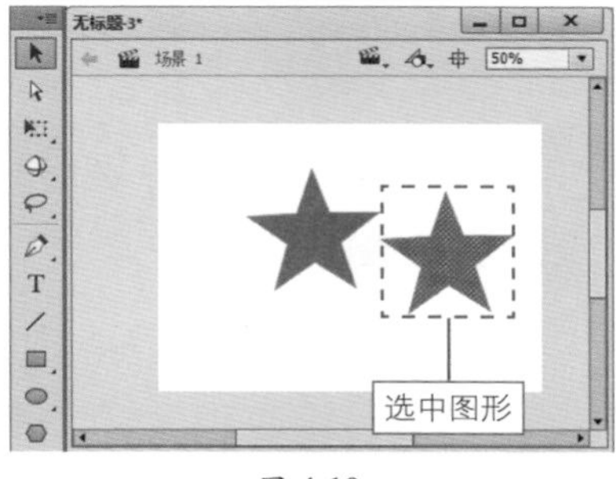

图 4-10

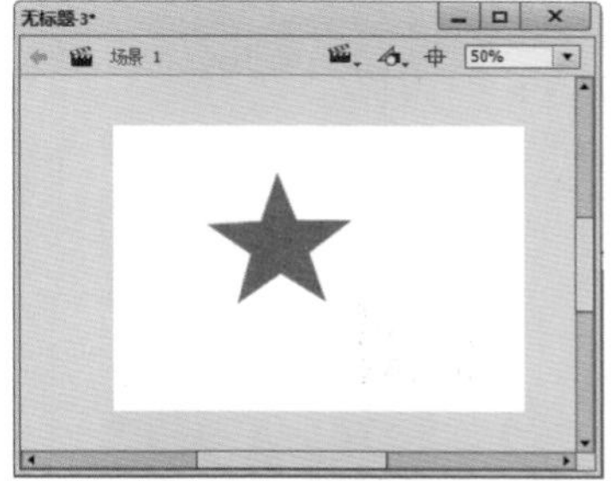

图 4-11

4.3 变形对象

在使用 Flash CC 创建动画的过程中，用户可以通过扭曲、旋转和缩放等方法对图形对象进行变形操作，从而完善编辑的图形对象。本节将详细介绍变形对象方面的知识与操作方法。

微视频

4.3.1 自由变形对象

自由变形对象可以使图形随意地变形，在 Flash CC 中用户可以通过【变形】面板或任意变形工具对图形进行变形，如图 4-12 和图 4-13 所示。使用自由变形功能可以对图形进行倾斜、旋转、3D 旋转等变形操作。

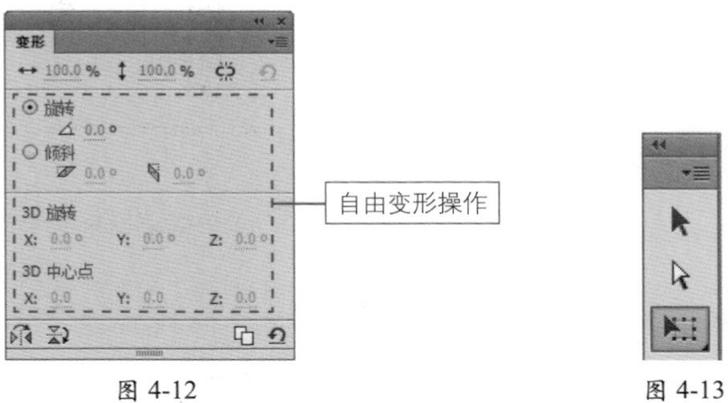

图 4-12

图 4-13

4.3.2 缩放对象

在 Flash CC 中，缩放对象可以改变对象的大小，以便将编辑的图形对象缩放至合适的比例。下面介绍通过【变形】面板缩放对象的操作方法。

（1）使用任意变形工具选中图形，如图 4-14 所示。

（2）执行【窗口】→【变形】命令，打开【变形】面板，在【缩放宽度】和【缩放高度】文本框中输入数值，如图 4-15 所示。

（3）可以看到图形的大小已经改变，如图 4-16 所示。

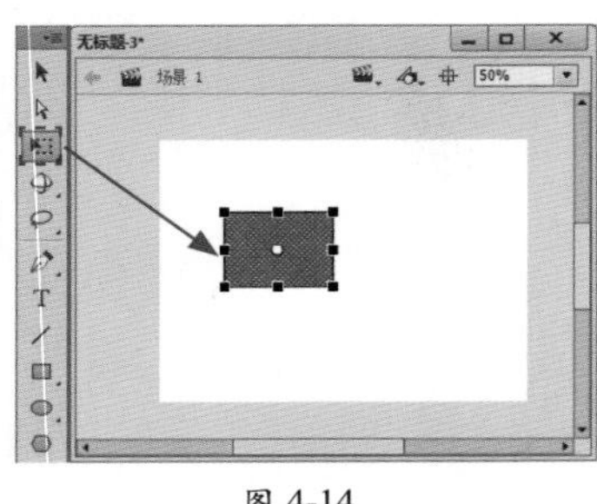

图 4-14

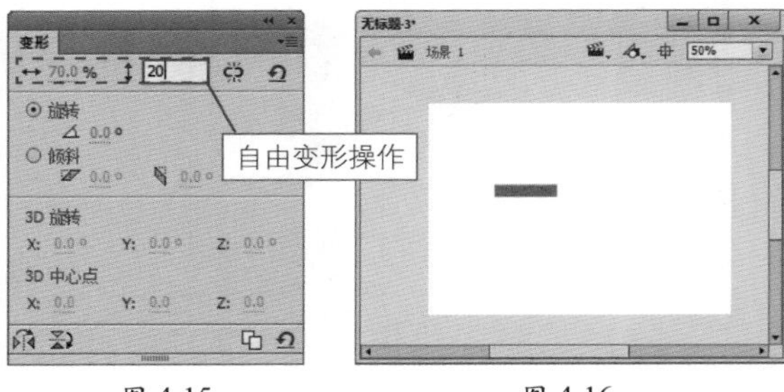

图 4-15　　图 4-16

4.3.3 扭曲对象

在 Flash CC 中，使用扭曲对象功能可以更改对象变换框上控制点的位置，从而改变对象的形状。下面介绍扭曲对象的操作方法。

（1）使用任意变形工具选中图形，如图 4-17 所示。

（2）执行【修改】→【变形】→【扭曲】命令，如图 4-18 所示。

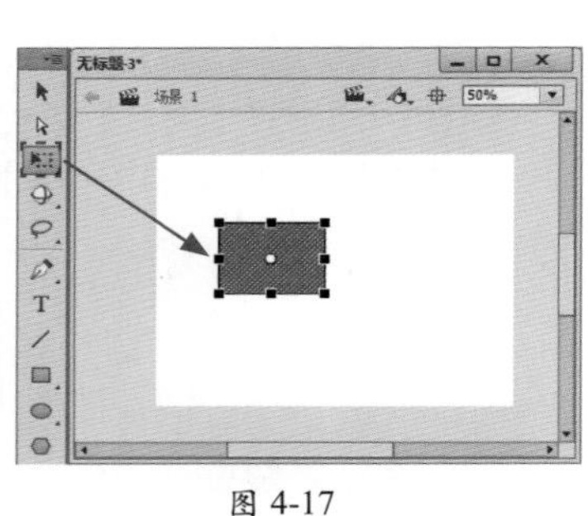

图 4-17

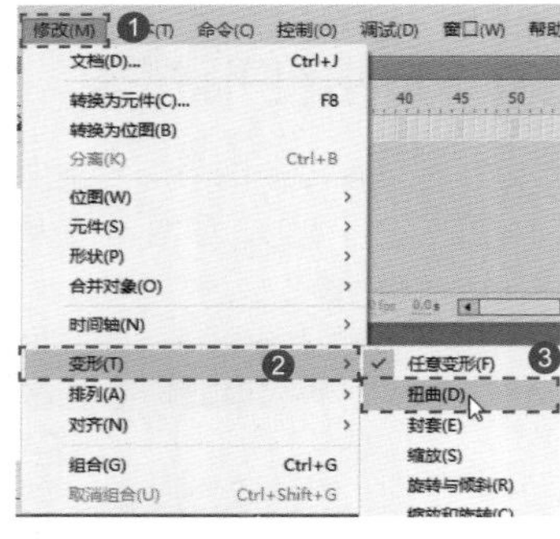

图 4-18

（3）将鼠标指针移至图形左侧中间的控制点上，单击并拖动鼠标至合适的位置释放鼠标左键，如图 4-19 所示。

（4）通过以上步骤即可完成扭曲对象的操作，如图 4-20 所示。

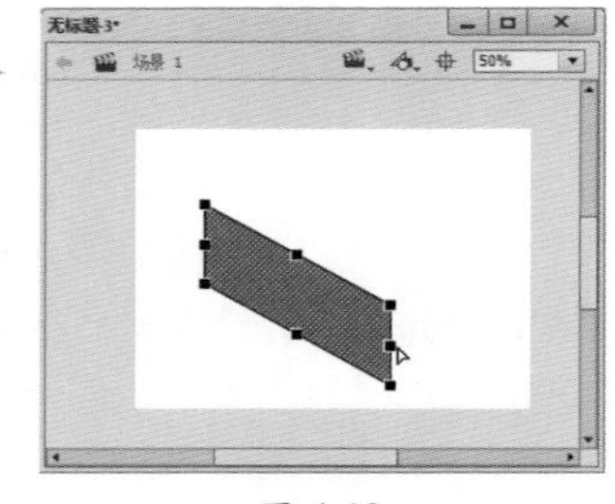

图 4-19

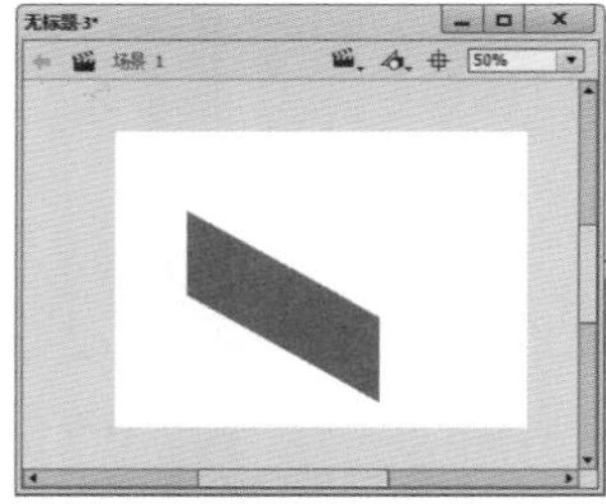

图 4-20

4.3.4 翻转对象

在 Flash CC 中，用户可以通过翻转功能将图形对象沿水平或垂直方向进行翻转。下面以垂直翻转为例介绍翻转对象的操作方法。

（1）选中要翻转的对象，如图 4-21 所示。

（2）在菜单栏中执行【修改】→【变形】→【垂直翻转】命令，如图 4-22 所示。

（3）图像完成垂直翻转操作，如图 4-23 所示。

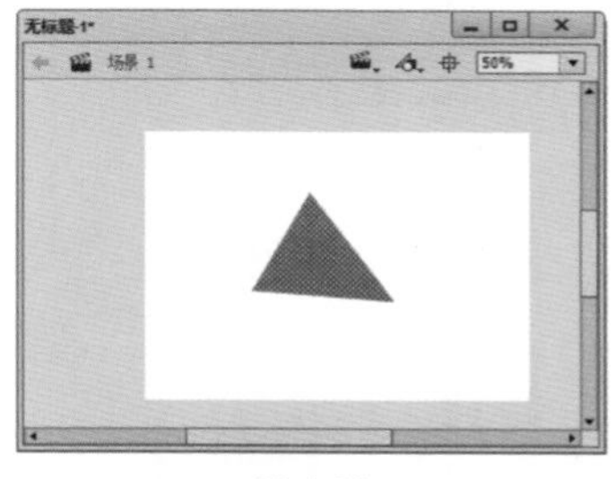

图 4-21

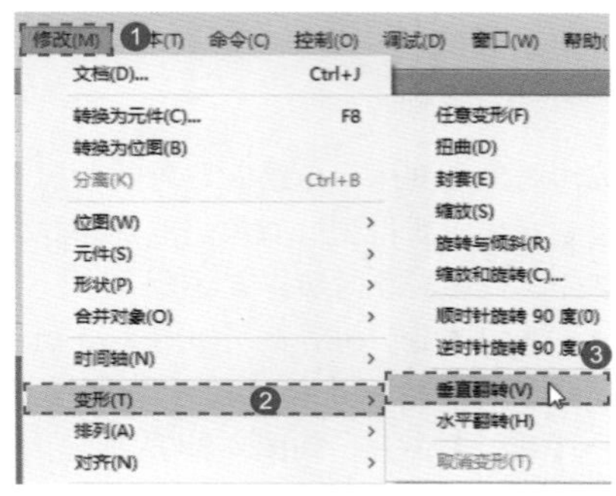

图 4-22

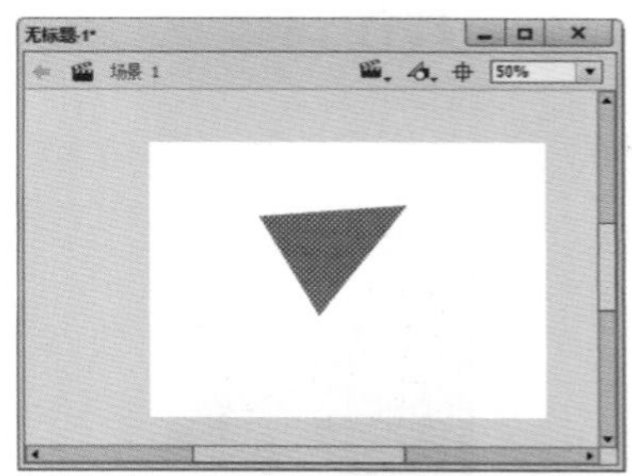

图 4-23

4.4 合并对象

通过合并对象操作可以改变现有对象来创建新形状。在一些特殊情况下，所选对象的堆叠顺序决定了操作的工作方式。合并的方式包括联合对象、裁切对象、打孔对象和交集对象。本节将详细介绍合并对象方面的知识。

微视频

4.4.1 联合对象

联合对象是指合并两个或多个合并形状或绘制对象。联合后将生成一个“对象绘制”模式形状，它由联合前面形状上所有可见的部分组成，并将删除形状上不可见的重叠部分。下面详细介绍联合对象的具体操作方法。

（1）选中要联合的对象，如图 4-24 所示。

（2）在菜单栏中执行【修改】→【合并对象】→【联合】命令，如图 4-25 所示。

（3）图形完成联合操作，如图 4-26 所示。

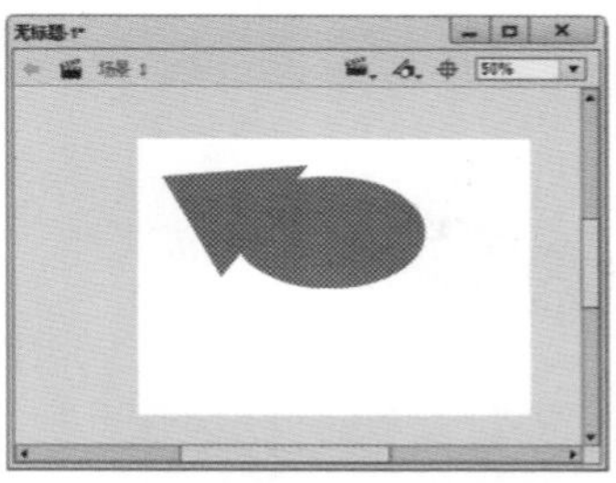

图 4-24

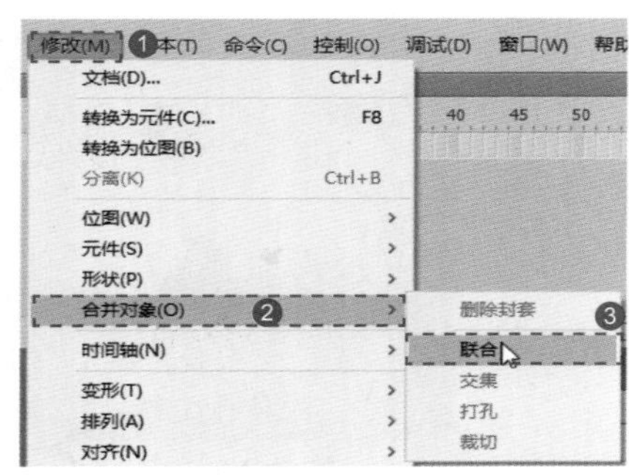

图 4-25

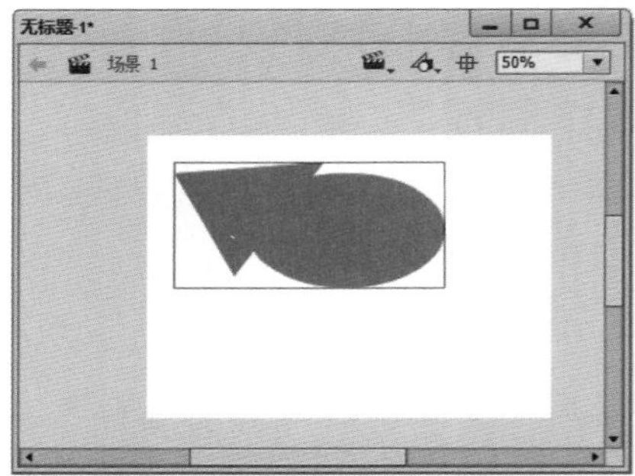

图 4-26

4.4.2 裁切对象

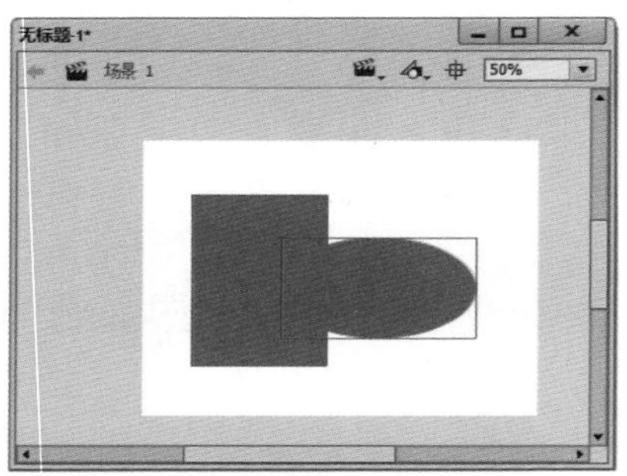

图 4-27

裁切对象是使用一个绘制对象的轮廓裁切另一个绘制对象，所得到的对象仍然是独立的。下面详细介绍裁切对象的操作方法。

（1）选中要裁切的对象，如图 4-27 所示。

（2）在菜单栏中执行【修改】→【合并对象】→【裁切】命令，如图 4-28 所示。

（3）图形完成裁切操作，如图 4-29 所示。

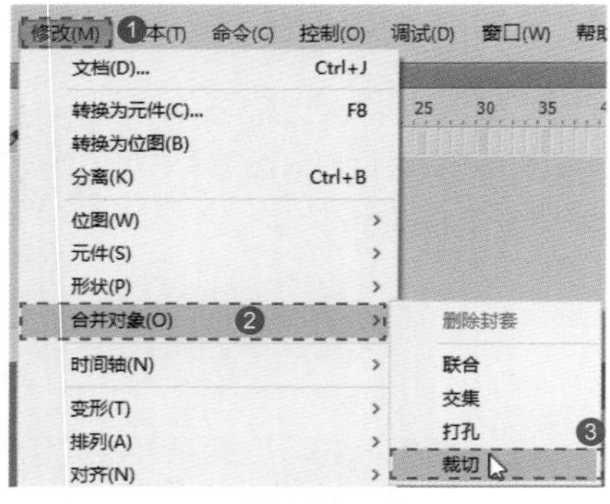

图 4-28

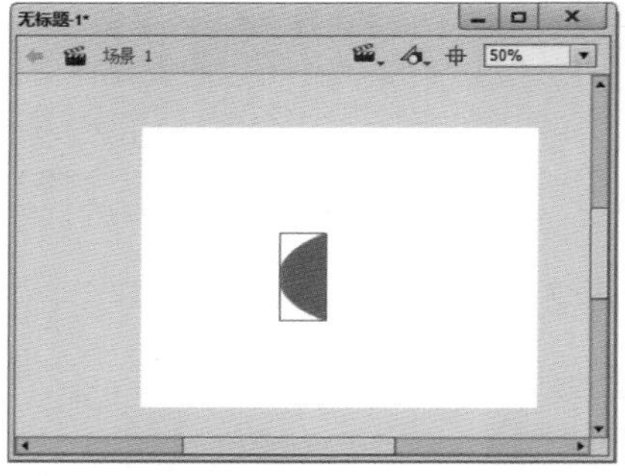

图 4-29

经验技巧

在工具箱中单击【矩形工具】或【椭圆工具】按钮后，默认的绘制模式是合并绘制，在该模式下绘制重叠形状时，形状会自动进行计算；选择绘图工具后单击工具箱中的【对象绘制】按钮，即可切换到对象绘制模式，再使用绘图工具创建图形形状为自包含形状。在进行裁切对象的操作前，需要保证绘图工具绘制的图形为自包含形状。

4.4.3 打孔对象

打孔是将选定绘制对象的某些部分删除，删除的是该对象与另一个对象的公共部分，得到的图形对象为单个对象。下面详细介绍打孔对象的操作方法。

（1）选中要打孔的对象，如图 4-30 所示。

（2）在菜单栏中执行【修改】→【合并对象】→【打孔】命令，如图 4-31 所示。

（3）图形完成打孔操作，如图 4-32 所示。

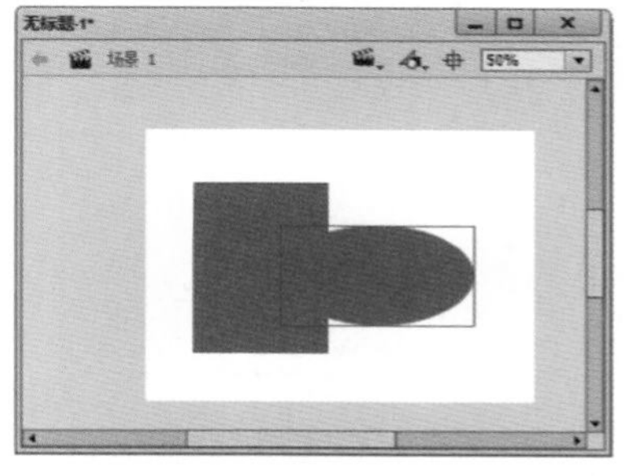

图 4-30

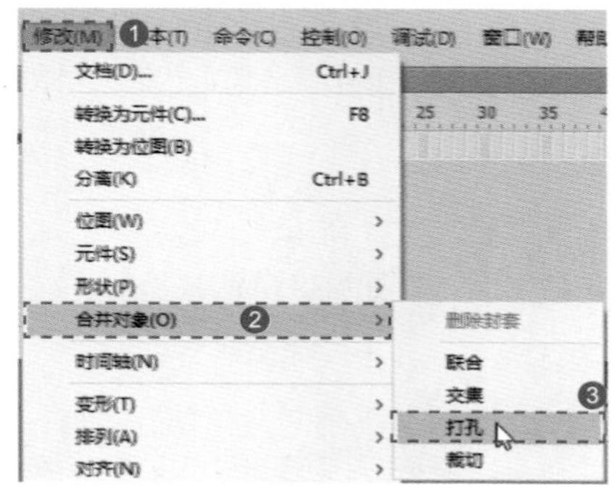

图 4-31

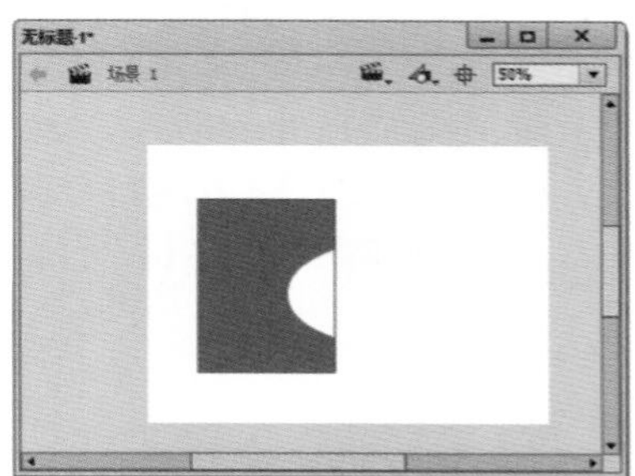

图 4-32

4.5 组合、对齐与层叠对象

在 Flash CC 中，用户可以根据工作的需求对对象进行组合、对齐和层叠等操作。通过调整图形对象的堆叠顺序，可以控制图形对象部分内容的显示与隐藏，从而制作出满意的效果。本节将详细介绍组合、对齐与层叠对象的相关知识及操作方法。

微视频

4.5.1 组合对象

为方便同时对多个对象进行处理，可以将这些对象组合在一起，作为一个整体进行移动或选择操作。下面详细介绍组合对象的操作方法。

（1）选中准备组合的多个对象，如图 4-33 所示。

（2）在菜单栏中执行【修改】→【组合】命令，如图 4-34 所示。

（3）图形完成组合操作，如图 4-35 所示。

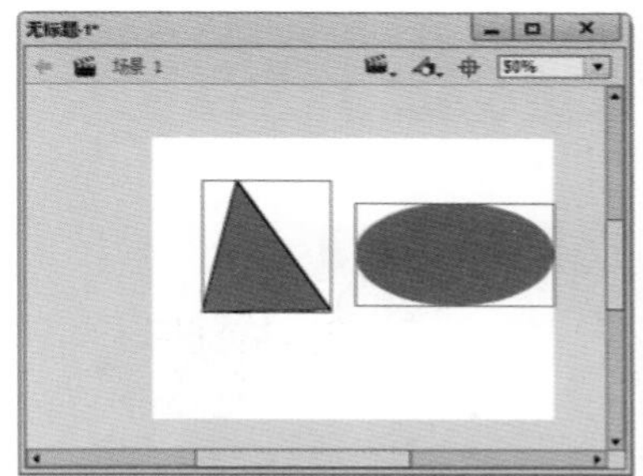

图 4-33

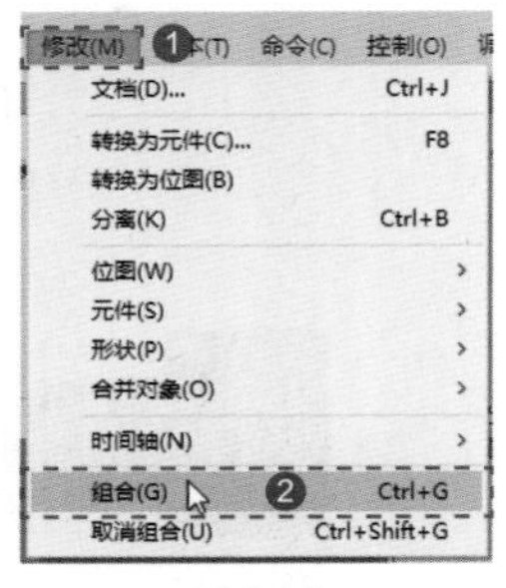

图 4-34

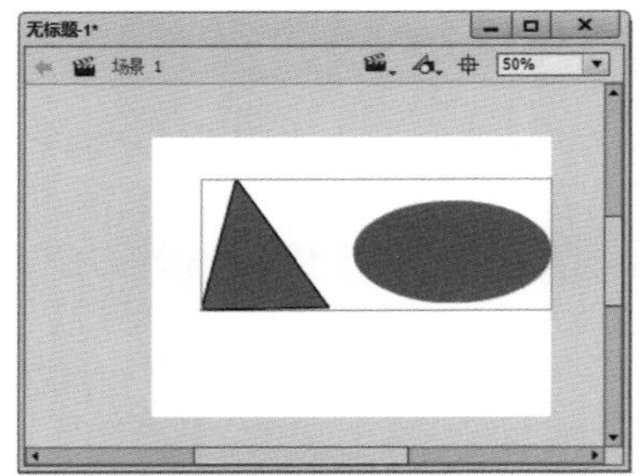

图 4-35

4.5.2 取消组合对象

使用取消组合功能，可以将文本区域、图形图像或组合的对象分离出来，转换为可编辑对象。下面介绍取消组合对象的操作方法。

（1）选中准备取消组合的对象，如图 4-36 所示。

（2）在菜单栏中执行【修改】→【取消组合】命令，如图 4-37 所示。

（3）对象完成取消组合操作，分离成两个可编辑的图形，如图 4-38 所示。

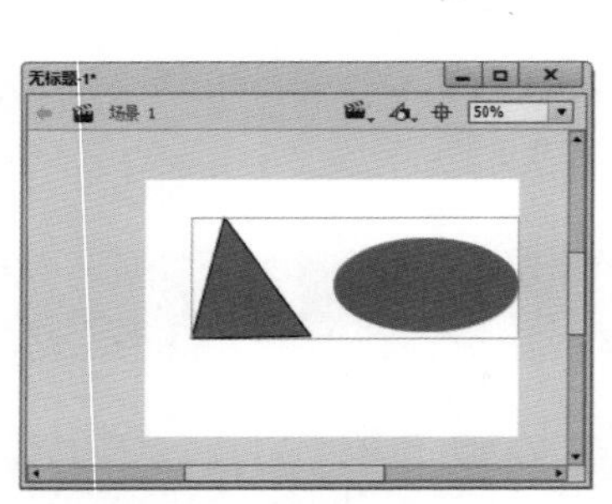

图 4-36

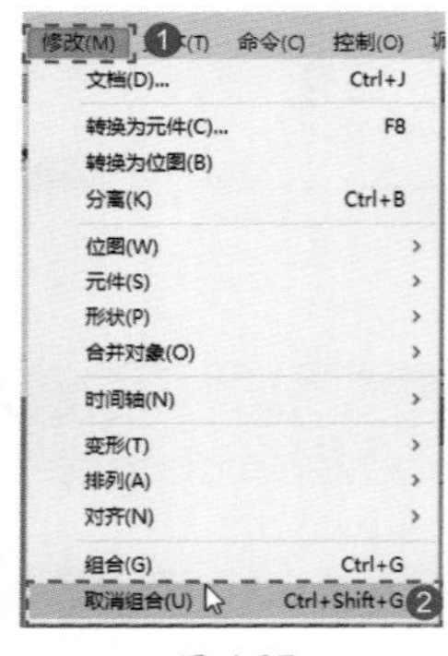

图 4-37

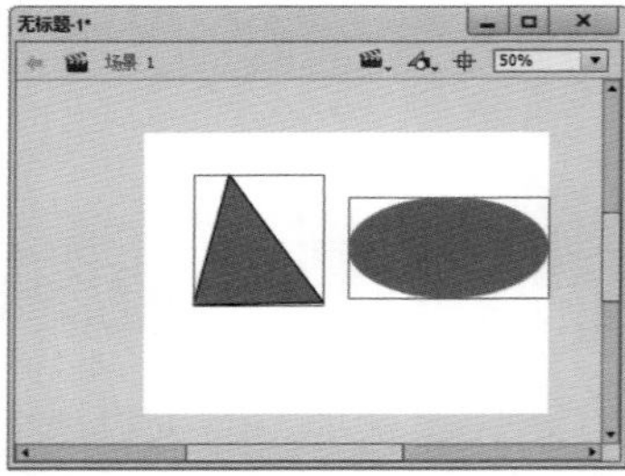

图 4-38

4.5.3 对齐对象

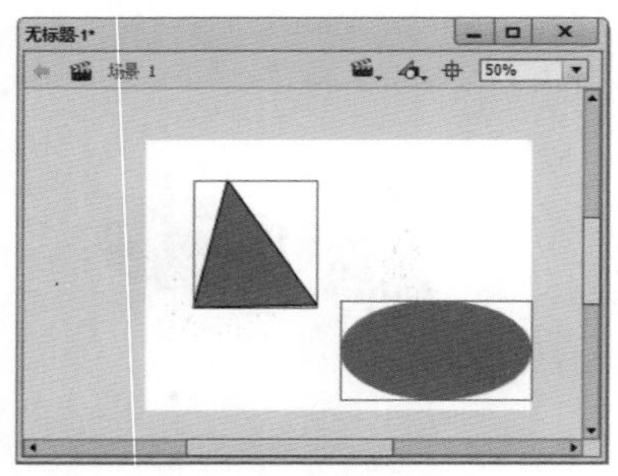

图 4-39

在 Flash CC 中，可以将多个图形按水平或垂直方向进行对齐操作。下面介绍对齐对象的操作方法。

（1）选中准备对齐的对象，如图 4-39 所示。

（2）在【对齐】面板中勾选【与舞台对齐】复选框，单击【垂直中齐】按钮，如图 4-40 所示。

（3）两个图形对象完成对齐的操作，如图 4-41 所示。

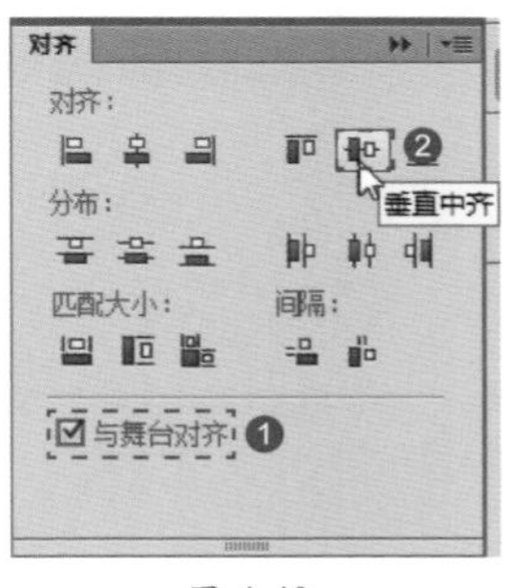

图 4-40

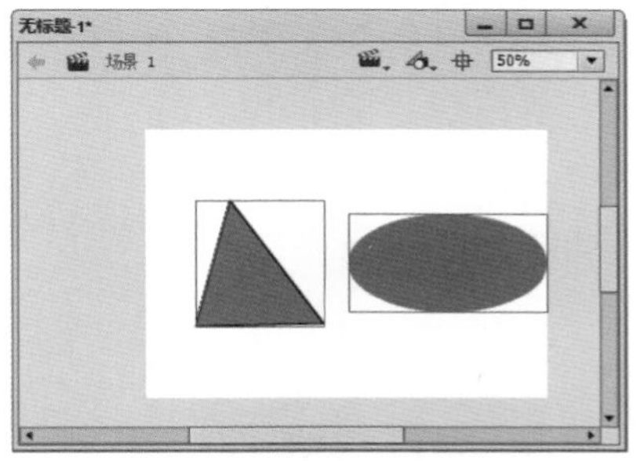

图 4-41

4.5.4 层叠对象

在 Flash CC 中，Flash 程序会根据创建图形对象的顺序层叠对象，将最新创建的对象放在最上面。为了更好地显示效果，用户可以调整对象的层叠顺序。下面介绍层叠对象的操作方法。

（1）选中准备层叠的对象，如图 4-42 所示。

（2）在菜单栏中执行【修改】→【排列】→【下移一层】命令，如图 4-43 所示。

（3）两个图形对象的排列顺序发生改变，如图 4-44 所示。

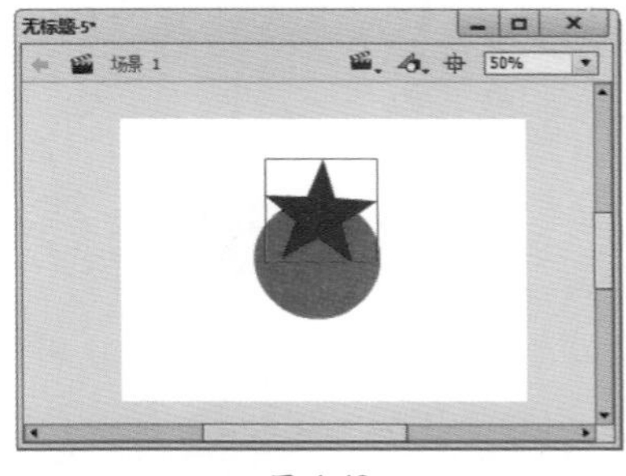

图 4-42

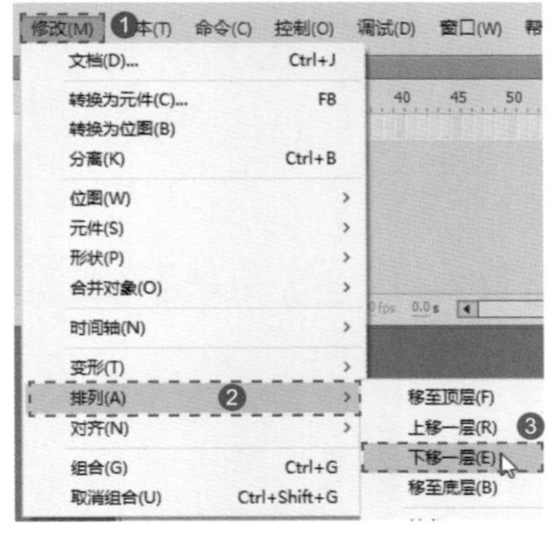

图 4-43

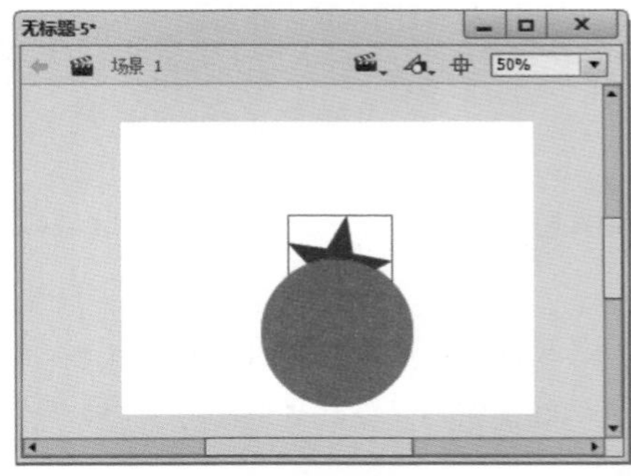

图 4-44

4.6 范例应用——绘制日出

用户可以运用本章所学的知识点绘制日出图像，所用到的知识点包括使用椭圆工具绘制太阳，使用矩形工具和渐变变形工具绘制天空，使用椭圆工具绘制云，使用矩形工具和线条工具绘制草地，使用椭圆工具绘制草丛等。

微视频

实例文件保存路径：配套素材 \ 第 4 章 \ 效果文件

实例效果文件名称：日出.fla

（1）新建动画文档，设置文档的宽和高，如图 4-45 所示。

（2）使用椭圆工具绘制正圆并填充颜色，如图 4-46 所示。

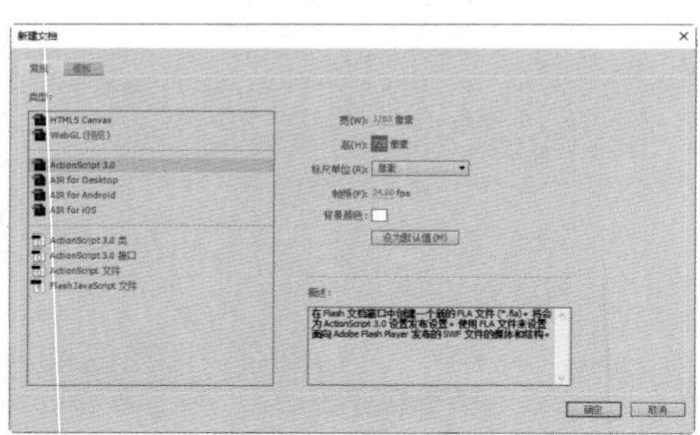

图 4-45

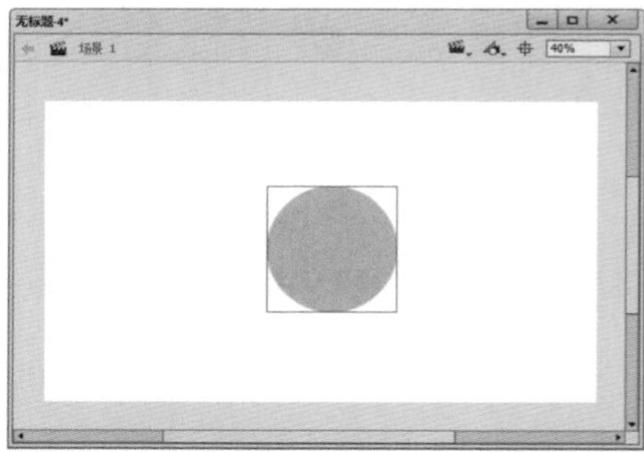

图 4-46

（3）新建图层，重命名为“天空”，然后使用矩形工具绘制矩形，并为其填充渐变，如图 4-47 所示。

（4）使用渐变变形工具调整渐变，如图 4-48 所示。

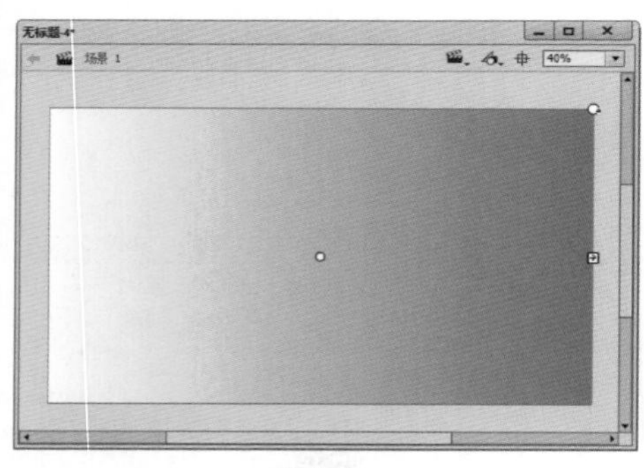

图 4-47

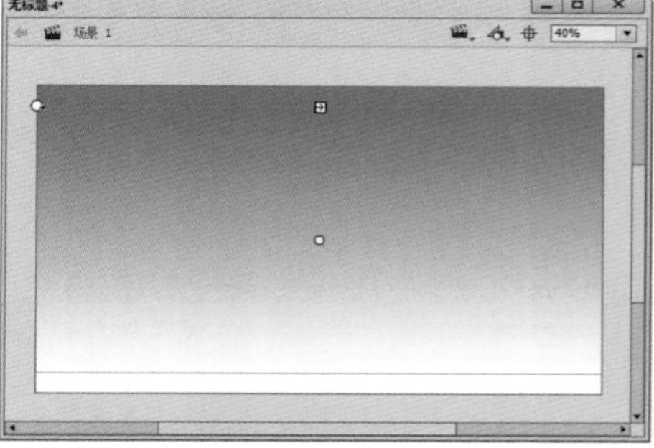

图 4-48

（5）更改底部颜色，如图 4-49 所示。

（6）新建图层，重命名为“云”，然后使用椭圆工具绘制云，效果如图 4-50 所示。

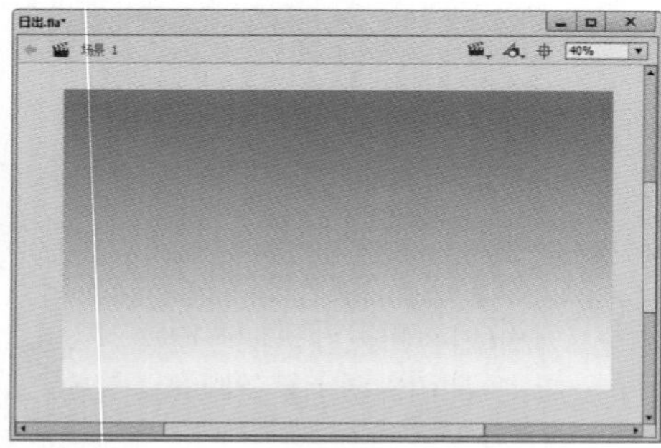

图 4-49

图 4-50

（7）将其填充为白色，然后使用选择工具分别选中云的上半部分，将其分割，效果如图 4-51 所示。

（8）使用任意变形工具更改云朵的大小，并降低透明度，效果如图 4-52 所示。

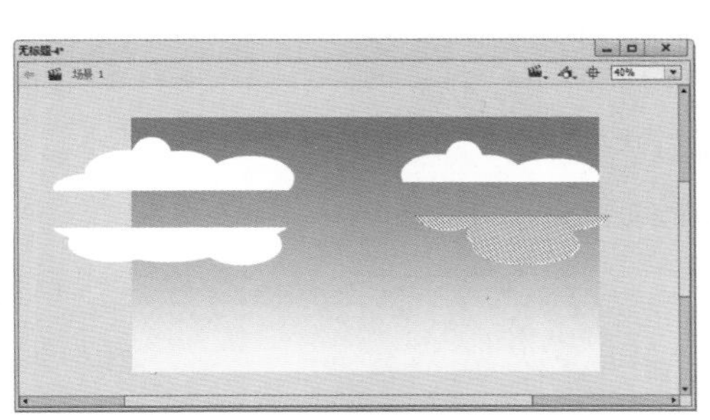

图 4-51

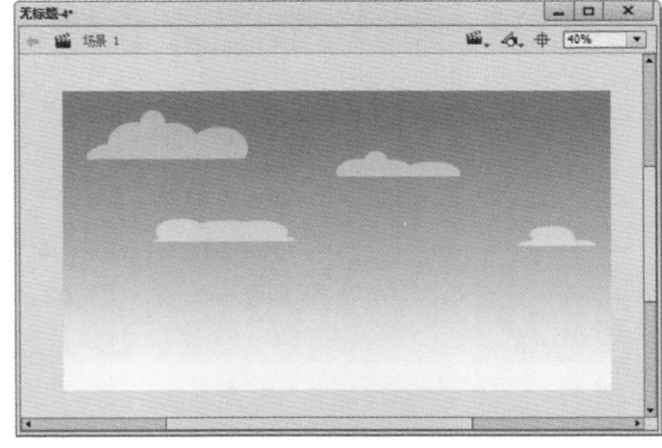

图 4-52

（9）将“图层 1”移至最上方，并重命名为“太阳”，效果如图 4-53 所示。

（10）新建图层，重命名为“草地”，然后绘制矩形，如图 4-54 所示。

图 4-53

图 4-54

（11）使用线条工具绘制直线，并调整线条的弯曲程度，如图 4-55 所示。

（12）为不同的区域填充不同的颜色，并将笔触颜色修改为无填充，效果如图 4-56 所示。

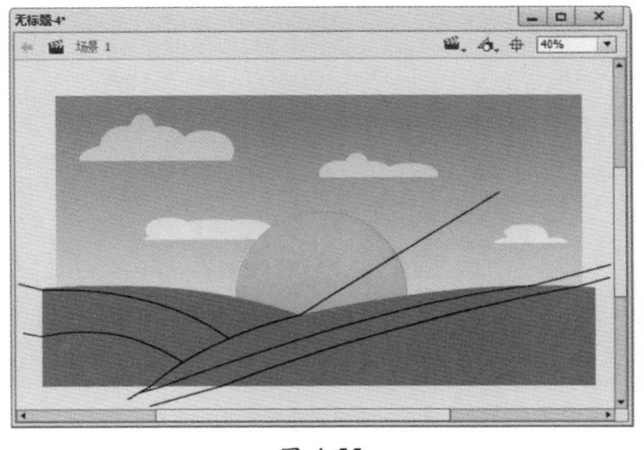

图 4-55

图 4-56

（13）新建图层，重命名为“草丛”，然后使用画云的方法绘制草丛，如图 4-57 所示。

图 4-57

4.7　课后习题

一、填空题

1. 在菜单栏中选择【视图】→【预览模式】菜单项可以看到 5 种预览模式，即轮廓、__________、消除锯齿、消除文字锯齿和 __________ 模式。

2. 在 Flash CC 中，使用方向键进行对象的移动，可以使移动更加精确。选中对象，按键盘上的 __________、__________、__________、__________ 方向键进行对象的移动。

二、判断题

1. 用户可以在【时间轴】面板上单击【将所有图层显示为轮廓】按钮▯将图形以轮廓显示，再次单击该按钮则恢复到原始图形显示状态。（　　）

2. 使用自由变形功能可以对图形进行倾斜、旋转、3D 旋转等变形操作。（　　）

三、简答题

1. 在 Flash CC 中怎样裁切对象？

2. 在 Flash CC 中怎样组合对象？

第 5 章 元件、实例和库

本章要点：

- 什么是元件与实例
- 创建与编辑元件
- 创建与编辑实例
- 库的应用和管理

本章学习素材

本章主要内容：

本章主要介绍什么是元件与实例、创建与编辑元件和创建与编辑实例，同时讲解了如何应用和管理库，在本章的最后还针对实际的工作需求讲解了制作【查看详情】按钮的方法。通过本章的学习，读者可以掌握元件、实例和库方面的知识，为深入学习 Flash CC 奠定基础。

5.1 什么是元件与实例

微视频

在 Flash CC 中，元件和实例是组成动画的基本元素。一般来说，元件都保存在【库】面板中，当元件被拖到舞台中时被称为实例。元件在 Flash 中起到很大的作用，在文档中的任何地方都可以创建元件实例，下面重点介绍元件与实例方面的知识。

5.1.1 元件及元件的类型

元件是指在 Flash CC 创作环境中使用 SimpleButton 和 MovieClip 类创建过一次的图形、按钮或影片剪辑，用户可以在整个文档中重复使用元件。

- 图形元件：可以应用于静态图像、依赖主时间轴播放的动画剪辑，不可以加入动作代码，例如声音、交互式控件等。
- 按钮元件：在制作 Flash 动画时有很大作用，可以创建响应、滑过或其他动作按钮，有“弹起”“指针经过”“按下”和“点击”4 个不同的状态，可以加入动作代码。
- 影片剪辑元件：可以创建动画，并且能够在主场景中重复使用，是独立于主时间轴播放的动画剪辑，可以加入动作代码。

知识常识

元件在舞台中被选中时周围会出现一个边框，用户可以执行【视图】→【隐藏边缘】命令将边缘隐藏，以便更清楚地查看操作效果。

5.1.2 元件与实例的区别

元件包含实例，一旦元件创建完成，就可以创建它的实例，从而在该文档和其他文档中重复使用同一个元件创建多个实例。元件一旦从库中被拖动到工作区，就变为了实例。在影片中的所有地方都可以创建实例，一个元件可以创建多个实例。

元件决定了实例的基本形状，这使得实例不能脱离元件的原形而进行无规则的变化。一个元件可以有多个实例相联系，但每个实例只能对应于一个确定的元件。

一个元件的多个实例可以有一些自己的特殊属性，这使得和同一元件对应的各个实例可以变得各不相同，实现了实例的多样性，但无论怎样变，实例在基本形状上是相一致的，这一点是不可以改变的。

元件必须有与之相对应的实例存在才有意义，如果一个元件在动画中没有相对应的实例存在，那么这个元件是多余的。

5.2 创建与编辑元件

微视频

在 Flash CC 中要想使用元件需要先创建元件，创建元件有两种方式，一种是直接创建新的元件，另一种是将工作区中的对象转换为元件。本节将详细介绍创建元件方面的知识与操作方法。

5.2.1 创建图形元件

在 Flash CC 中，图形元件主要用于创建动画中的静态图像或动画片断，图形元件与主时间轴同步进行，但交互式控件和声音在图形元件动画序列中不起任何作用。下面介绍创建图形元件的操作方法。

（1）新建 Flash 空白文档，①在菜单栏中单击【插入】菜单，②选择【新建元件】菜单项，如图 5-1 所示。

（2）弹出【创建新元件】对话框，①在【名称】文本框中输入名称，②在【类型】下拉列表框中选择【图形】选项，③单击【确定】按钮，如图 5-2 所示。

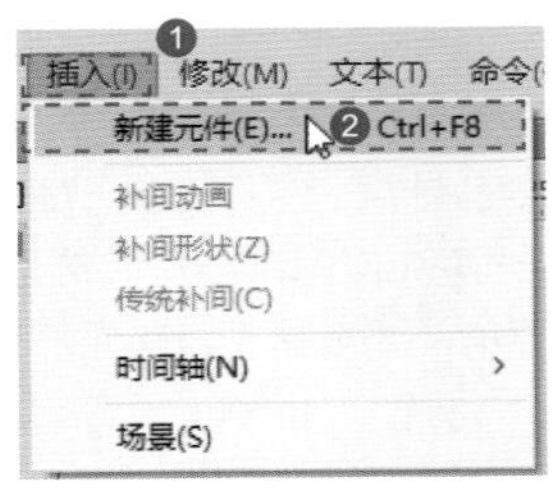

图 5-1

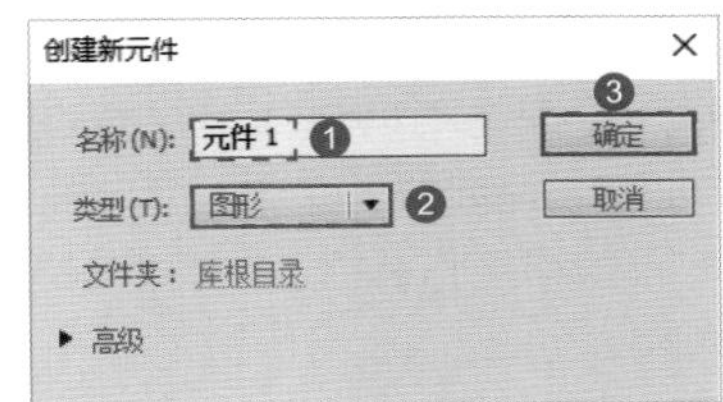

图 5-2

（3）进入编辑元件窗口，①在菜单栏中单击【文件】菜单，②选择【导入】，③选择【导入到舞台】菜单项，如图 5-3 所示。

（4）弹出【导入】对话框，①选择要导入的文件，②单击【打开】按钮，如图 5-4 所示。

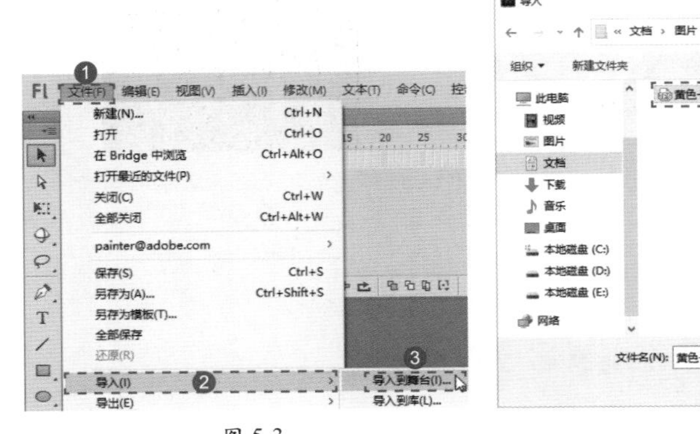

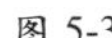
图 5-3

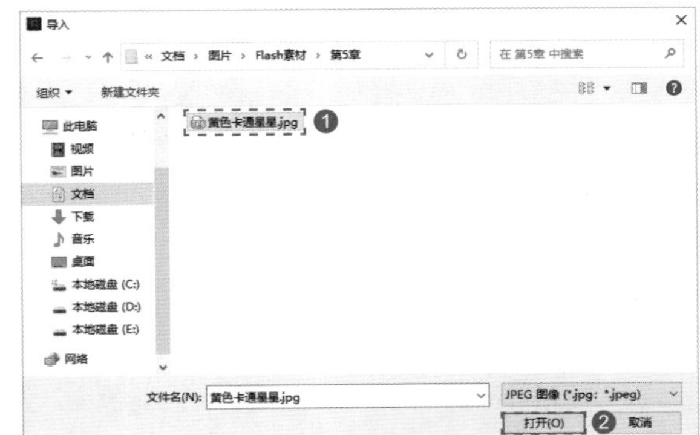

图 5-4

（5）图片导入元件编辑区中，单击编辑栏中的【场景 1】按钮，返回到场景中，如图 5-5 所示。

（6）打开【库】面板，在【名称】列表中可以看到创建的新元件，通过以上步骤即可完成创建图形元件的操作，如图 5-6 所示。

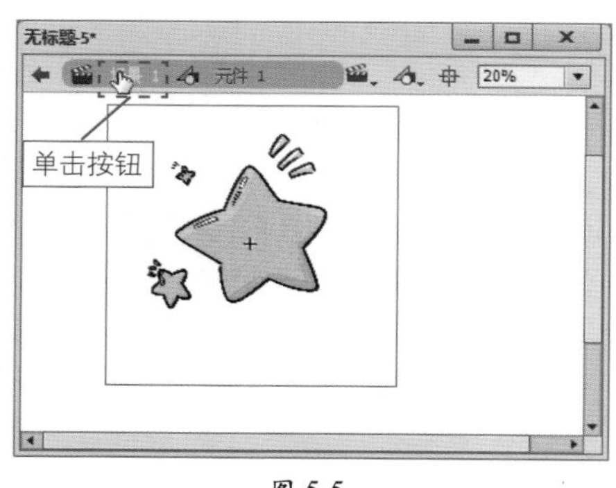

图 5-5

图 5-6

5.2.2 创建影片剪辑元件

在 Flash CC 中，使用影片剪辑元件能够创建可重复使用的动画片断。影片剪辑类似一个小动画，有自己的时间轴，可以独立于主时间轴播放。下面介绍如何创建影片剪辑元件。

(1) 新建 Flash 空白文档，①在菜单栏中单击【插入】菜单，②选择【新建元件】菜单项，如图 5-7 所示。

(2) 弹出【创建新元件】对话框，①在【名称】文本框中输入名称，②在【类型】下拉列表框中选择【影片剪辑】选项，③单击【确定】按钮，如图 5-8 所示。

(3) 进入编辑元件窗口，使用矩形工具在元件编辑区的舞台中绘制矩形，如图 5-9 所示。

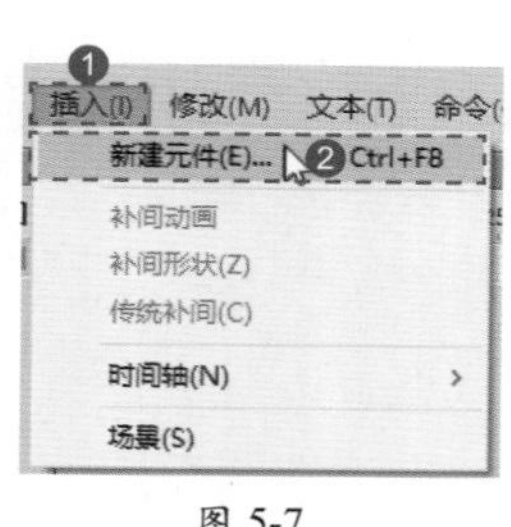

图 5-7

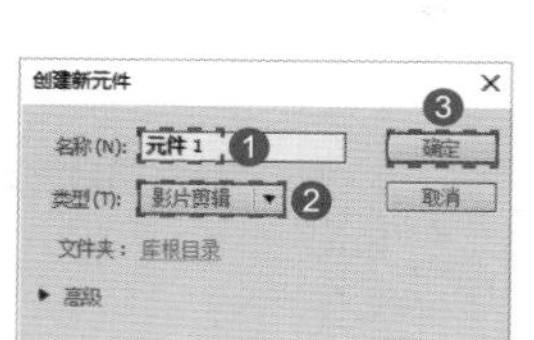

图 5-8

图 5-9

(4) 在【时间轴】面板中单击选中第 20 帧，按键盘上的 F6 键插入一个关键帧，如图 5-10 所示。

(5) 使用选择工具选中矩形，按 Delete 键删除，如图 5-11 所示。

图 5-10

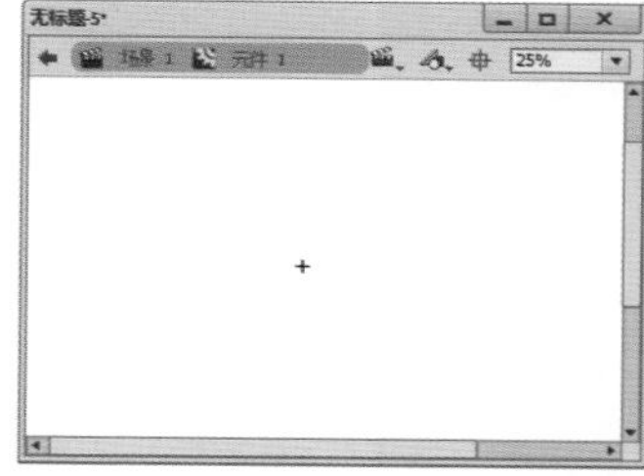

图 5-11

（6）使用多角星形工具在元件编辑区的舞台中绘制五角星，如图 5-12 所示。

（7）在【时间轴】面板中右击第 1 帧～第 20 帧中的任意一帧，在弹出的快捷菜单中选择【创建补间形状】菜单项，如图 5-13 所示。

（8）按 Enter 键，播放创建的影片剪辑动画，通过以上步骤即可完成创建影片剪辑元件的操作，如图 5-14 所示。

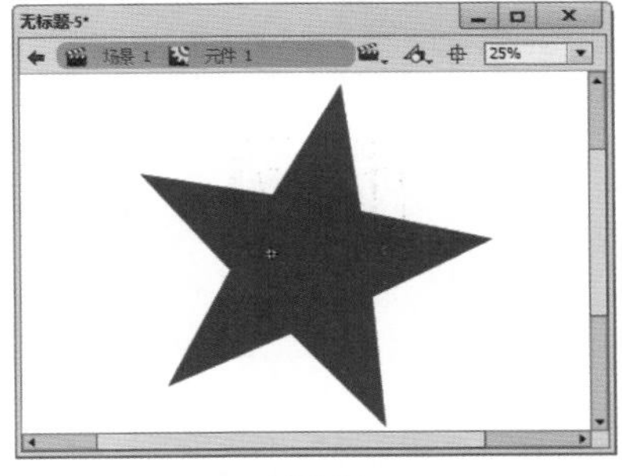

图 5-12

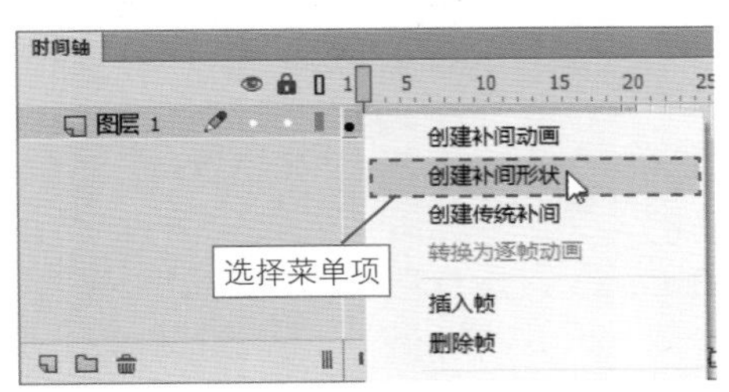

图 5-13

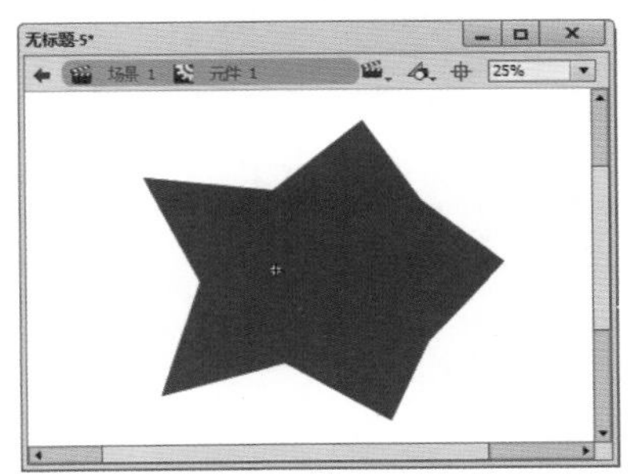

图 5-14

5.2.3 创建按钮元件

在 Flash CC 中，按钮元件实际上是 4 个帧的交互影片剪辑，前 3 帧显示按钮的 3 种状态，第 4 帧定义按钮的活动区域，是对指针运动和动作做出反应并跳转到相应的帧。下面介绍创建按钮元件的操作方法。

（1）新建 Flash 空白文档，①在菜单栏中单击【插入】菜单，②选择【新建元件】菜单项，如图 5-15 所示。

（2）弹出【创建新元件】对话框，①在【名称】文本框中输入名称，②在【类型】下拉列表框中选择【按钮】选项，③单击【确定】按钮，如图 5-16 所示。

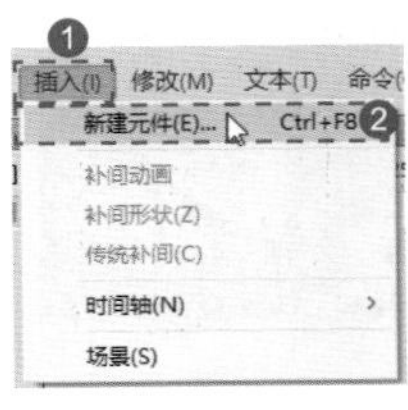

图 5-15

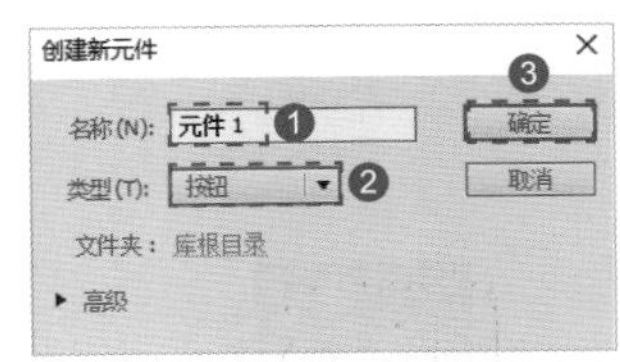

图 5-16

（3）进入编辑元件窗口，使用矩形工具和钢笔工具绘制图形，如图 5-17 所示。

（4）在【时间轴】面板中单击选中“指针经过”帧，按 F6 键插入一个关键帧，如图 5-18 所示。

（5）返回到元件编辑区，删除原来的图形，绘制另一个图形，如图 5-19 所示。

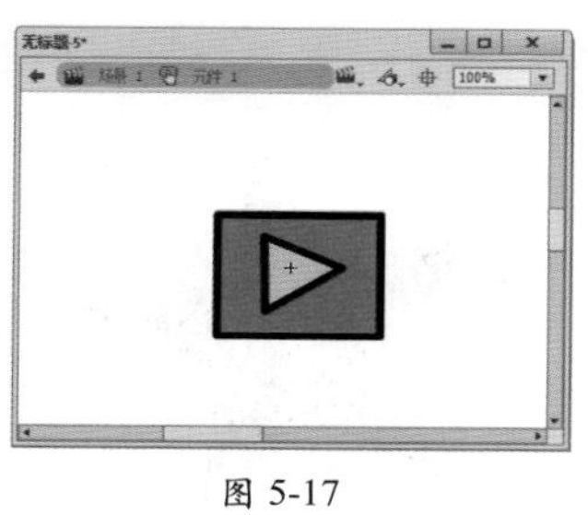

图 5-17

图 5-18

（6）在【时间轴】面板中单击选中“按下”帧，按 F6 键插入一个关键帧，如图 5-20 所示。

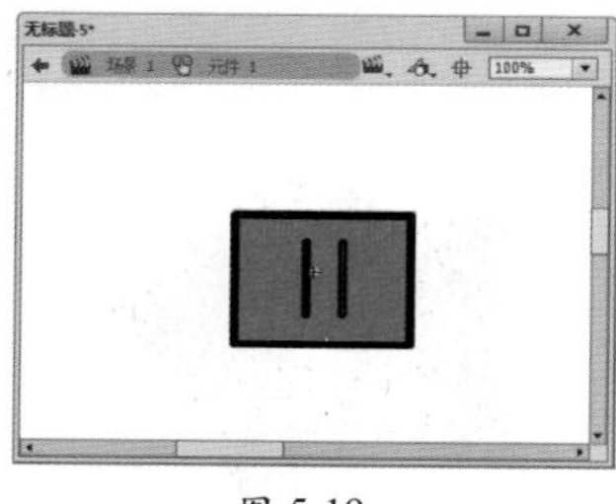

图 5-19

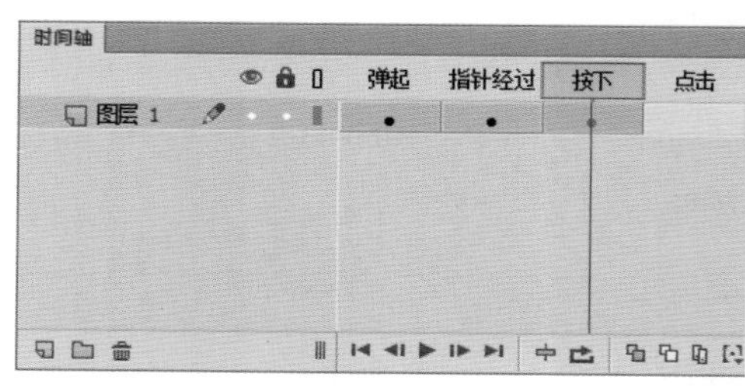

图 5-20

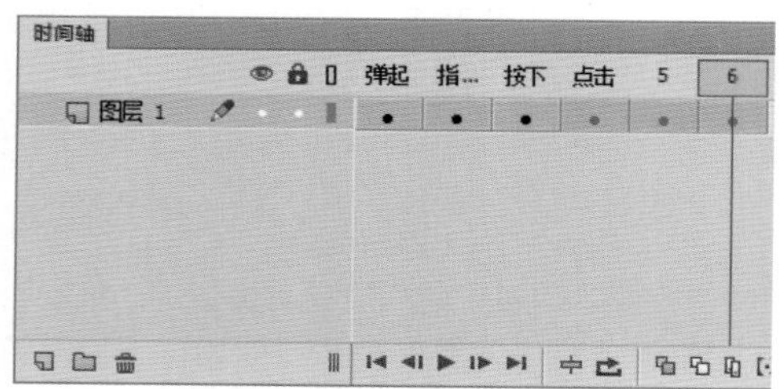

图 5-21

（7）在【时间轴】面板中单击选中“点击”帧，按 F6 键插入一个关键帧，如图 5-21 所示。

（8）返回到元件编辑区，删除图形，然后返回“弹起”帧，复制编辑区中的图形并粘贴到“点击”帧的编辑区。在元件窗口中，单击编辑栏中的【场景 1】按钮，如图 5-22 所示。

（9）在【库】面板中可以看到创建的按钮元件，通过以上步骤即可完成创建按钮元件的操作，如图 5-23 所示。

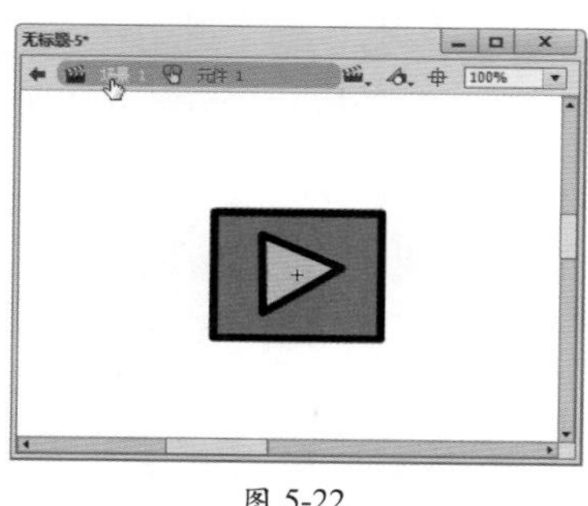

图 5-22

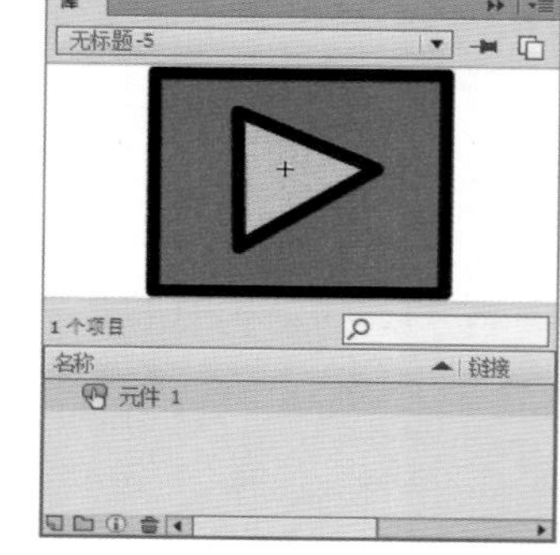

图 5-23

5.2.4 将舞台中的元素转换为元件

在 Flash CC 中，可以将舞台中的一个或多个元素转换为元件，元素的类型可以是文字对象、图形或形状，转换后的元件会添加到【库】面板中。下面以图形元件为例介绍将元素转换为元件的操作方法。

（1）新建 Flash 空白文档，使用椭圆工具绘制一个椭圆，如图 5-24 所示。

（2）选中椭圆，①在菜单栏中单击【修改】菜单，②选择【转换为元件】菜单项，如图 5-25 所示。

（3）在【库】面板中可以看到转换的图形元件，通过以上步骤即可完成将舞台中的元素转换为元件的操作，如图 5-26 所示。

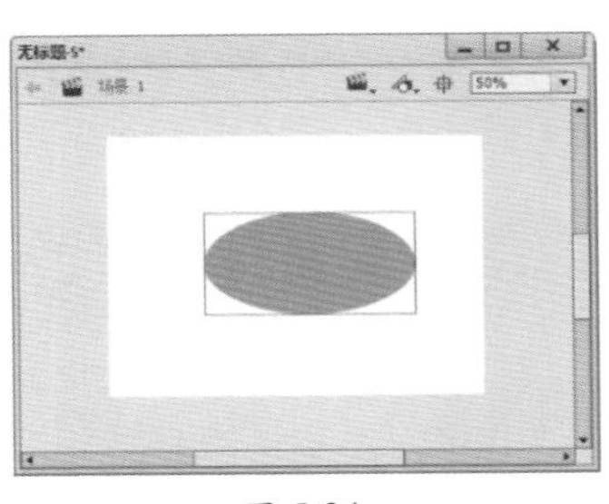

图 5-24

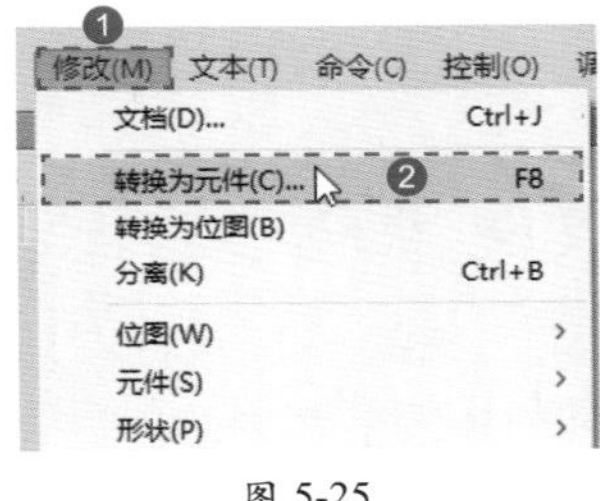

图 5-25

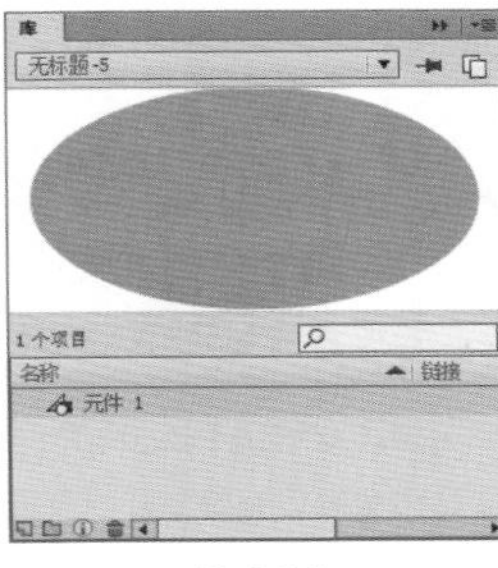

图 5-26

> **经验技巧**
>
> 在 Flash CC 中，除了可以在菜单栏中选择【修改】→【转换为元件】菜单项创建元件以外，还可以右击舞台中的元素，在弹出的快捷菜单中选择【转换为元件】菜单项将元素转换为元件。

5.2.5 编辑元件

在 Flash 动画制作过程中经常需要对特定的元件进行编辑操作，在 Flash CC 中对元件的编辑提供了【编辑元件】【在当前位置编辑】和【在新窗口中编辑】3 种方式，右击元件，在弹出的快捷菜单中即可选择编辑元件的方式，如图 5-27 所示。

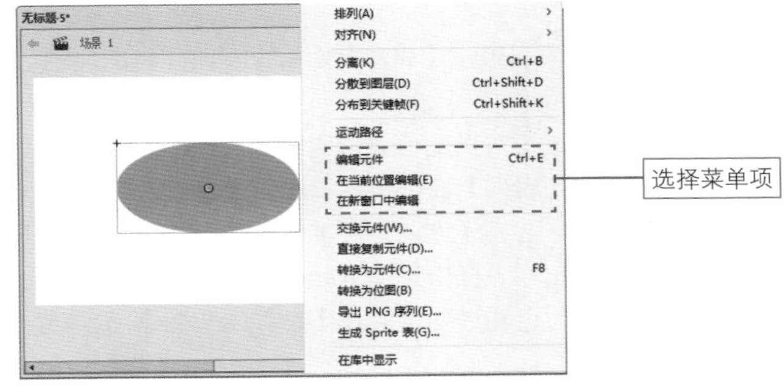

图 5-27

在使用【在当前位置编辑】选项编辑元件时，其他元件以灰色显示的状态出现，正在编辑的元件名称出现在编辑栏的左侧场景名称的右侧。

在使用【在新窗口中编辑】选项编辑元件时，Flash 会为元件新建一个编辑窗口，元件名称显示在编辑栏中。

使用【编辑元件】选项编辑元件与新建元件时的编辑方式是一样的。

5.3 创建与编辑实例

微视频

元件实例是指位于舞台上或嵌套在另一个元件内的元件副本。在 Flash CC 中创建元件之后，可以在文档中的任何地方（包括其他元件内）创建该元件的实例。当修改元件时，Flash 会更新元件的所有实例。

5.3.1 创建元件实例

实例是组成 Flash 动画的基础，把要应用的元件从【库】面板中拖曳到舞台中，这里舞台中的对象被称为实例。下面介绍创建实例的操作方法。

（1）新建 Flash 文档，打开【库】面板，选中其中的元件，拖动到舞台中，如图 5-28 所示。

（2）创建元件实例的操作完成，如图 5-29 所示。

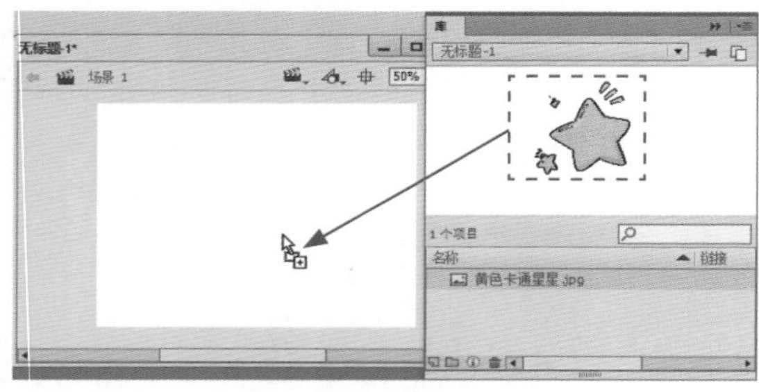

图 5-28

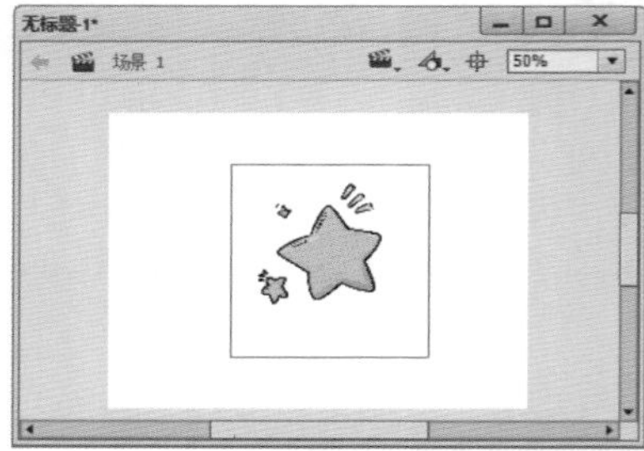

图 5-29

5.3.2 改变实例的颜色和透明度

在 Flash CC 中，用户可以通过【属性】面板来更改实例的属性，包括实例的颜色、亮度、色调和透明度等，以及对实例进行缩放、旋转、倾斜、封套和扭曲等操作，更改的属性不会影响元件本身。下面介绍改变实例颜色和透明度的方法。

（1）选中实例，①在【属性】面板中单击展开【色彩效果】选项区，②在【样式】下拉列表框中选择【色调】选项，③在【色调】文本框中输入数值，如图 5-30 所示。

（2）①在【样式】下拉列表框中选择 Alpha 选项，②在 Alpha 文本框中输入数值，通过以上步骤即可完成改变实例颜色和透明度的操作，如图 5-31 所示。

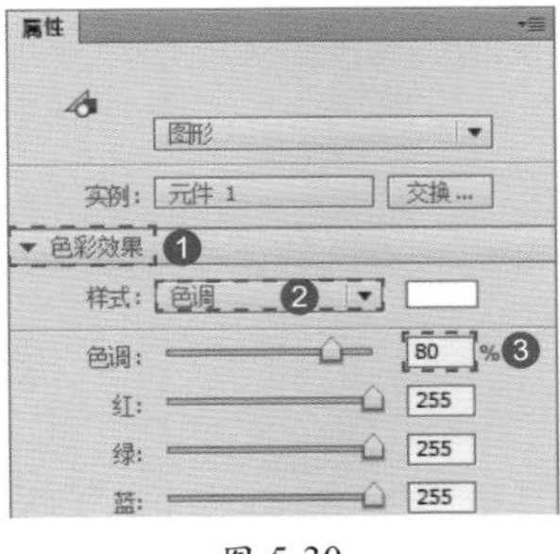

图 5-30

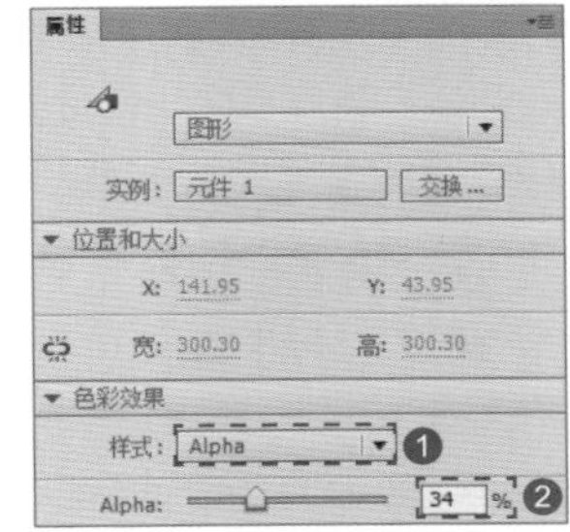

图 5-31

5.3.3 设置图形实例的循环

在舞台中选中准备设置循环的实例，在【属性】面板的【循环】选项区中单击【选项】下拉按钮，用户可以在弹出的列表中根据需要选择循环模式，如图 5-32 所示。若需指定循环时先要显示的实例帧，则在【第一帧】文本框中输入帧的数字，如图 5-33 所示。

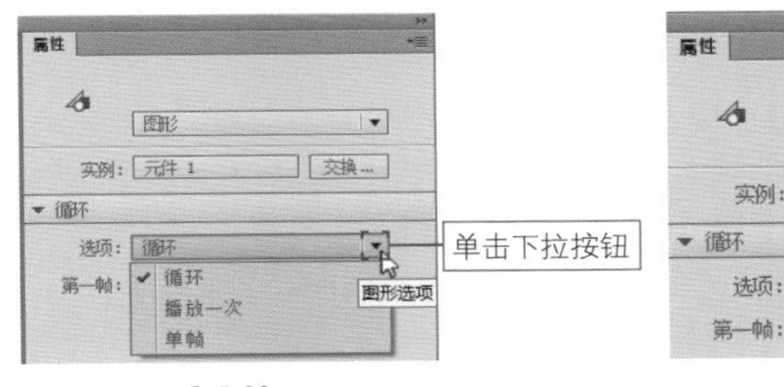

图 5-32

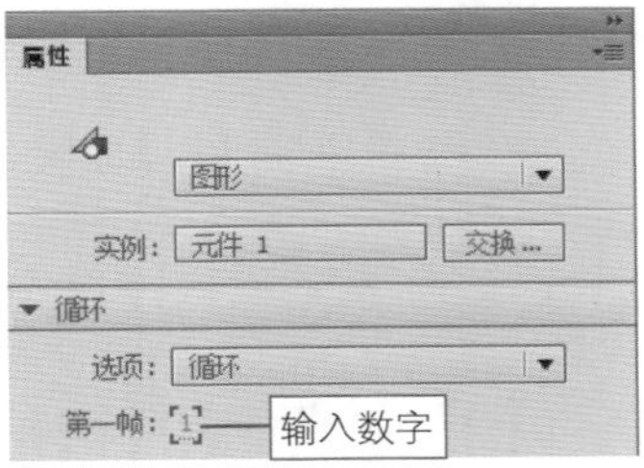

图 5-33

5.3.4 调用其他影片中的元件

在 Flash CC 中可以调用其他影片中的元件，以便使用更多的素材来进行动画制作，下面介绍调用其他影片中元件的操作方法。

（1）新建 Flash 空白文档，①在菜单栏中单击【文件】菜单，②选择【导入】，③选择【打开外部库】菜单项，如图 5-34 所示。

（2）弹出【打开】对话框，①选择准备打开的文件，②单击【打开】按钮，如图 5-35 所示。

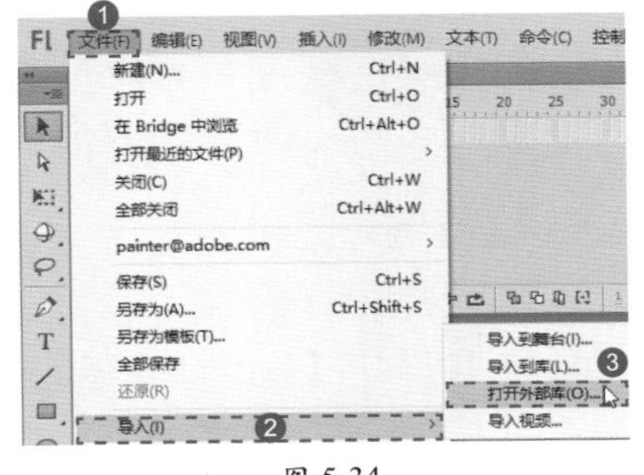

图 5-34

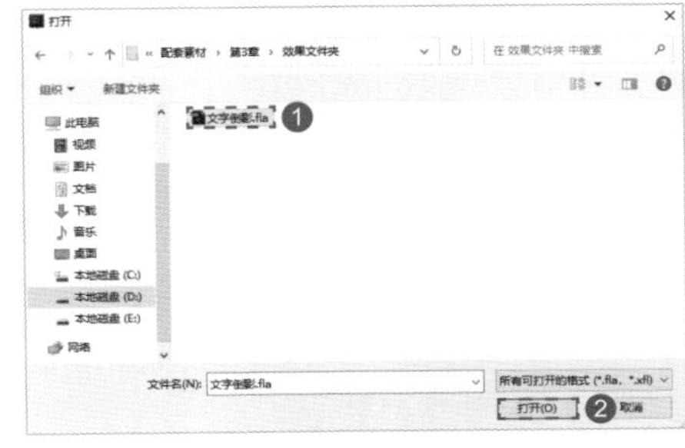

图 5-35

（3）在打开的【库】面板中单击选中准备调用的“文字动画”元件，如图 5-36 所示。

（4）将元件拖曳到舞台中，即可完成调用其他影片中元件的操作，如图 5-37 所示。

图 5-36

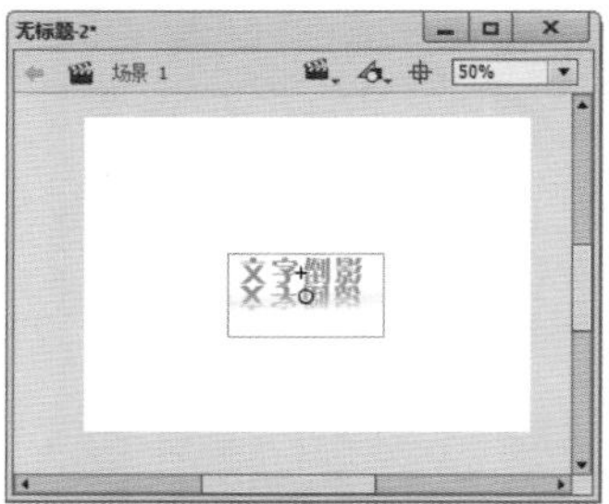

图 5-37

5.4 库的应用和管理

微视频

在 Flash CC 的【库】面板中可以存放元件、插图、视频和声音等元素，使用【库】面板可以对库资源进行合理、有效的管理。在【库】面板中显示了一个滚动列表，其中包含了库中所有项目的名称，用户可以在工作时查看并组织这些元素。

5.4.1 【库】面板的组成

在菜单栏中执行【窗口】→【库】命令，或按 Ctrl+L 组合键，即可打开【库】面板，如图 5-38 所示。使用【库】面板，用户可以对库中的资源进行管理。下面详细介绍【库】面板组成方面的知识。

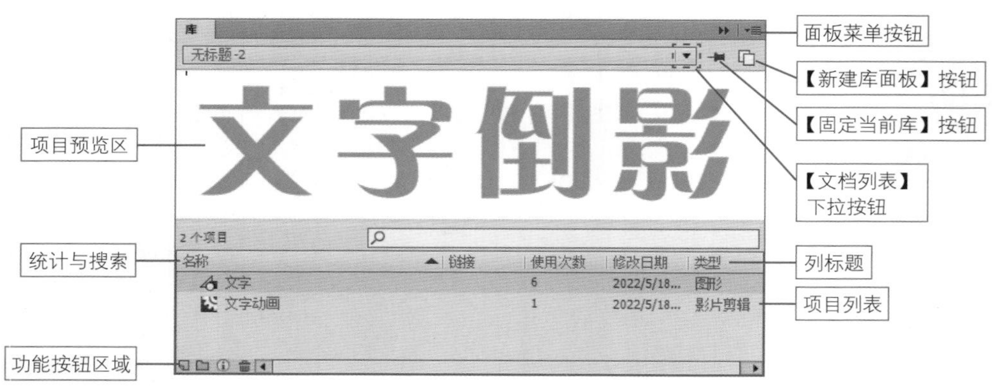

图 5-38

- 面板菜单按钮：单击该按钮将弹出【库】面板菜单，其中包括【新建元件】【新建文件夹】【新建字型】等命令。
- 【文档列表】下拉按钮：单击该按钮可显示打开文档的列表，用于切换文档库。

- 【固定当前库】按钮：用于在切换文档的时候【库】面板不会随文档的改变而改变，而是固定显示指定文档。
- 【新建库面板】按钮：单击该按钮可以同时打开多个【库】面板，每个面板显示不同文档的库。
- 项目预览区：在库中选中一个项目，在项目预览区中就会有相应的显示。
- 统计与搜索：该区域左侧是一个项目计算器，用于显示当前库中所包含的项目数，在右侧文本框中输入项目关键字可快速锁定目标项目。
- 列标题：列标题包括“名称”“链接”“使用次数”“修改日期”“类型”5 项信息。
- 项目列表：列出指定文档下的所有资源项目，包括插图、元件、音频等，从名称前面的图标可快速识别项目类型。
- 功能按钮区域：包含不同的功能，单击不同按钮显示的功能不同。

5.4.2 导入对象到库

在 Flash CC 中，用户可以将其他程序创建的对象导入 Flash 库中。下面介绍将对象导入库的方法。

（1）新建 Flash 空白文档，执行【文件】→【导入】→【导入到库】命令，如图 5-39 所示。

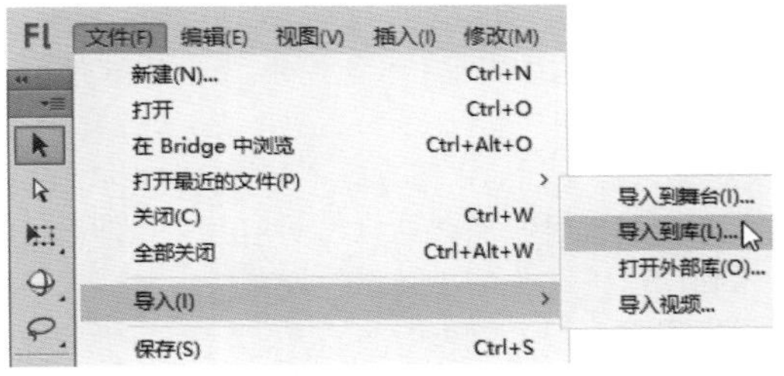

图 5-39

（2）弹出【导入到库】对话框，①选择准备打开的文件，②单击【打开】按钮，如图 5-40 所示。

（3）打开【库】面板，即可看到该文件已经被导入库中，如图 5-41 所示。

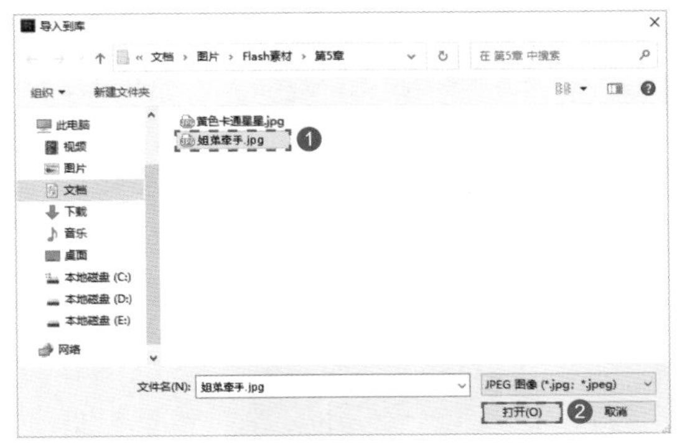

图 5-40

图 5-41

5.4.3 调用库文件

当需要使用【库】面板中的文件时，只需将要使用的文件拖动到舞台中即可，选中要调用的库文件，从预览区域拖到舞台中，或者在文件列表中拖动文件名至舞台中，即可调用库文件，如图 5-42 和图 5-43 所示。

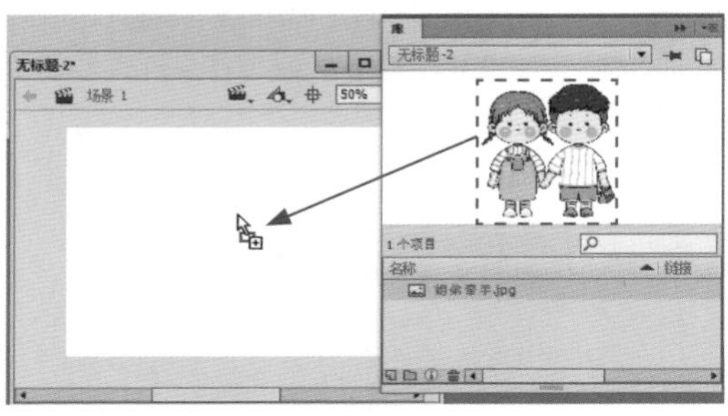

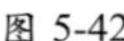
图 5-42

图 5-43

5.4.4 共享库资源

Flash 的库资源共享有两种方式，即在运行时共享库资源和在创作时共享库资源，它们都是基于网络传输实现共享的，但所使用的网络环境不同。下面详细介绍共享资源库方面的知识。

1. 在运行时共享库资源

对于在运行时共享库资源，源文档的资源是以外部文件的形式链接到目标文档中的。运行时资源在文档回放期间（即在运行时）加载到目标文档中。在创作目标文档时，包含共享资源的源文档并不需要在本地网络上。为了让共享资源在运行时可供目标文档使用，源文档必须发布到 URL 上。下面介绍在运行时共享库资源的方法。

（1）在【库】面板中右击元件资源，在弹出的快捷菜单中选择【属性】菜单项，如图 5-44 所示。

（2）弹出【元件属性】对话框，①单击展开【高级】选项区，②勾选【启用 9 切片缩放比例辅助线】复选框，③勾选【为运行时共享导出】复选框，④在 URL 文本框中输入资源地址，⑤单击【确定】按钮，如图 5-45 所示。

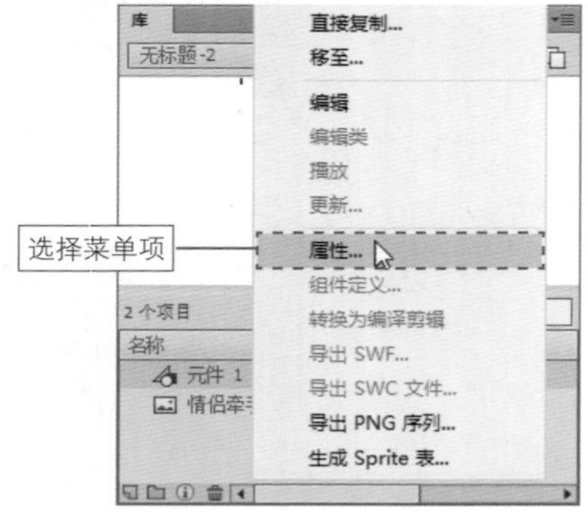

图 5-44

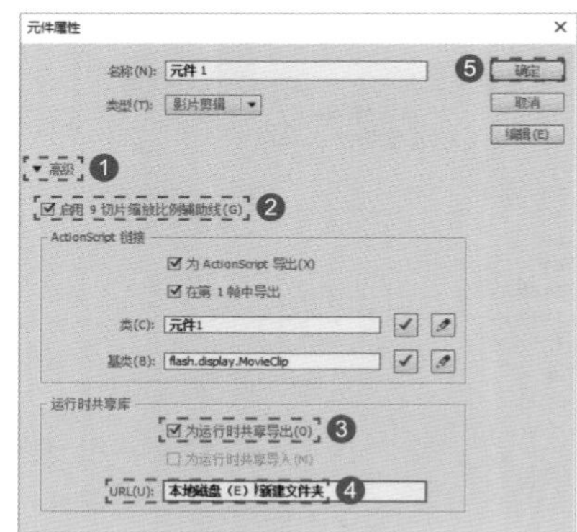

图 5-45

（3）弹出警告对话框，单击【确定】按钮即可完成，如图 5-46 所示。

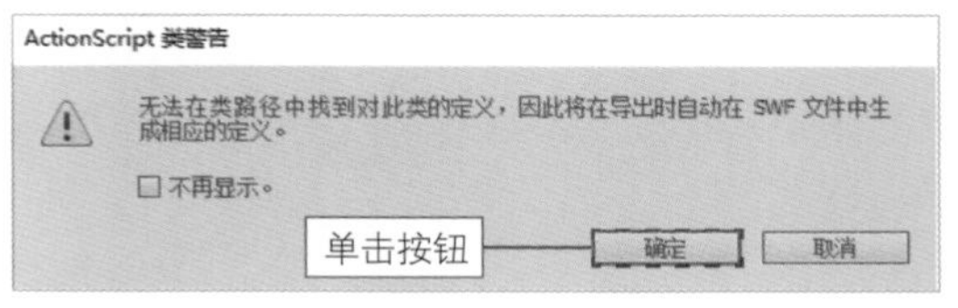

图 5-46

2. 在创作时共享库资源

对于在创作时共享库资源，可以用本地网络上的任何其他可用元件来更新或替换正在创作的文档中的任何元件。目标文档中的元件保留了原始名称和属性，但其内容会被更新或替换为所选元件的内容。下面介绍在创作时共享库资源的方法。

（1）在【库】面板中右击元件资源，在弹出的快捷菜单中选择【属性】菜单项，如图 5-47 所示。

（2）弹出【元件属性】对话框，①单击展开【高级】选项区，②勾选【启用 9 切片缩放比例辅助线】复选框，③单击【源文件】按钮，如图 5-48 所示。

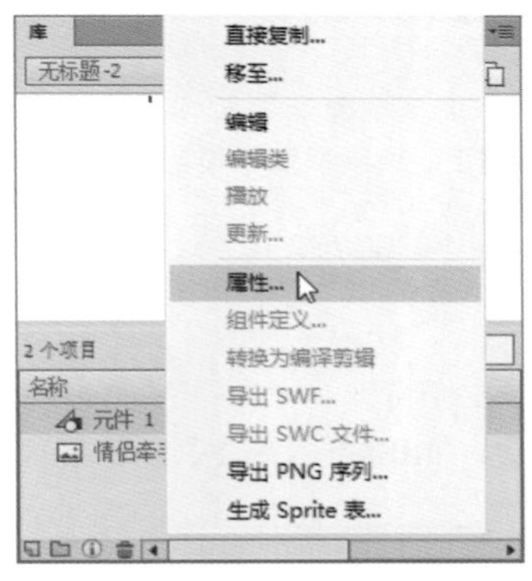

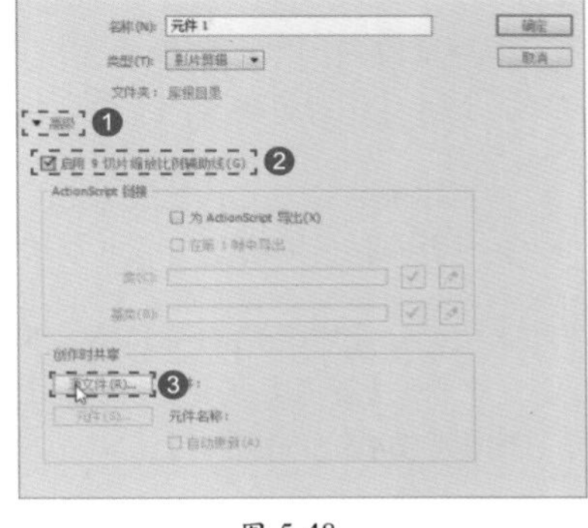

图 5-47　　图 5-48

（3）弹出【查找 FLA 文件】对话框，①选中文件，②单击【打开】按钮，如图 5-49 所示。

（4）弹出【选择元件】对话框，①选中元件，②单击【确定】按钮，如图 5-50 所示。

图 5-49　　图 5-50

（5）返回【元件属性】对话框，单击【确定】按钮即可完成在创作时共享库资源的操作，如图 5-51 所示。

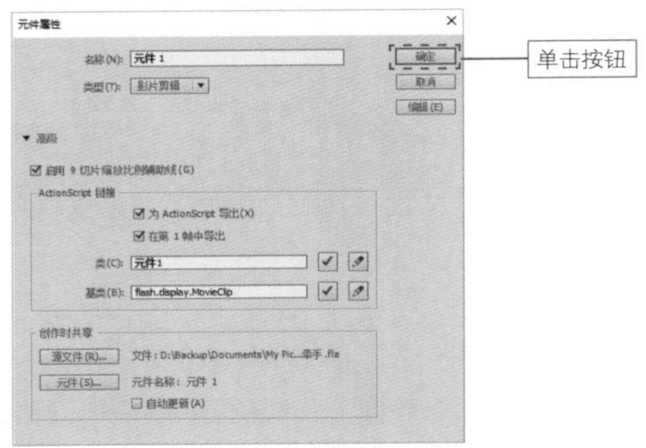

图 5-51

5.5 范例应用——制作【查看详情】按钮

微视频

用户可以运用本章所学的知识点制作【查看详情】按钮，所用到的知识点包括导入文件、将对象转换为元件、编辑按钮元件、添加【投影】滤镜等。

实例文件保存路径：配套素材\第 5 章\效果文件
实例效果文件名称：查看详情按钮.fla

（1）新建动画文档，设置文档的宽和高，如图 5-52 所示。

（2）执行【文件】→【导入】→【导入到库】命令，弹出【导入到库】对话框，①选中文件，②单击【打开】按钮，如图 5-53 所示。

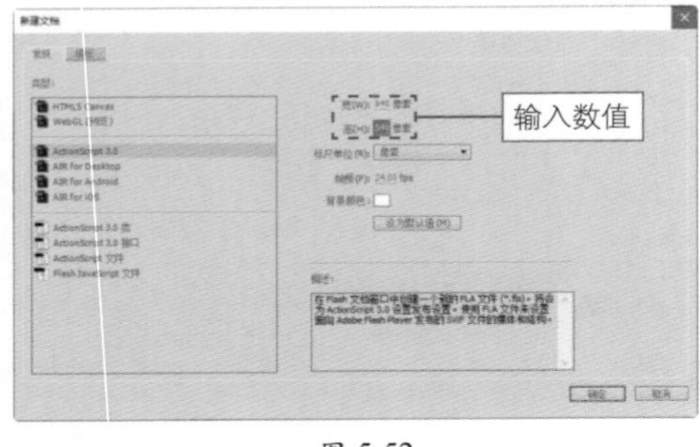

图 5-52

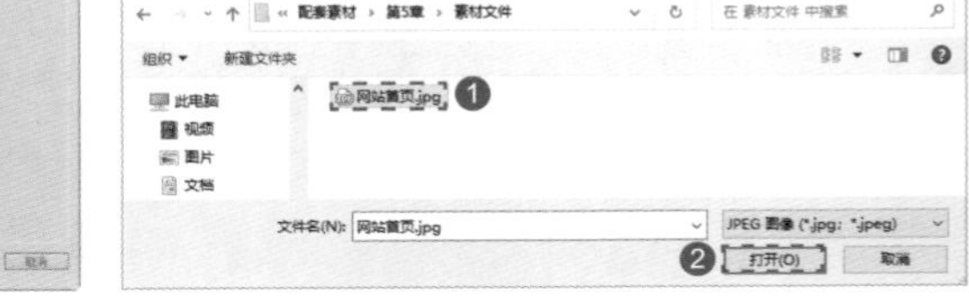

图 5-53

（3）打开【库】面板，将文件拖入舞台中，如图 5-54 所示。

（4）使用工具箱中的矩形工具绘制矩形，并填充和下方圆形一样的橘黄色，如图 5-55 所示。

图 5-54

图 5-55

（5）选中矩形，执行【修改】→【转换为元件】命令，弹出【转换为元件】对话框，①在【名称】文本框中输入名称，②在【类型】下拉列表中选择【按钮】选项，③单击【确定】按钮，如图 5-56 所示。

（6）双击元件，进入元件编辑模式，如图 5-57 所示。

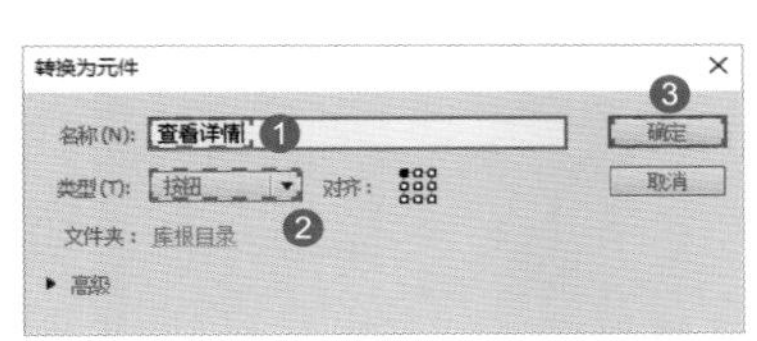

图 5-56

图 5-57

（7）在【时间轴】面板中单击选中“指针经过”帧，按 F6 键插入关键帧，如图 5-58 所示。

（8）在【时间轴】面板中单击选中“按下”帧，按 F6 键插入关键帧，并更改颜色填充的 Alpha 值为 50%，如图 5-59 所示。

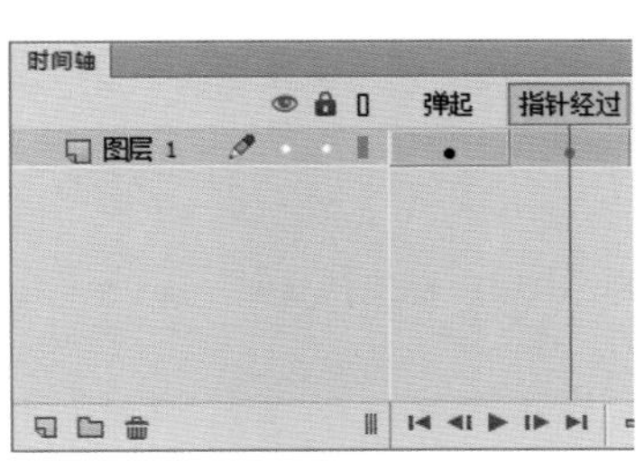

图 5-58

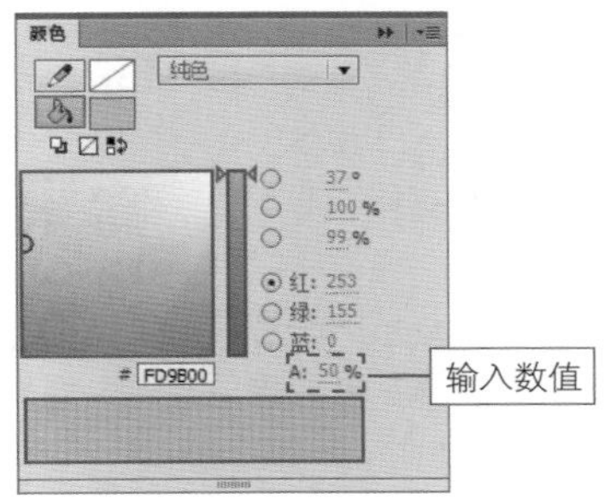

图 5-59

（9）单击【场景 1】按钮返回主场景，如图 5-60 所示。

（10）选中按钮元件，①在【属性】面板中单击展开【滤镜】选项区，②单击【添加滤镜】下拉按钮，③选择【投影】选项，如图 5-61 所示。

（11）设置【投影】滤镜的参数，如图 5-62 所示。

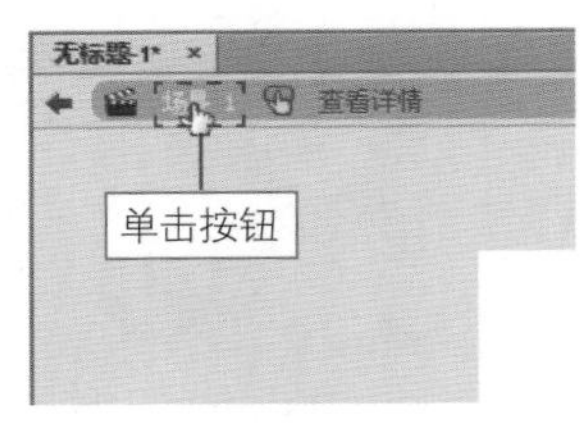

图 5-60

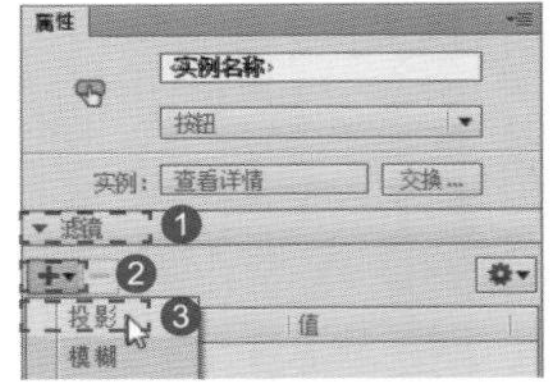

图 5-61

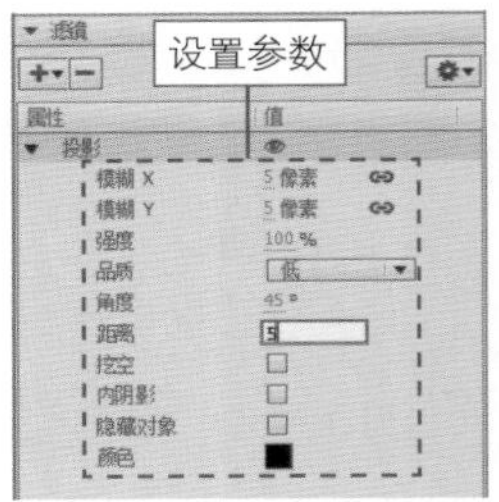

图 5-62

（12）使用文本工具在元件上输入文本，如图 5-63 所示。

（13）按 Ctrl+Enter 组合键测试影片，如图 5-64 所示。

图 5-63

图 5-64

5.6　课后习题

一、填空题

1. 元件是指在 Flash CC 创作环境中使用 SimpleButton 和 MovieClip 类创建过一次的图形、________或________。

2. 在 Flash CC 中要想使用元件需要先创建元件，创建元件有两种方式，一种是直接创建新的元件，另一种是______________________。

二、判断题

1. 按钮元件主要用于创建动画中的静态图像或动画片断。（　　）

2. 元件在舞台中被选中时周围会出现一个边框，用户可以执行【窗口】→【隐藏边缘】命令将边缘隐藏，以便更清楚地查看操作效果。（　　）

三、简答题

1. 在 Flash CC 中怎样创建影片剪辑元件？

2. 在 Flash CC 中怎样创建元件实例？

第 6 章 应用外部媒体素材

本章要点：

- 导入图片
- 应用视频
- 使用外部声音

本章学习素材

本章主要内容：

本章主要介绍导入图片和应用视频方面的知识与技巧，同时讲解了如何使用外部声音，在本章的最后还针对实际的工作需求讲解了制作动画并添加声音的方法。通过学习，读者可以掌握应用外部媒体素材方面的知识，为深入学习 Flash CC 奠定基础。

6.1 导入图片

微视频

在制作Flash动画的过程中，如果使用绘图工具绘制的图形不能满足需要，用户可以导入各种格式的图片文件。本节详细介绍导入图片文件方面的知识。

6.1.1 导入图片到舞台

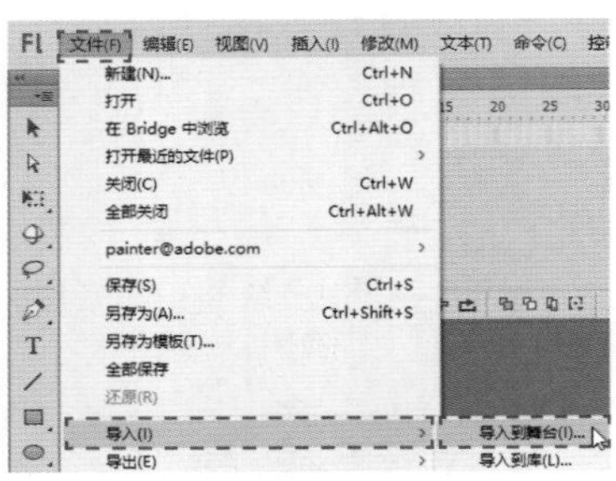

图 6-1

在Flash CC中，用户可以将图片导入舞台，并且对导入的图片进行编辑和修改。下面介绍导入图片到舞台的操作方法。

（1）新建Flash空白文档，执行【文件】→【导入】→【导入到舞台】命令，如图6-1所示。

（2）弹出【导入】对话框，①选中图片，②单击【打开】按钮，如图6-2所示。

（3）此时图片被导入舞台，如图6-3所示。

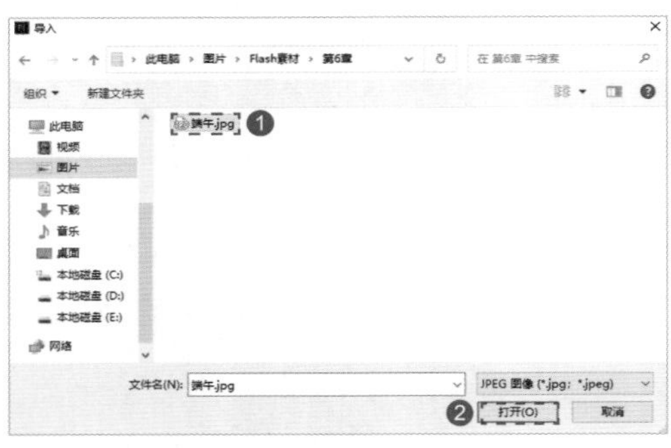

图 6-2

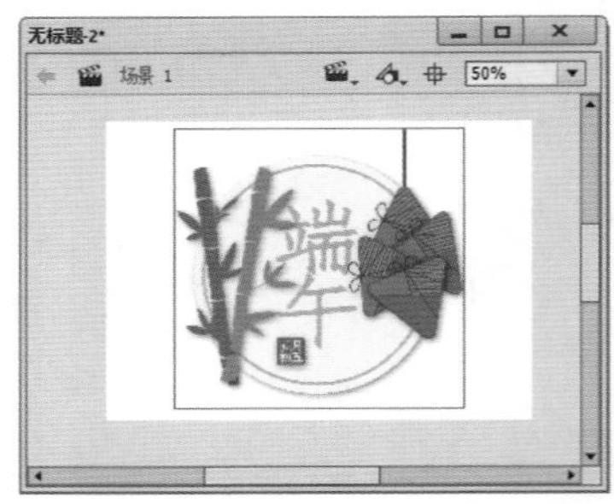

图 6-3

6.1.2 导入图片到库

图 6-4

在Flash CC中，用户可以先将图片导入库，然后在【库】面板中编辑导入的图片文件。下面介绍导入图片到库的操作方法。

（1）新建Flash空白文档，执行【文件】→【导入】→【导入到库】命令，如图6-4所示。

（2）弹出【导入到库】对话框，①选中图片，②单击【打开】按钮，如图6-5所示。

（3）打开【库】面板，可见此时图片被导入库中，如图6-6所示。

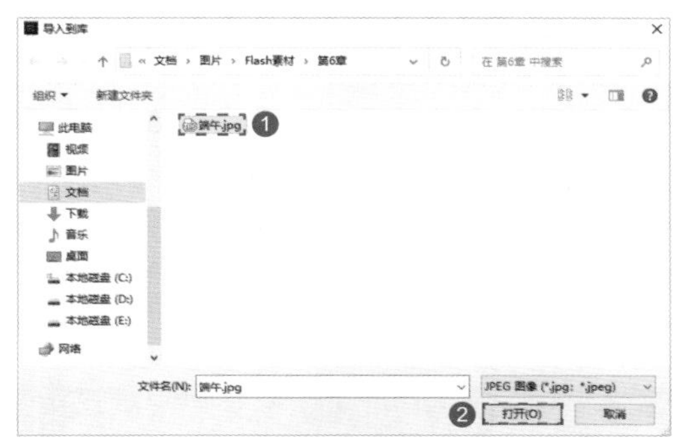

图 6-5

图 6-6

6.1.3 将位图转换为矢量图

在制作 Flash 动画的过程中，用户可以将位图转换为矢量图。下面详细介绍将位图转换为矢量图的操作方法。

（1）使用选择工具选中位图，如图 6-7 所示。

（2）执行【修改】→【位图】→【转换位图为矢量图】命令，如图 6-8 所示。

图 6-7

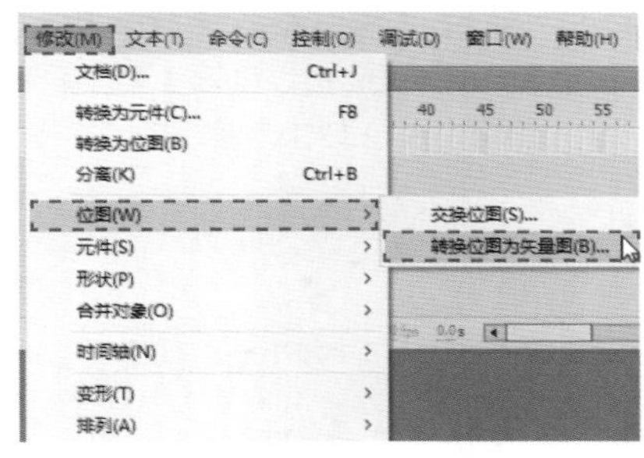

图 6-8

（3）弹出【转换位图为矢量图】对话框，①保持默认设置，②单击【确定】按钮，如图 6-9 所示。

（4）返回到舞台中，这样即可完成将位图转换为矢量图的操作，如图 6-10 所示。

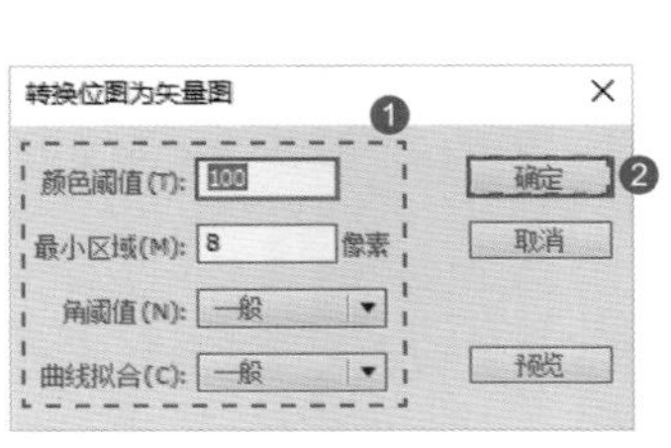

图 6-9

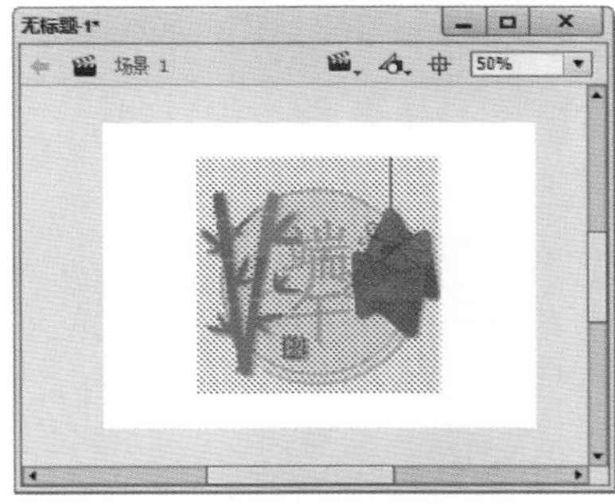

图 6-10

知识常识

在【转换位图为矢量图】对话框中，【颜色阈值】文本框中的数值越小，颜色转换越丰富；【最小区域】文本框中的数值越小，矢量图的精确度越高；在【曲线拟合】和【角阈值】下拉列表中可以设置曲线和图像上尖角转换的平滑度值。

6.2 应用视频

微视频

在 Flash CC 中，用户不仅可以导入矢量图和位图，还可以导入视频，但并不是所有格式的视频都可以导入 Flash 中。导入视频可以使 Flash 作品更加生动、精彩，本节将详细介绍应用外部视频方面的知识及操作方法。

6.2.1 导入视频

在 Flash CC 中，可以将外部 FLV 格式的视频加载到 SWF 文件中，并且可以控制视频的播放和回放。下面介绍导入这种视频的操作方法。

（1）新建 Flash 空白文档，执行【文件】→【导入】→【导入视频】命令，如图 6-11 所示。

（2）弹出【导入视频】对话框，单击【浏览】按钮，如图 6-12 所示。

图 6-11

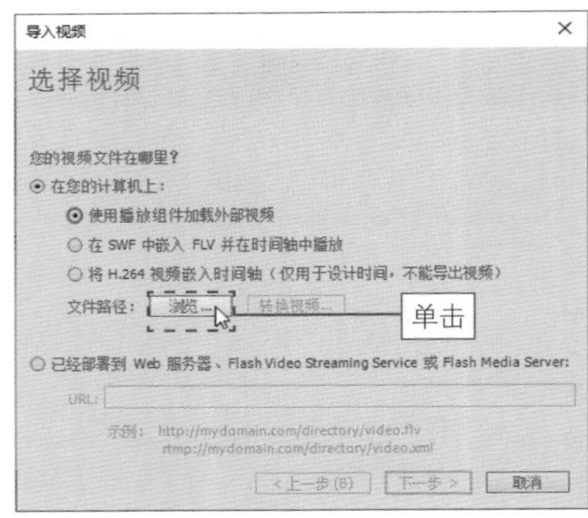

图 6-12

（3）弹出【打开】对话框，①选择准备导入的视频文件，②单击【打开】按钮，如图 6-13 所示。

（4）返回【导入视频】对话框中，①选中【使用播放组件加载外部视频】单选按钮，②单击【下一步】按钮，如图 6-14 所示。

（5）进入【设定外观】界面，①在【外观】下拉列表框中选择外观样式，②单击【下一步】按钮，如图 6-15 所示。

（6）进入【完成视频导入】界面，可以看到视频位置等信息，单击【完成】按钮，如图 6-16 所示。

图 6-13

图 6-14

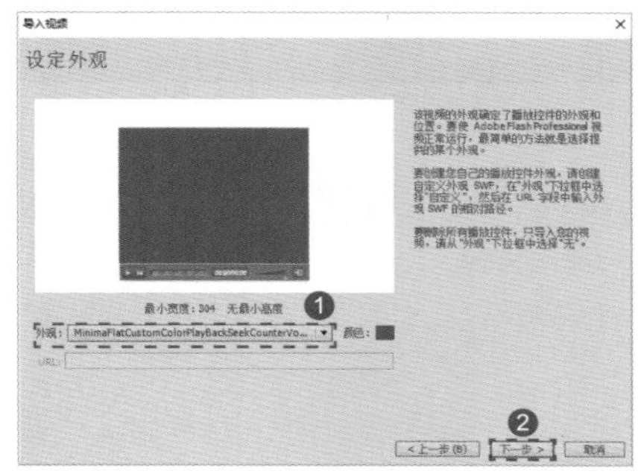

图 6-15

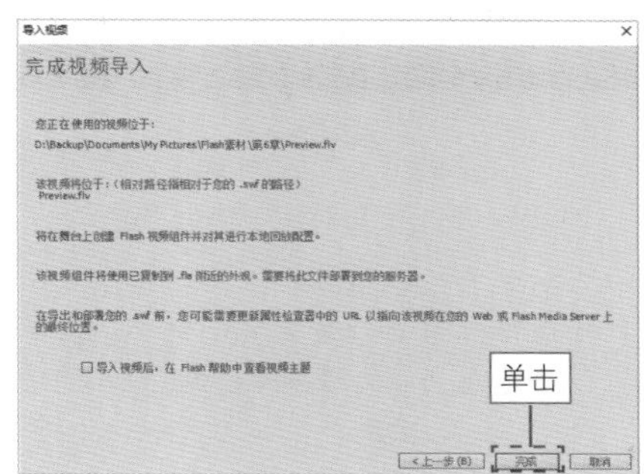

图 6-16

（7）返回到舞台中，可以看到导入的视频，按 Ctrl+Enter 组合键测试影片，如图 6-17 所示。

图 6-17

6.2.2 嵌入视频

嵌入视频是指将视频直接嵌入 Flash 文件中，在 Flash 中常用的视频文件格式是 FLV，目前主流的视频网站使用的文件格式基本上也是 FLV。下面详细介绍在 Flash 中嵌入视频的操作方法。

（1）新建 Flash 空白文档，执行【文件】→【导入】→【导入视频】命令，如图 6-18 所示。

（2）弹出【导入视频】对话框，单击【浏览】按钮，如图 6-19 所示。

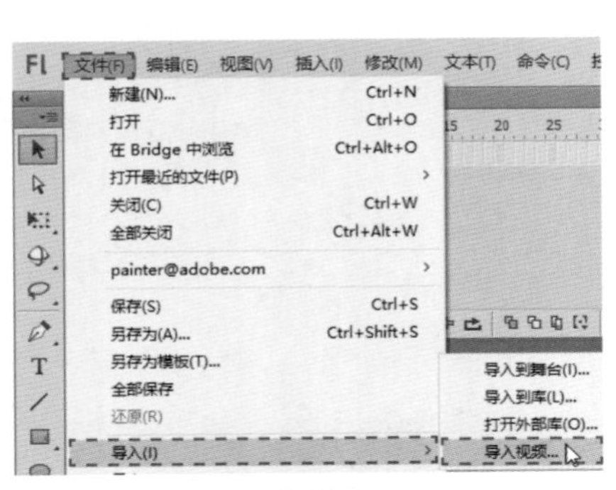

图 6-18

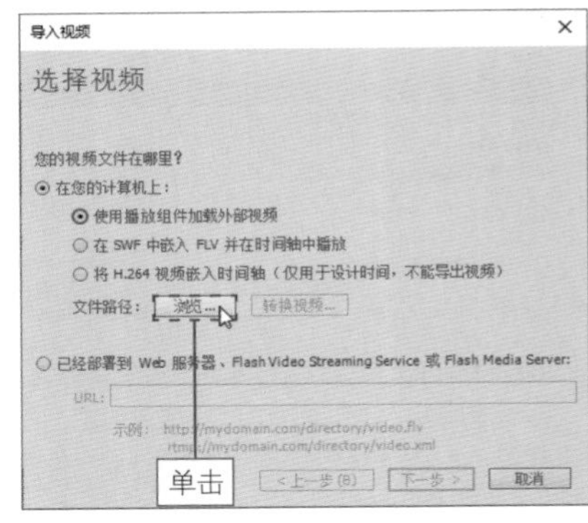

图 6-19

（3）弹出【打开】对话框，①选择准备导入的视频文件，②单击【打开】按钮，如图 6-20 所示。

（4）返回【导入视频】对话框中，①选中【在 SWF 中嵌入 FLV 并在时间轴中播放】单选按钮，②单击【下一步】按钮，如图 6-21 所示。

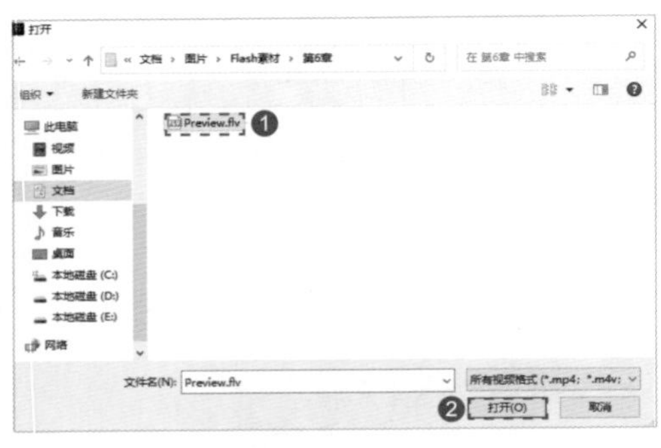

图 6-20

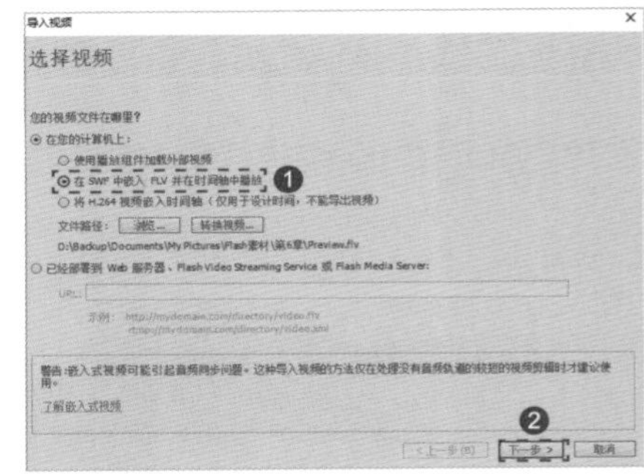

图 6-21

（5）进入【嵌入】界面，①保持默认设置，②单击【下一步】按钮，如图 6-22 所示。

（6）进入【完成视频导入】界面，单击【完成】按钮，如图 6-23 所示。

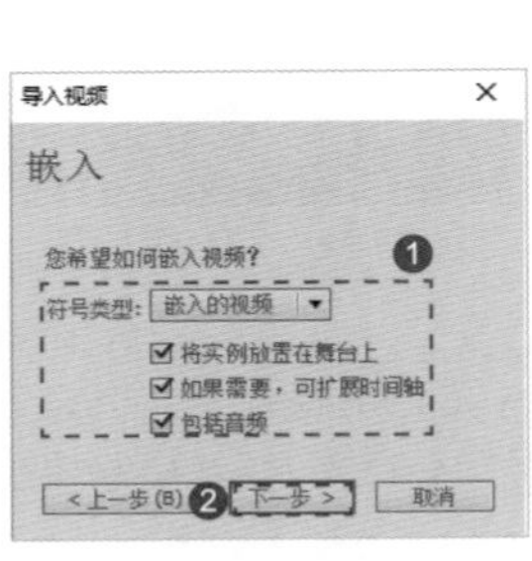

图 6-22

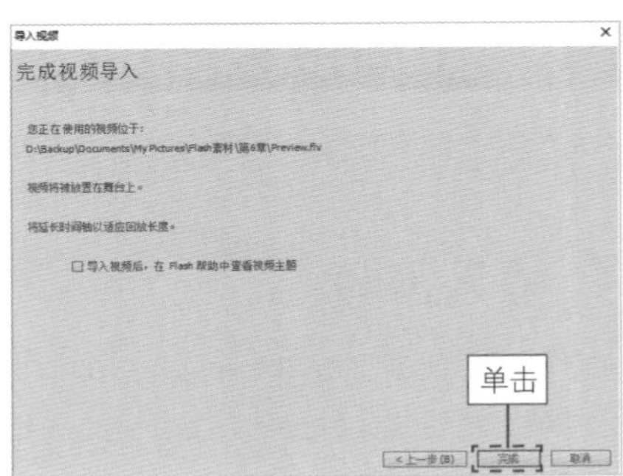

图 6-23

（7）返回到舞台中，可以看到嵌入的视频，按Ctrl+Enter组合键测试影片，如图6-24所示。

图 6-24

6.2.3 更改视频剪辑属性

在Flash文档中嵌入视频后，可以根据需要更改视频剪辑的属性。选中嵌入的视频剪辑，在【属性】面板中可以为视频剪辑指定实例名称，以及设置宽度、高度和舞台的坐标位置等，如图6-25所示。

图 6-25

6.3 使用外部声音

如果要制作一部优秀的Flash动画作品，仅有一些图形动画效果是不够的，为图形、按钮乃至整个动画配上合适的背景声音能使整个作品更加精彩，并且起到画龙点睛的作用，给观众带来全方位的艺术享受。本节将介绍在Flash中使用声音的方法。

微视频

6.3.1 在Flash库中导入声音

Flash CC提供了多种使用声音的方式，当声音被导入文档后，将与位图、元件等一起保存在【库】面板中。下面介绍在Flash中导入声音的操作方法。

（1）新建Flash空白文档，执行【文件】→【导入】→【导入到库】命令，如图6-26所示。

（2）弹出【导入到库】对话框，①选中声音文件，②单击【打开】按钮，如图6-27所示。

（3）打开【库】面板，可以看到已经导入的声音文件，如图6-28所示。

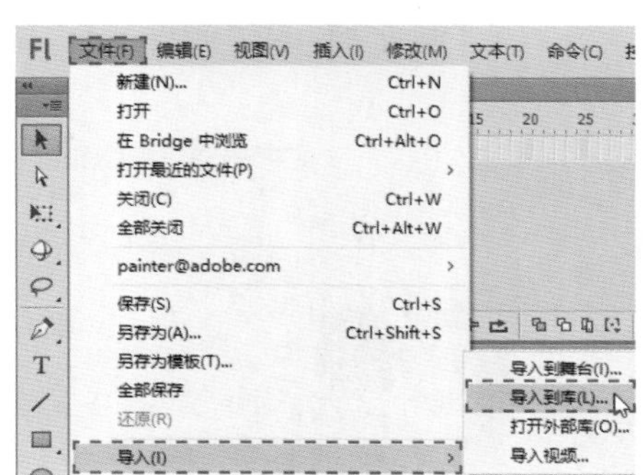

图 6-26

图 6-27

图 6-28

6.3.2 添加与删除声音

在制作 Flash 动画时会经常使用影片剪辑，若在播放影片剪辑的同时伴随着声音，则会让动画作品更加生动、形象。在 Flash CC 中，若将声音添加到影片中，这个声音将贯穿整个动画，当添加的声音不符合动画播放要求时可以将其删除。下面详细介绍为影片添加声音与删除声音的操作方法。

（1）将图片添加到舞台中，将声音文件导入库中，如图 6-29 所示。

（2）在【时间轴】面板中单击选中“图层 1”的第 1 帧，如图 6-30 所示。

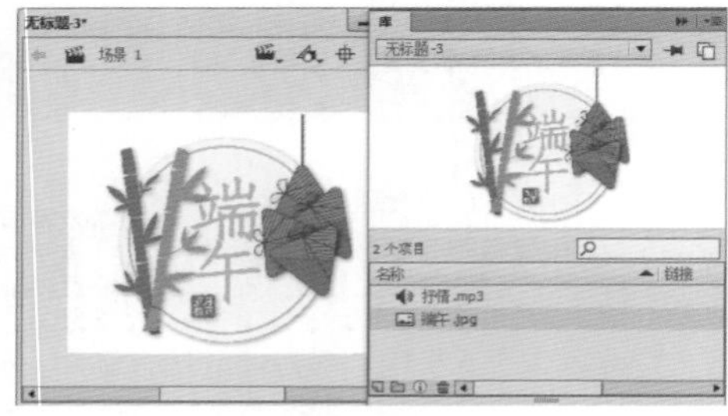

图 6-29

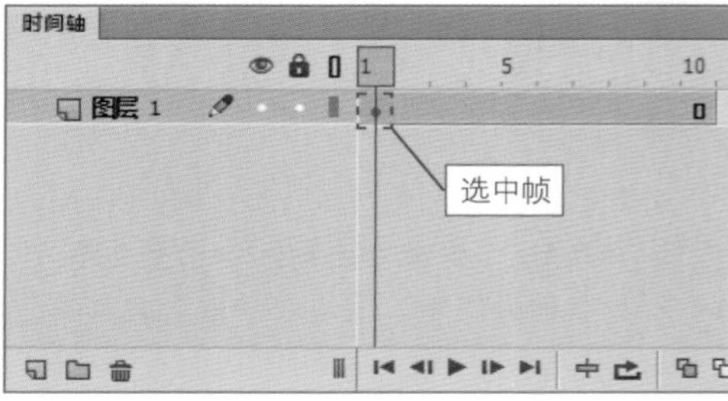

图 6-30

（3）将【库】面板中的声音文件拖入舞台中，如图 6-31 所示。

（4）在【时间轴】面板中可以看到添加的声音，至此为影片添加声音的操作完成，如图 6-32 所示。

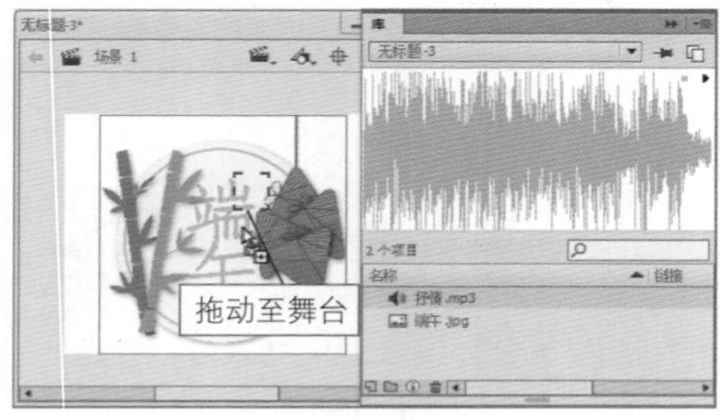

图 6-31

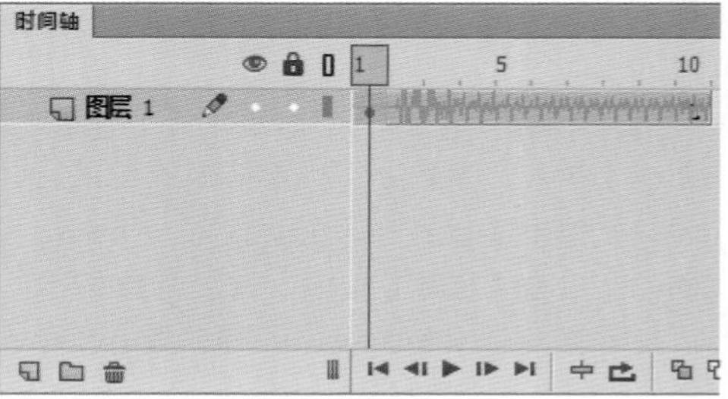

图 6-32

（5）在【时间轴】面板中单击鼠标左键选中包含声音的一个帧，如图 6-33 所示。

（6）在【属性】面板中，①单击展开【声音】选项区，②单击【名称】下拉按钮，③选择【无】选项，即可删除声音文件，如图 6-34 所示。

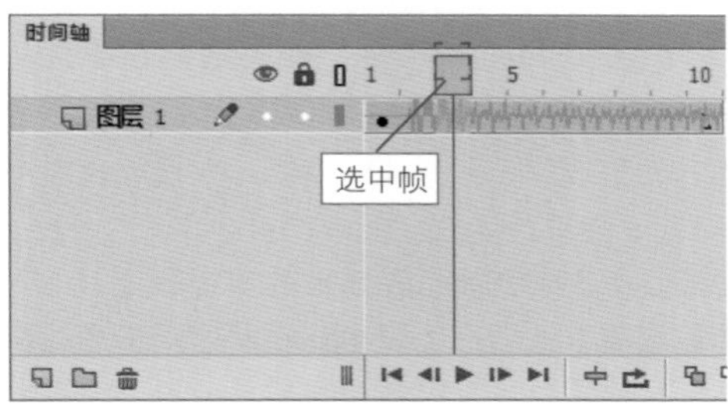

图 6-33

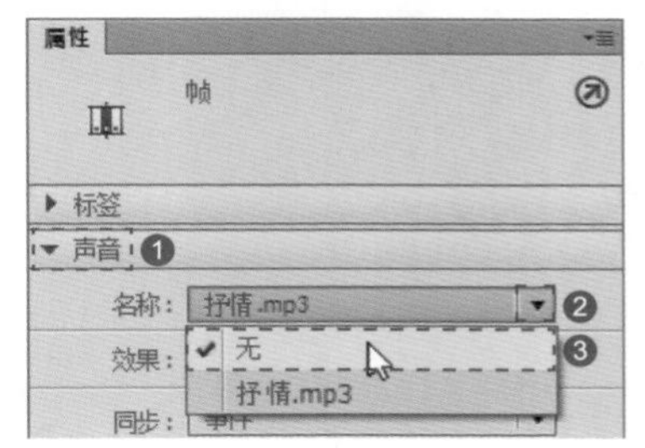

图 6-34

经验技巧

在【时间轴】面板中选中添加声音文件的帧，在【属性】面板的【声音】选项区中单击【声音循环】下拉按钮，选择【循环】选项，即可连续播放声音。由于循环播放会增加文件的大小，一般不建议将声音设置为循环播放。

6.3.3 选择声音效果

在 Flash CC 中，用户可以为导入的声音设置一些特殊效果，例如选择声道、变化音量等。打开【属性】面板，在【声音】选项区的【效果】下拉列表框中可以选择要使用的效果，如图 6-35 所示。

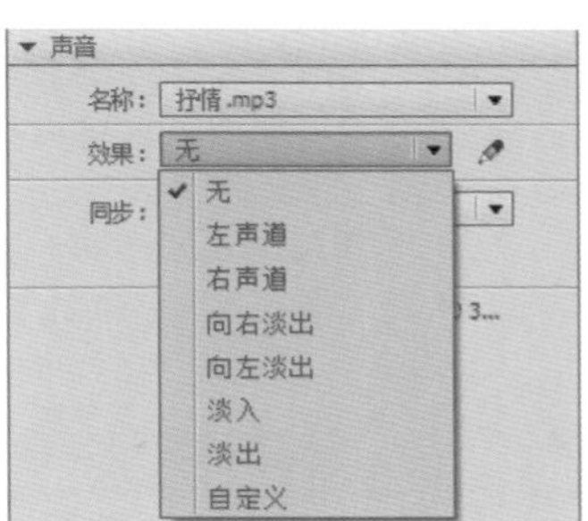

图 6-35

- 【无】选项：不设置声道效果。
- 【左声道】选项：控制声音在左声道播放。
- 【右声道】选项：控制声音在右声道播放。
- 【向右淡出】选项：主要控制声音从左声道过渡到右声道播放，降低左声道的声音，同时提高右声道的声音。
- 【向左淡出】选项：主要控制声音从右声道过渡到左声道播放，降低右声道的声音，同时提高左声道的声音。
- 【淡入】选项：在声音播放的持续时间内逐渐增加其幅度。
- 【淡出】选项：在声音播放的持续时间内逐渐减小其幅度。
- 【自定义】选项：允许创建用户的声音效果，可以在【编辑封套】对话框中设置。

6.3.4 将声音与动画同步

在 Flash CC 中，用户可以将声音与动画同步，主要通过设置声音开始的关键帧和停止的关键帧来实现。下面介绍将声音与动画同步的操作方法。

选中添加声音文件的帧，打开【属性】面板，在【声音】选项区中选择【同步】下拉列表

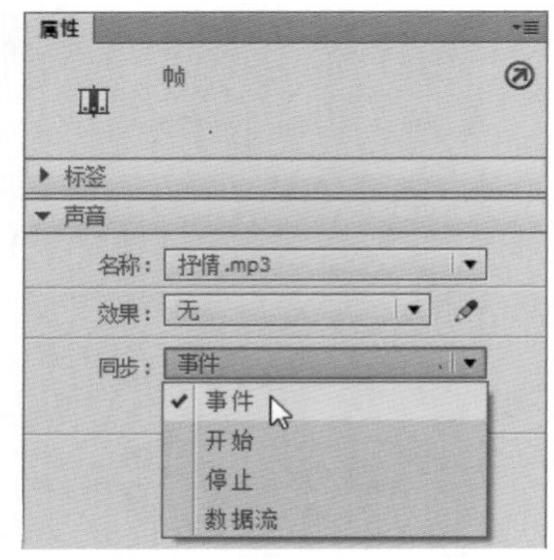

图 6-36

框中的【事件】选项，即可完成声音与动画同步的操作，如图 6-36 所示。

【同步】下拉列表框中各选项的介绍如下。

- 【事件】选项：同步声音和一个事件的发生过程，在关键帧开始时播放，会播放整个声音，即使动画停止播放，声音也会继续播放。
- 【开始】选项：开始播放声音，在播放过程中新的声音不会进行播放。
- 【停止】选项：使正在播放的声音停止。
- 【数据流】选项：主要在互联网上同步播放声音，Flash 软件自身会控制动画与声音流，声音流会随着动画的结束而停止播放。

6.4 范例应用——制作动画并添加声音

微视频

用户可以运用本章所学的知识点制作动画并添加声音。所用到的知识点包括使用矩形工具、椭圆工具、钢笔工具、铅笔工具等绘制图形，插入关键帧，导入声音文件。

实例文件保存路径：配套素材\第 6 章\效果文件

实例效果文件名称：海滩动画.fla

（1）新建动画文档，设置文档的宽和高，如图 6-37 所示。

（2）将“图层 1”重命名为“背景”，使用矩形工具绘制矩形并填充颜色，如图 6-38 所示。

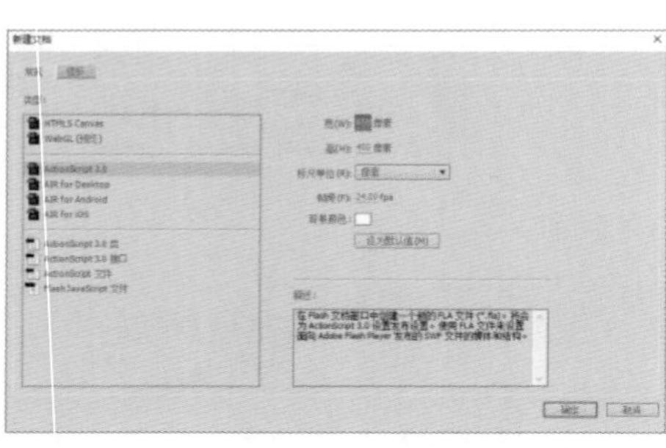

图 6-37

图 6-38

（3）创建新图层并重命名为“沙滩海水”，使用矩形工具绘制矩形并填充颜色，如图 6-39 所示。

（4）创建新图层并重命名为“浪花”，使用椭圆工具绘制椭圆并填充颜色，如图 6-40 所示。

（5）创建新图层并重命名为“树叶”，使用钢笔工具绘制三角形并填充颜色，再使用选择工具调整边的弧度，如图 6-41 所示。

（6）创建新图层并重命名为“海鱼”和“海鸥”，使用铅笔工具绘制白色线条，使用钢笔工具绘制海鸥，然后选中所有图层的第 60 帧，按 F5 键插入帧，如图 6-42 所示。

图 6-39

图 6-40

图 6-41

图 6-42

（7）创建新图层并重命名为“海”，在【时间轴】面板中选中第 6 帧，按 F6 键插入关键帧，然后使用文本工具输入文字，设置字体为方正舒体，65 磅，如图 6-43 所示。

（8）创建新图层并重命名为“底”，在【时间轴】面板中选中第 16 帧，按 F6 键插入关键帧，然后使用文本工具输入文字，字体、字号同上，如图 6-44 所示。

图 6-43

图 6-44

（9）创建新图层并重命名为“de”，在【时间轴】面板中选中第 26 帧，按 F6 键插入关键帧，然后使用文本工具输入文字，字体、字号同上，如图 6-45 所示。

（10）创建新图层并重命名为“声”，在【时间轴】面板中选中第 36 帧，按 F6 键插入关键帧，然后使用文本工具输入文字，字体、字号同上，如图 6-46 所示。

图 6-45

图 6-46

（11）创建新图层并重命名为“音”，在【时间轴】面板中选中第46帧，按F6键插入关键帧，然后使用文本工具输入文字，字体、字号同上，如图6-47所示。

（12）执行【文件】→【导入】→【导入到库】命令，弹出【导入到库】对话框，①选中声音文件，②单击【打开】按钮，如图6-48所示。

图 6-47

图 6-48

（13）打开【库】面板，将导入的音频拖至舞台中，如图6-49所示。

（14）在【时间轴】面板中可以看到添加的声音，如图6-50所示。

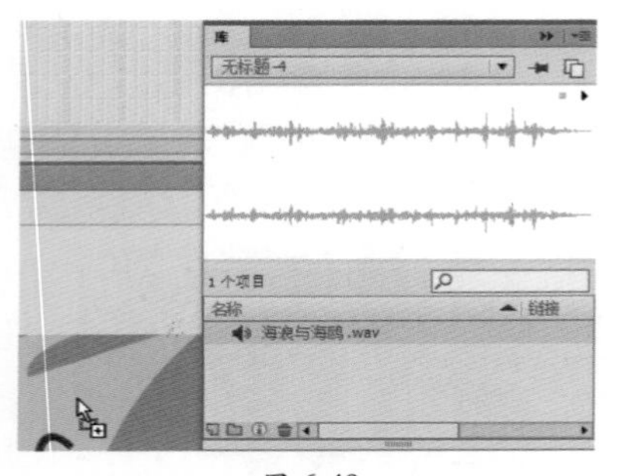

图 6-49

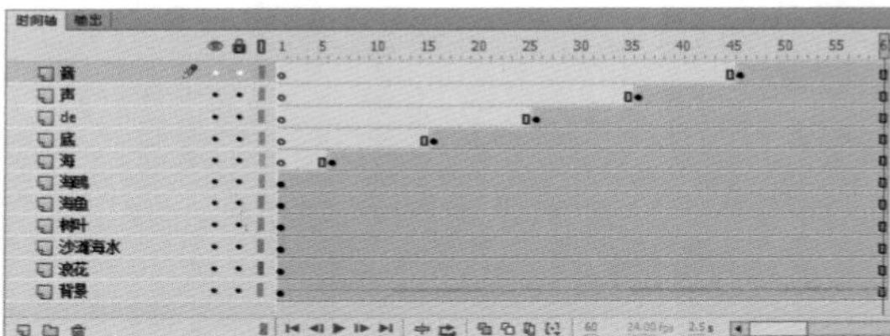

图 6-50

（15）按Ctrl+Enter组合键测试影片，如图6-51所示。

图 6-51

6.5 课后习题

一、填空题

1. 在【转换位图为矢量图】对话框中，___________文本框中的数值越小，颜色转换越丰富。

2. 在 Flash CC 中，可以将外部 FLV 格式的视频加载到 ___________ 文件中。

二、判断题

1. 在 Flash CC 中，图片只能导入舞台，不能导入库。（　　）

2. 在 Flash CC 中，位图不能转换为矢量图。（　　）

三、简答题

1. 在 Flash CC 中怎样导入视频？

2. 在 Flash CC 中怎样导入音频？

第7章 时间轴和帧

本章要点：

- 【时间轴】面板
- 帧
- 帧的基本操作
- 转换帧

本章学习素材

本章主要内容：

本章主要介绍【时间轴】面板、帧和帧的基本操作，同时讲解了如何转换帧。在本章的最后还针对实际的工作需求讲解了制作花样滑冰动画的方法。通过学习，读者可以掌握时间轴和帧方面的知识，为深入学习Flash CC奠定基础。

7.1 【时间轴】面板

时间轴是编辑Flash动画时最重要、最核心的部分，所有的动画顺序、动作行为、控制命令以及声音等都是在时间轴中编排的。如果要将一幅静止的画面按照某种顺序快速播放，需要用时间轴和帧为它们完成时间和顺序的安排。

微视频

7.1.1 【时间轴】面板的组成

时间轴是用于组织和控制动画中的帧和图层在一定时间内播放的坐标轴。【时间轴】面板主要由图层控制区、帧和播放控制区等部分组成，如图7-1所示。

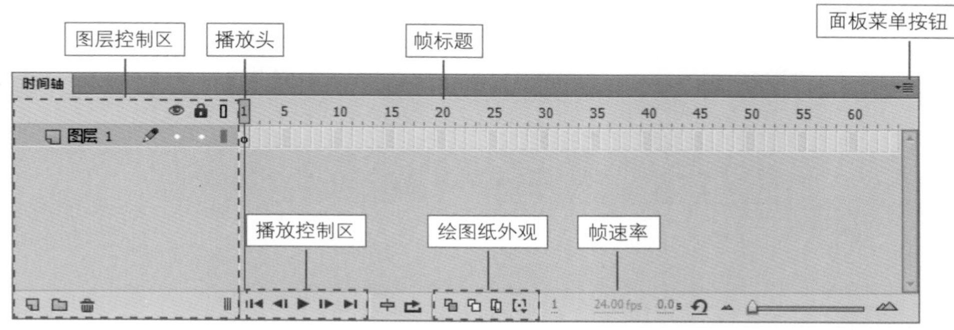

图 7-1

【时间轴】面板的各组成部分的介绍如下。

- 图层控制区：可以新建、删除和编辑图层等，用于将不同的图片和文字等元素放在不同的图层中，以方便管理。
- 播放头：指示当前在舞台中显示的帧，可以执行单击或拖动播放头的操作。
- 播放控制区：控制动画的播放，可以执行播放、转到第一帧、后退一帧、前进一帧和转到最后一帧的操作。
- 帧标题：显示帧的编号，在时间轴的顶部。
- 绘图纸外观：同时查看当前帧与前后若干帧中的内容，以方便前后多帧对照编辑。
- 帧速率：动画播放的速率，即每秒钟播放的帧数。
- 面板菜单按钮：单击将弹出用于更改时间轴和帧的面板菜单，可以更改时间轴的位置和帧的大小。

7.1.2 在时间轴中标识不同类型的动画

在Flash CC中，用户可以通过使用不同的颜色或时间轴元素将不同的动画类型进行区分。下面介绍在时间轴中标识不同类型动画的知识。

1. 补间动画

补间动画的背景显示为淡蓝色，指在一个关键帧上放置一个元件，然后在另一个关键帧上改变这个元件的大小、颜色、位置、透明度等，如图 7-2 所示。

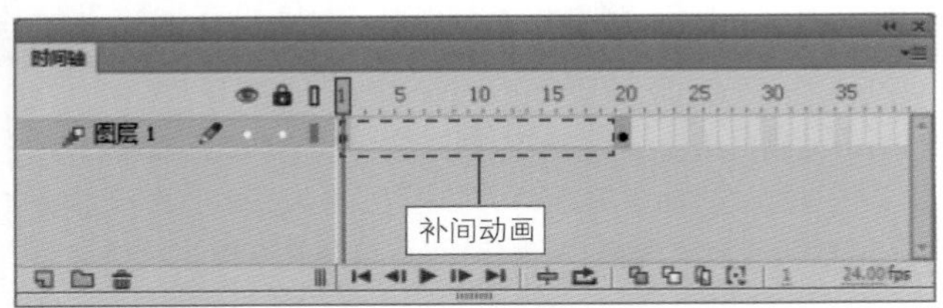

图 7-2

2. 补间形状

补间形状是在时间轴的一个关键帧上绘制一个矢量形状，然后在另一个关键帧上更改该形状或者绘制另一个形状，背景显示为浅绿色，关键帧之间用黑色箭头连接，如图 7-3 所示。

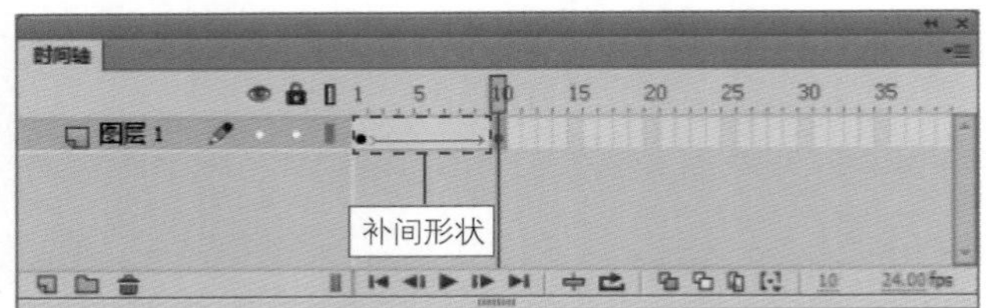

图 7-3

3. 传统补间动画

传统补间动画是指在时间轴上的不同时间点创建关键帧，将一个影片剪辑从一个点匀速移动到另外一个点，没有速度变化，没有路径偏移（弧线），背景显示为紫色，关键帧之间用黑色箭头连接，如图 7-4 所示。

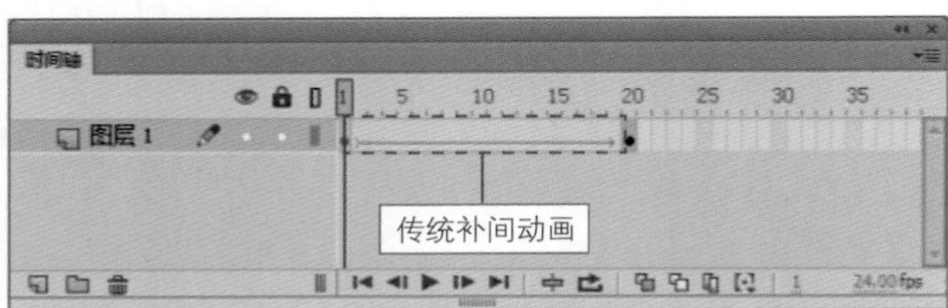

图 7-4

4. 逐帧动画

逐帧动画（Frame By Frame）是一种常见的动画形式，是在连续的关键帧中分解动画动作，即在时间轴的每一帧上绘制不同的内容，使其连续播放而成为动画，如图 7-5 所示。

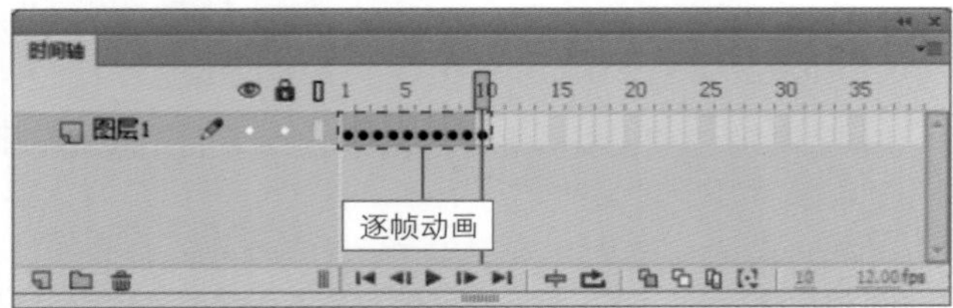

图 7-5

7.2 帧

帧是Flash动画的重要组成部分，也是构建动画的最基本元素之一，在【时间轴】面板中可以很明显地看出帧和图层是对应的。在Flash CC中帧分为普通帧、关键帧和空白关键帧3种类型。

7.2.1 普通帧、关键帧和空白关键帧

帧是组成动画的基本元素，任何复杂的动画都是由帧组成的，下面介绍普通帧、关键帧和空白关键帧。

1. 普通帧

在Flash CC中，普通帧一般添加在关键帧的后面，也称为过渡帧，指在起始关键帧和结束关键帧之间的帧，如图7-6所示。

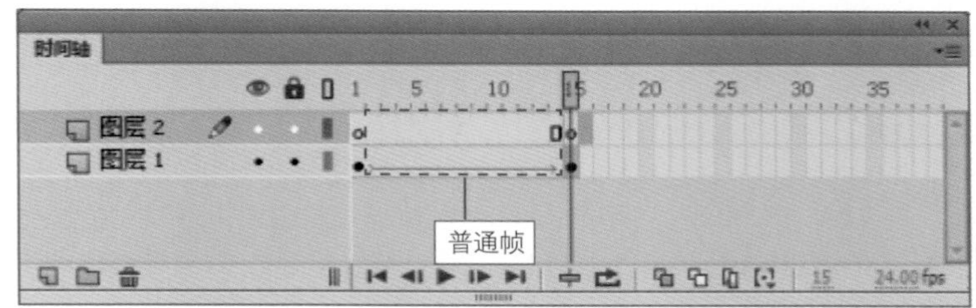

图 7-6

2. 关键帧

在Flash CC中，当舞台中存在图形或文字等内容时，插入一个关键帧，关键帧用一个实心圆表示，如图7-7所示。

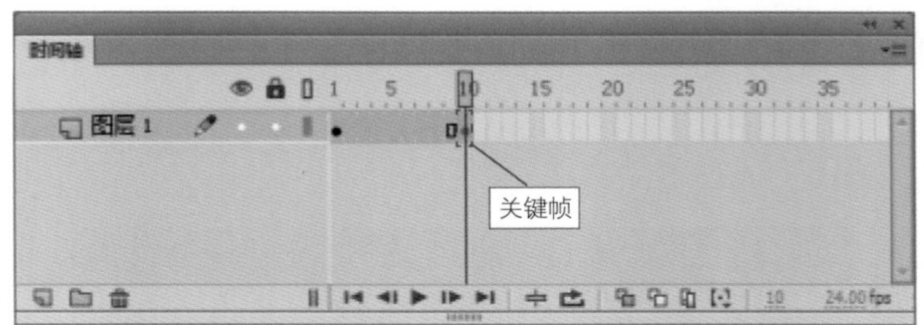

图 7-7

3. 空白关键帧

在Flash CC中，当新建Flash空白文档或者新建图层时，时间轴上默认图层的第1帧即为空白关键帧，用一个空心圆表示，如图7-8所示。

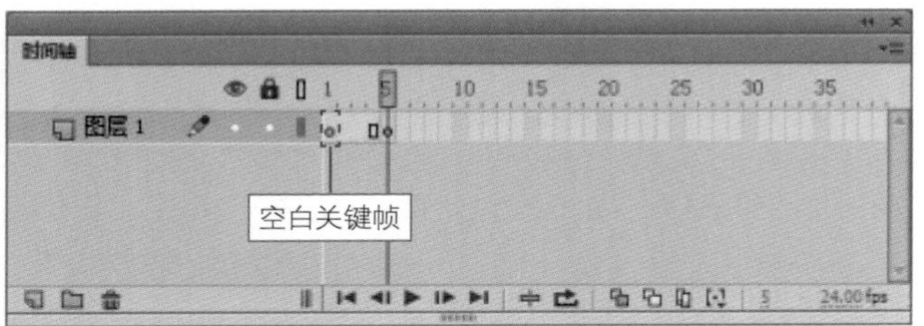

图 7-8

7.2.2 修改帧频

帧频是动画播放的速度，以每秒播放的帧数来度量，单位是 fps。帧频太慢会使动画看起来不连贯，帧频太快会使动画的细节变得模糊。每秒 12 帧通常会得到较好的效果，而对于比较精致的动画来说，例如 MTV，设置为 24 帧以上可以得到非常流畅的视觉效果。

7.3 帧的基本操作

微视频

在 Flash CC 中，每一个动画都是由帧组成的，用户可以对帧进行编辑，例如选择帧和帧列、插入帧、删除和清除帧，以及复制、粘贴与移动单帧等。本节详细介绍对帧进行编辑的知识。

7.3.1 选择帧和帧列

在【时间轴】面板上选择某一个帧，只需要单击该帧即可。如果某个对象占据了整个帧列，并且此帧列是由一个关键帧开始和一个普通帧结束，那么只需要选中舞台中的这个对象就可以选中此帧列。下面介绍选择帧和帧列的具体操作方法。

1. 选择帧

如果要选择一组连续帧，先选中起始的第 1 帧，然后在按住 Shift 键的同时单击要选的最后一帧即可，如图 7-9 所示。

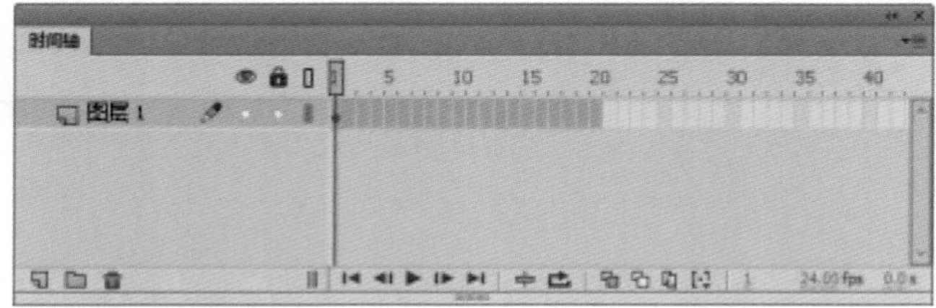

图 7-9

如果要选择一组非连续帧，在按住 Ctrl 键的同时单击准备选择的帧即可，如图 7-10 所示。

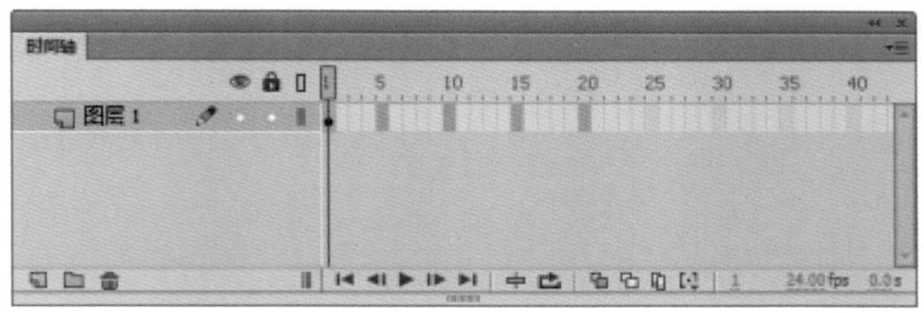

图 7-10

2. 选择帧列

如果要选择帧列，在按住 Shift 键的同时单击该帧列的第 1 帧，然后单击该帧列的最后一帧即可，如图 7-11 所示。

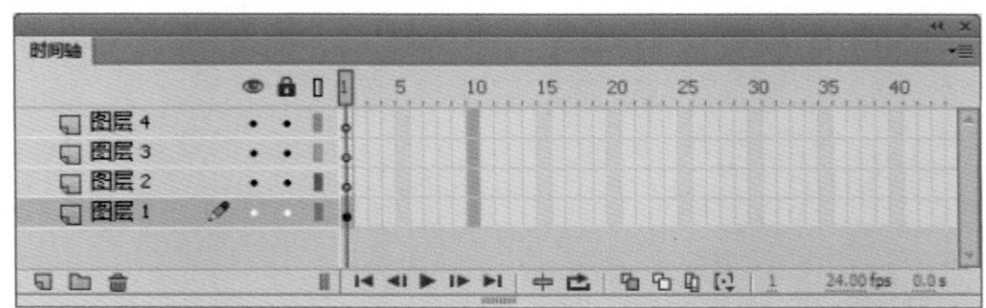

图 7-11

7.3.2 插入帧

在【时间轴】面板中，用户可以根据需要在指定图层中插入关键帧、普通帧和空白关键帧。下面详细介绍插入帧的操作方法。

1. 插入关键帧

关键帧可以通过菜单命令来插入。下面介绍具体的操作方法。

（1）在【时间轴】面板中单击选中要插入关键帧的第 10 帧，如图 7-12 所示。

（2）执行【插入】→【时间轴】→【关键帧】命令，如图 7-13 所示。

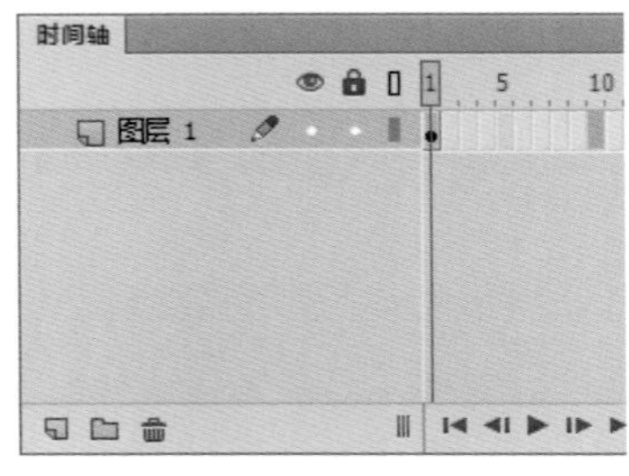

图 7-12

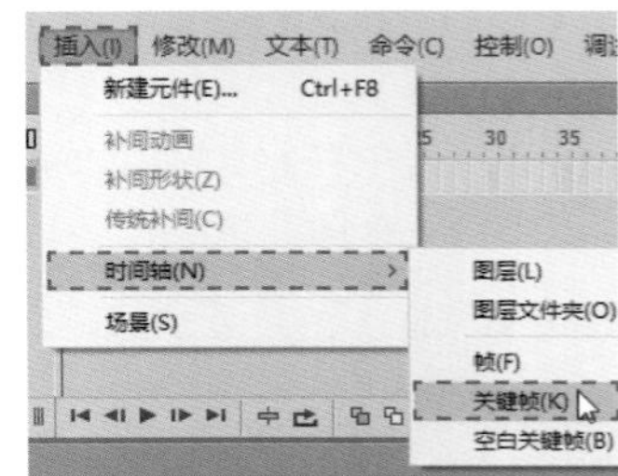

图 7-13

（3）可以看到第 10 帧前已经插入了关键帧，如图 7-14 所示。

2. 插入普通帧

如果要插入普通帧，可以执行【插入】→【时间轴】→【帧】命令，如图 7-15 和图 7-16 所示。

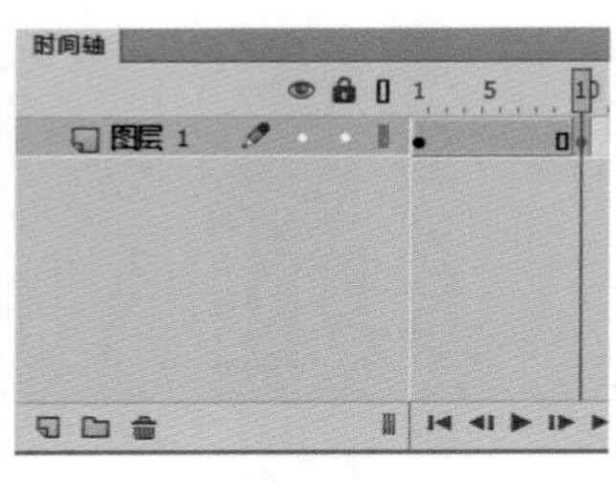

图 7-14

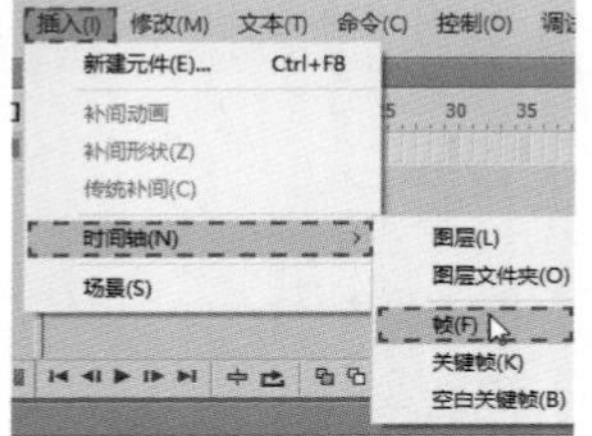

图 7-15

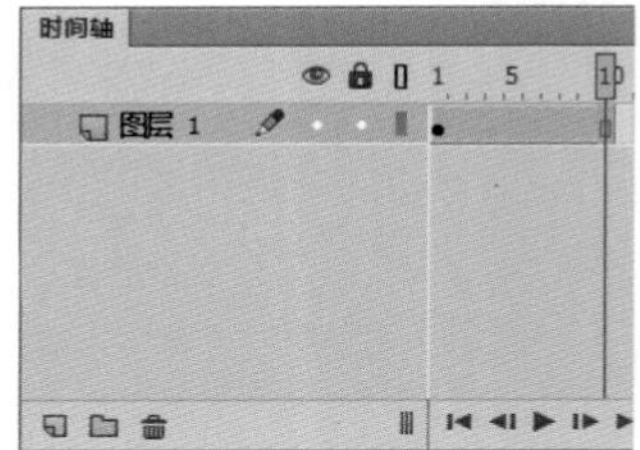

图 7-16

3. 插入空白关键帧

如果要插入空白关键帧，可以执行【插入】→【时间轴】→【空白关键帧】命令，如图 7-17 和图 7-18 所示。

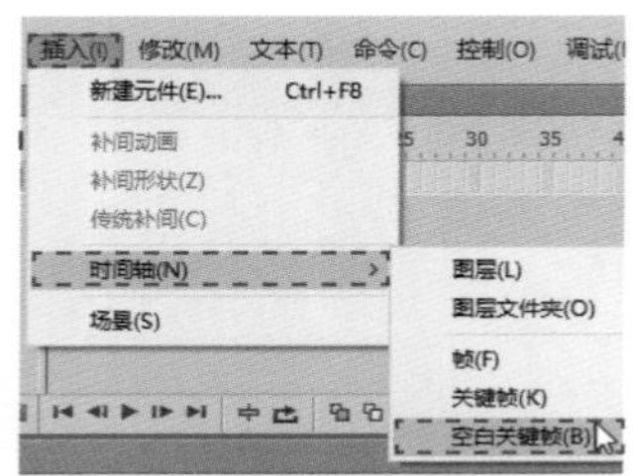

图 7-17

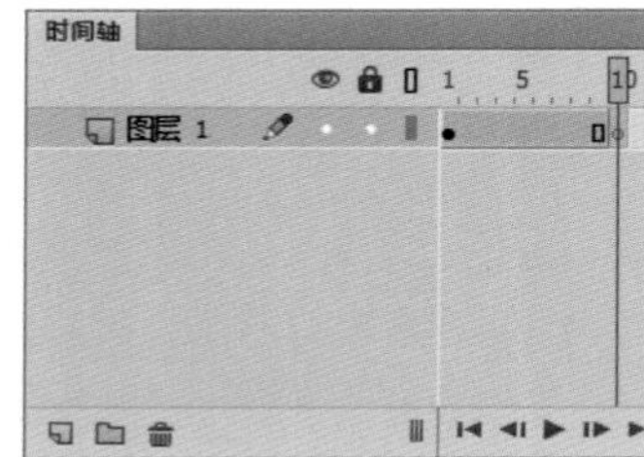

图 7-18

知识常识

在【时间轴】面板中选中帧，按 F5 键可以快速插入普通帧，按 F6 键可以快速插入关键帧，按 F7 键可以快速插入空白关键帧。用户也可以右击帧，在弹出的快捷菜单中选择插入不同类型的帧。

7.3.3 删除和清除帧

在制作 Flash 动画时，如果用户遇到不符合要求或者不需要的帧，可以将其删除或清除。下面详细介绍删除和清除帧的操作方法。

1. 删除帧

在【时间轴】面板中右击准备删除的帧，在弹出的快捷菜单中选择【删除帧】菜单项，即可完成删除帧的操作，如图 7-19 和图 7-20 所示。

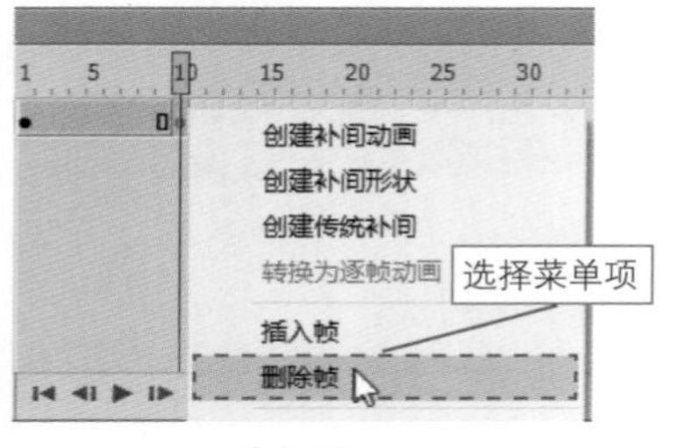

图 7-19

图 7-20

2. 清除帧

在【时间轴】面板中右击准备清除的帧，在弹出的快捷菜单中选择【清除帧】菜单项，即可完成清除帧的操作，如图 7-21 和图 7-22 所示。清除帧与删除帧的区别在于，清除帧只是删除帧中的内容，而帧依然存在。

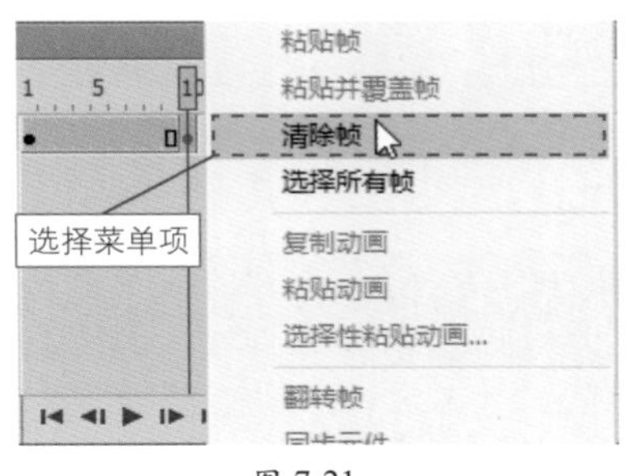

图 7-21

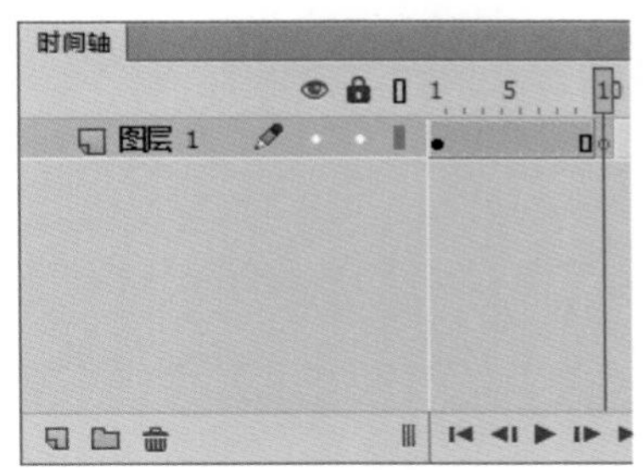

图 7-22

7.3.4 复制、粘贴与移动单帧

在 Flash CC 中，用户可以根据工作需要对所创建的帧进行复制、粘贴和移动等操作，从而使制作的动画更加完美。下面详细介绍复制、粘贴与移动单帧的操作方法。

1. 复制、粘贴帧

（1）在【时间轴】面板中右击帧，在弹出的快捷菜单中选择【复制帧】菜单项，如图 7-23 所示。

（2）用右键单击准备粘贴的帧，在弹出的快捷菜单中选择【粘贴帧】菜单项，如图 7-24 所示。

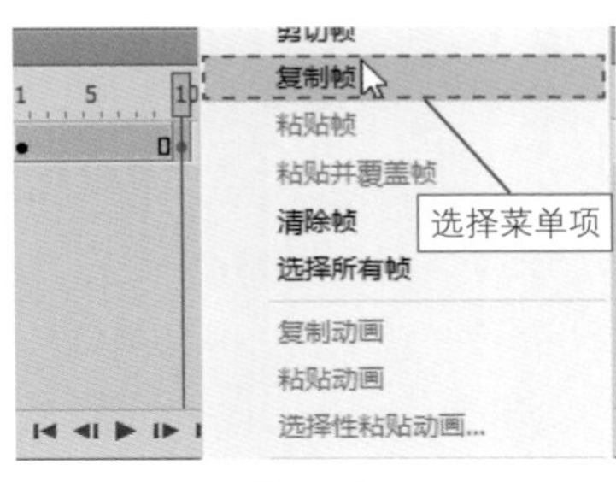

图 7-23

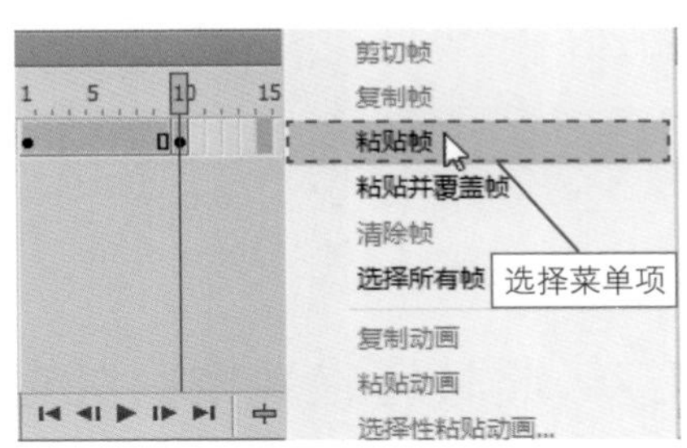

图 7-24

这样就完成了复制、粘贴帧的操作，如图 7-25 所示。

2. 移动帧

在 Flash CC 中有时需要将选中的帧移动到其他位置，可以单击要移动的帧，然后将光标移到帧上，当鼠标指针变为形状时单击并拖动鼠标至其他帧位置即可，如图 7-26 和图 7-27 所示。

经验技巧

在【时间轴】面板中选中动画中的关键帧，单击并拖动该关键帧向右移动至其他帧释放鼠标左键，则会延长动画的播放时长；单击并拖动该关键帧向左移动至其他帧释放鼠标左键，则会缩短动画的播放时长。

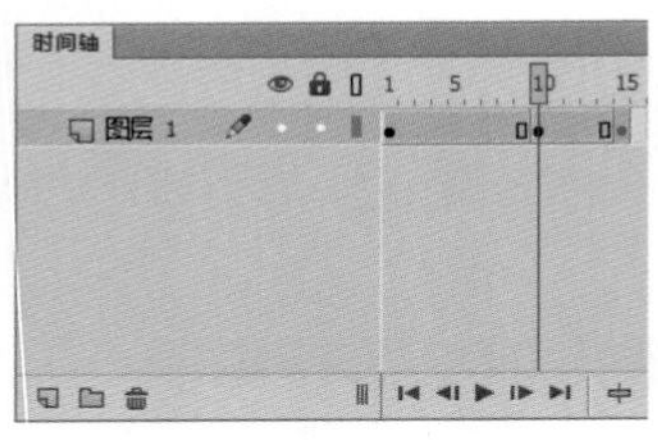

图 7-25

图 7-26

图 7-27

7.4 转换帧

微视频

在制作 Flash 动画的过程中，用户可以设定不同类型的帧，以实现不同的动画效果。为了制作更好的动画效果，可以在不同类型的帧之间进行互相转换。本节详细介绍如何将帧转换为关键帧、如何将帧转换为空白关键帧。

7.4.1 将帧转换为关键帧

在【时间轴】面板中右击要转换为关键帧的帧，在弹出的快捷菜单中选择【转换为关键帧】菜单项，即可完成将帧转换为关键帧的操作，如图 7-28 和图 7-29 所示。

图 7-28

图 7-29

7.4.2 将帧转换为空白关键帧

在【时间轴】面板中右击要转换为空白关键帧的帧，在弹出的快捷菜单中选择【转换为空白关键帧】菜单项，即可完成将帧转换为空白关键帧的操作，如图 7-30 和图 7-31 所示。

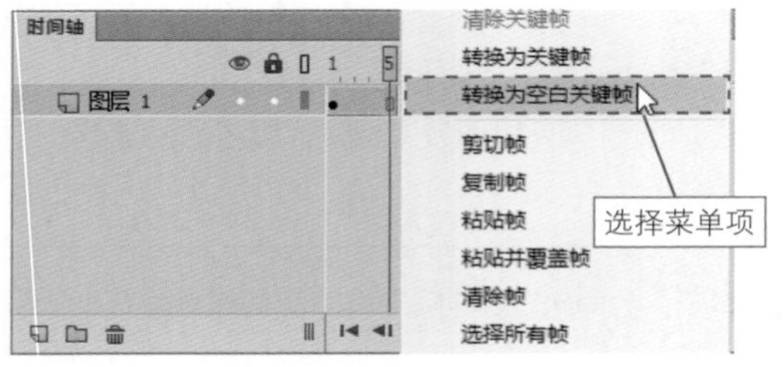

图 7-30

图 7-31

7.5 范例应用——制作花样滑冰动画

用户可以运用本章所学的知识点制作花样滑冰动画，所用到的知识点包括导入素材到舞台，插入普通帧，将图像转换为元件，设置图像翻转，设置图像透明度，插入关键帧，创建传统补间以及复制、粘贴和翻转帧。

微视频

实例文件保存路径：配套素材\第7章\效果文件

实例效果文件名称：花样滑冰.fla

（1）新建动画文档，设置文档的宽和高，如图 7-32 所示。

（2）导入名为“背景”的图片素材到舞台，如图 7-33 所示。

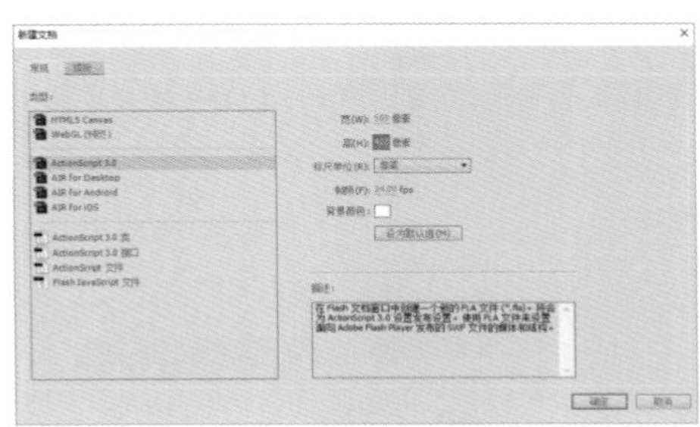

图 7-32

图 7-33

（3）单击选中第 130 帧，按 F5 键插入帧，然后创建“图层 2”，导入名为“女子滑冰”的图像素材，如图 7-34 所示。

（4）按 F8 键将图像转换为元件，如图 7-35 所示。

图 7-34

图 7-35

（5）按住 Alt 键单击并移动元件，复制出一个人物，然后选中两个人物，执行【修改】→【变形】→【水平翻转】命令，再选中下面的人物，执行【修改】→【变形】→【垂直翻转】命令，效果如图 7-36 所示。

（6）选中下方的人物，在【属性】面板的【色彩效果】选项区中设置【样式】为 Alpha，设置数值为 40%，如图 7-37 所示。

图 7-36

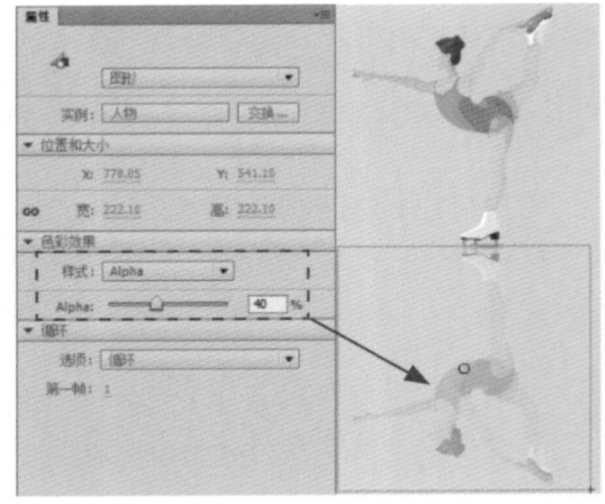

图 7-37

（7）按 Ctrl+G 组合键将人物和倒影编组，然后在【时间轴】面板中选中第 45 帧，按 F6 键插入关键帧，并将人物移动到画布的左侧，如图 7-38 所示。

（8）右击第 1 ～ 45 帧的任意一帧，在弹出的快捷菜单中选择【创建传统补间】菜单项，效果如图 7-39 所示。

图 7-38

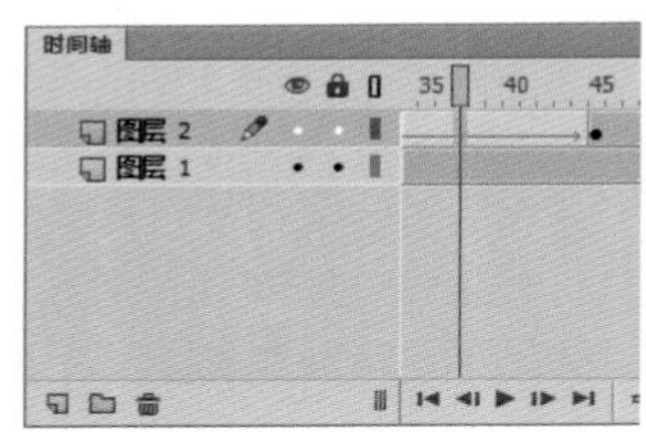

图 7-39

（9）选中第 1 ～ 45 帧，右击选中的帧，在弹出的快捷菜单中选择【复制帧】菜单项，然后右击第 65 帧，在弹出的快捷菜单中选择【粘贴帧】菜单项。选中复制得到的帧，右击，在弹出的快捷菜单中选择【翻转帧】菜单项，如图 7-40 所示。

（10）选中第 65 帧，执行【修改】→【变形】→【水平翻转】命令，效果如图 7-41 所示。

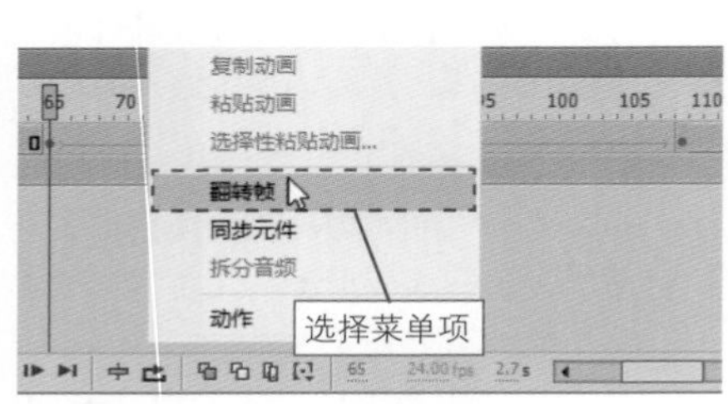

图 7-40

图 7-41

（11）选中“图层 1”和“图层 2”的第 111 ～ 175 帧，右击，在弹出的快捷菜单中选择【删除帧】菜单项，然后按 Ctrl+Enter 组合键测试影片，如图 7-42 所示。

图 7-42

7.6 课后习题

一、填空题

1. 如果要将一幅静止的画面按照某种顺序快速播放，需要用________和________为它们完成时间和顺序的安排。

2. 【时间轴】面板主要由________、帧和________等部分组成。

二、判断题

1. 补间形状是在时间轴的一个关键帧上绘制一个矢量形状，然后在另一个关键帧上更改该形状或者绘制另一个形状，背景显示为浅绿色。（　　）

2. 在 Flash CC 中，普通帧一般添加在关键帧的后面，也称为过渡帧，指在起始关键帧和结束关键帧之间的帧。（　　）

三、简答题

1. 在 Flash CC 中怎样插入空白关键帧？

2. 在 Flash CC 中怎样将帧转换为关键帧？

第 8 章 制作 Flash 基本动画

本章学习素材

本章要点：

- 逐帧动画
- 补间形状动画
- 传统补间动画
- 补间动画

本章主要内容：

本章主要介绍逐帧动画、形状补间动画和传统补间动画方面的知识与技巧，同时讲解了补间动画的相关知识，在本章的最后还针对实际的工作需求讲解了制作云朵飘移动画的方法。通过学习，读者可以掌握制作 Flash 基本动画方面的知识，为深入学习 Flash CC 奠定基础。

8.1 逐帧动画

逐帧动画在每一帧中都会更改舞台内容，适合于图像在每一帧中都有变化而不仅仅是在舞台上移动的复杂动画。逐帧动画增加文件大小的速度比补间动画快得多，在逐帧动画中 Flash 会存储每个完整帧的值。

微视频

8.1.1 逐帧动画的原理

逐帧动画是一种常见的动画形式，其原理是在连续的关键帧中分解动画动作，并且每一帧都是关键帧，都有实例内容。逐帧动画没有设置任何补间，直接将连续的若干帧都设置为关键帧，然后在其中分别绘制内容，如图 8-1 所示。

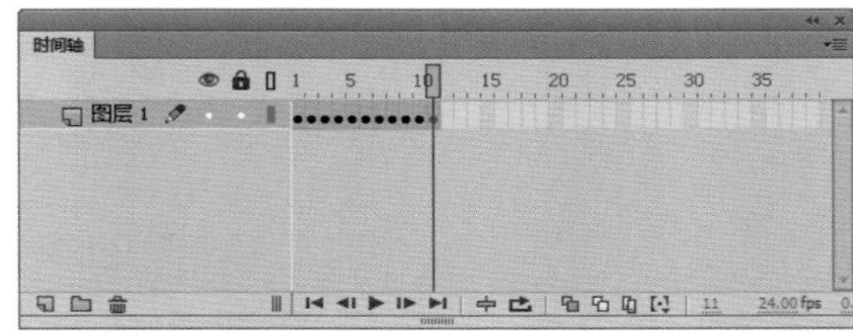

图 8-1

8.1.2 制作逐帧动画

在 Flash CC 中，用户可以根据制作动画的需求自行创建逐帧动画。下面介绍制作逐帧动画的操作方法。

（1）新建 Flash 空白文档，使用文本工具在舞台中输入字母 F，如图 8-2 所示。

（2）在【时间轴】面板中选中第 2 帧，按 F6 键插入关键帧，并将字母修改为“1”，如图 8-3 所示。

图 8-2

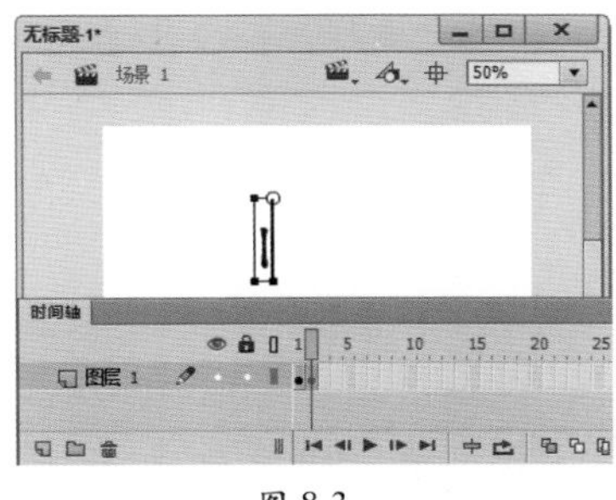

图 8-3

（3）在【时间轴】面板中选中第 3 帧，按 F6 键插入关键帧，并将字母修改为“a”，如图 8-4 所示。

（4）在【时间轴】面板中选中第 4 帧，按 F6 键插入关键帧，并将字母修改为“s”，如图 8-5 所示。

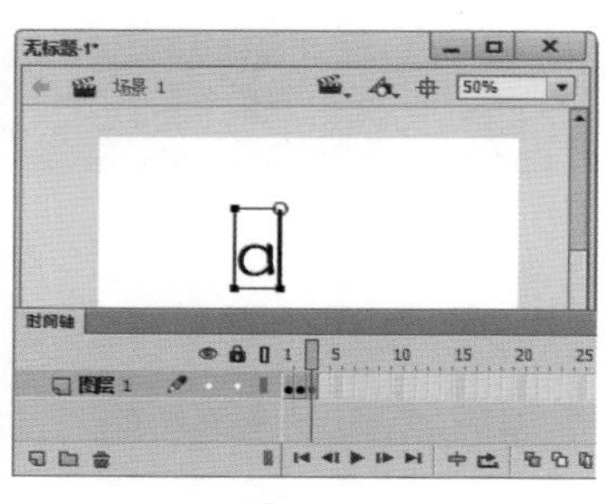
图 8-4

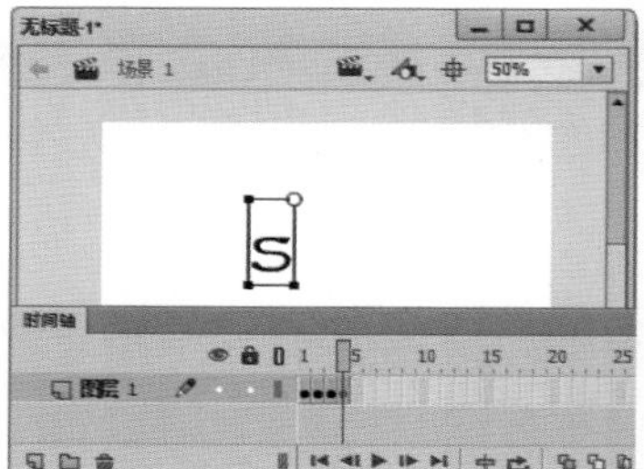
图 8-5

（5）在【时间轴】面板中选中第 5 帧，按 F6 键插入关键帧，并将字母修改为“h”，如图 8-6 所示。

（6）在【时间轴】面板中选中第 6 帧，按 F6 键插入关键帧，并将字母修改为“Flash”，如图 8-7 所示。

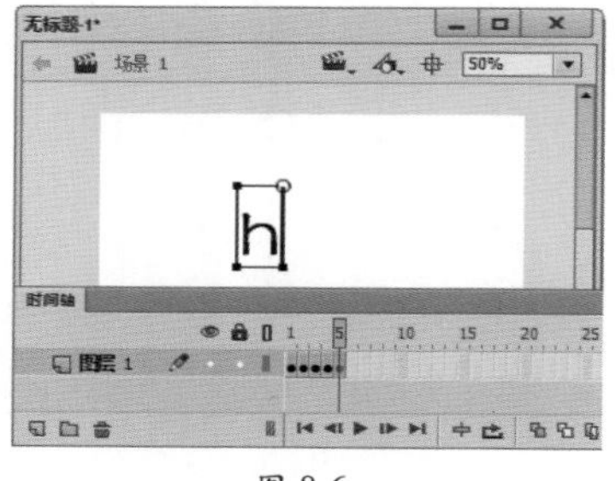
图 8-6

图 8-7

（7）按 Ctrl+Enter 组合键测试影片，如图 8-8 所示。

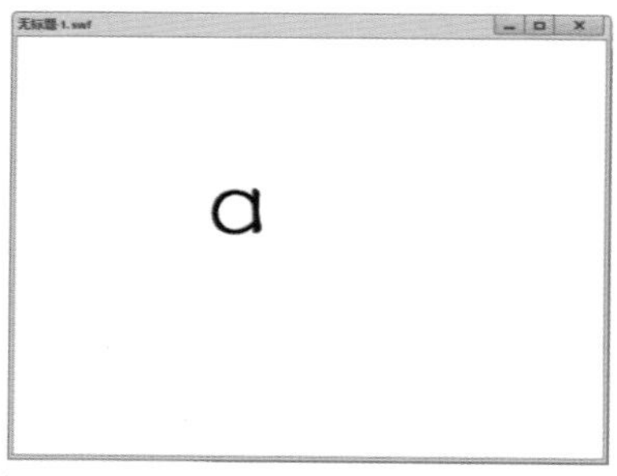
图 8-8

8.2 补间形状动画

微视频

补间形状动画适用于简单的形状图形，在两个关键帧之间可以创建形状变形的效果，使得一个形状可以变化成另一个形状，也可以对形状的位置和大小等进行设置。本节详细介绍补间形状动画方面的知识及操作方法。

8.2.1 补间形状动画的原理

补间形状动画常用于形状发生变化的动画。

1. 什么是补间形状动画

补间形状动画是指在一个关键帧中绘制一个形状，然后在其他关键帧中更改该形状或绘制另一个形状，Flash CC 程序会根据二者之间帧的值或形状来创建动画。

2. 构成补间形状动画的元素

补间形状动画可以实现两个图形之间颜色、形状、大小、位置的相互变化，其变化的灵活性介于逐帧动画和动作补间动画之间，使用的元素多为用鼠标或压感笔绘制的形状，如果使用图形元件、按钮或文字，则必须先"分离"才能创建补间形状动画。

3. 补间形状动画在【时间轴】面板上的表现

在补间形状动画创建完成后，【时间轴】面板的背景色变为淡绿色，并且在起始帧和结束帧之间有一个长长的箭头，如图 8-9 所示。

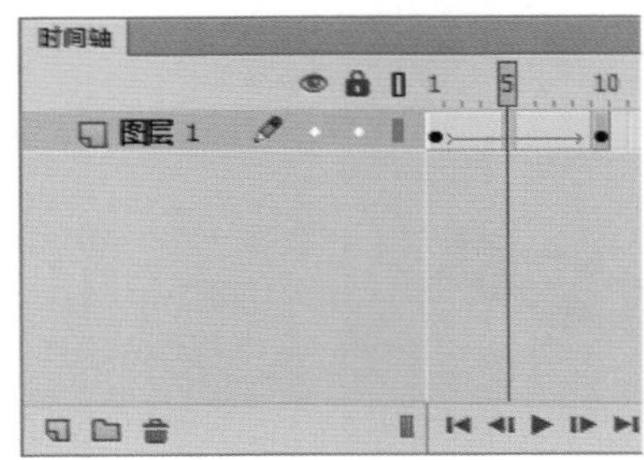

图 8-9

8.2.2 制作补间形状动画

用户在了解了补间形状动画的原理后就可以创建补间形状动画了。下面详细介绍制作补间形状动画的方法。

(1) 新建 Flash 空白文档，使用矩形工具在舞台中绘制矩形，如图 8-10 所示。

(2) 选中第 10 帧，按 F6 键插入关键帧，然后删除矩形，使用椭圆工具绘制椭圆，如图 8-11 所示。

图 8-10

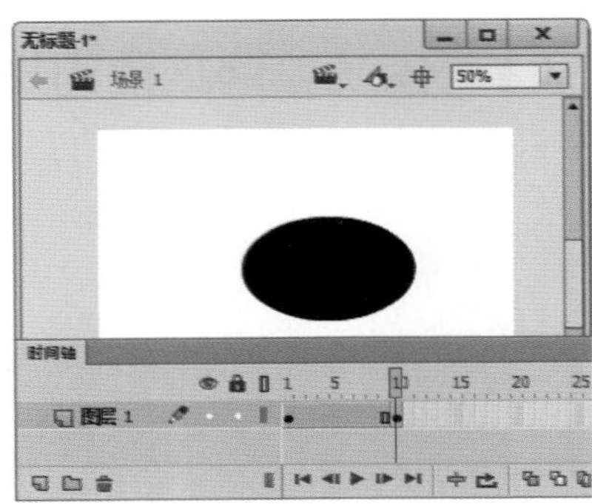

图 8-11

(3) 右击第 1 ～ 10 帧的任意一帧，在弹出的快捷菜单中选择【创建补间形状】菜单项，如图 8-12 所示。

(4) 补间形状动画创建完成，按 Ctrl+Enter 组合键测试影片，如图 8-13 所示。

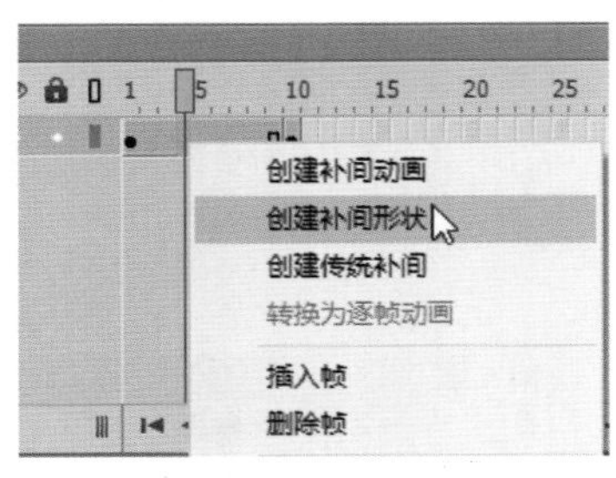

图 8-12

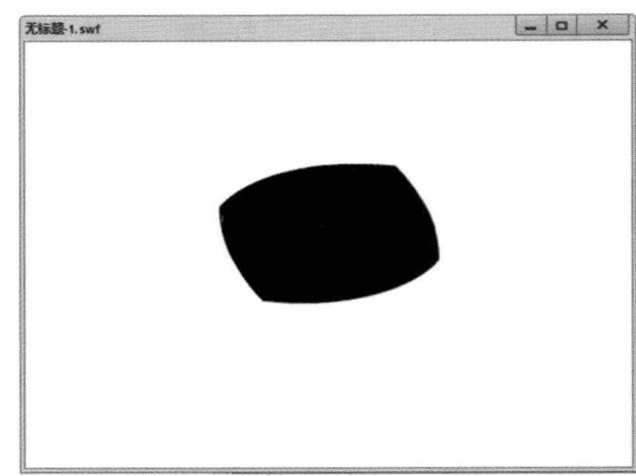

图 8-13

经验技巧

在 Flash CC 中，若要控制更加复杂或罕见的形状变化，可以使用形状提示。形状提示会标识起始形状和结束形状中相对应的点。选中第一个关键帧，执行【修改】→【形状】→【添加形状提示】命令即可添加形状提示。

8.3 传统补间动画

微视频

在时间轴上的不同时间点创建关键帧，在关键帧之间选择【创建传统补间】菜单项，即可形成传统补间动画。传统补间动画没有速度变化，没有路径偏移（弧线）。本节将详细介绍传统补间动画方面的知识。

8.3.1 传统补间动画的原理

在 Flash 动画中，传统补间动画通过改变对象的位置、大小、旋转和倾斜等做出物体运动的各种效果来改变对象的透明度、滤镜以及淡入和淡出效果。在传统补间动画创建完成后，【时间轴】面板的背景色变为淡紫色，并且在起始帧和结束帧之间有一个长箭头。传统补间动画具有以下特点：

- 在一个传统补间动画中至少要有两个关键帧。
- 这两个关键帧中的对象必须是同一个对象。
- 这两个关键帧中的对象必须有一些变化。

8.3.2 创建传统补间动画

在创建传统补间动画时是对起始帧与关键帧之间的内容进行变形操作。下面介绍创建传统补间动画的操作方法。

（1）新建 Flash 空白文档，使用矩形工具在舞台中绘制矩形，如图 8-14 所示。

（2）在【时间轴】面板中选中第 15 帧，按 F6 键插入关键帧，然后使用部分选取工具改变图形的形状，如图 8-15 所示。

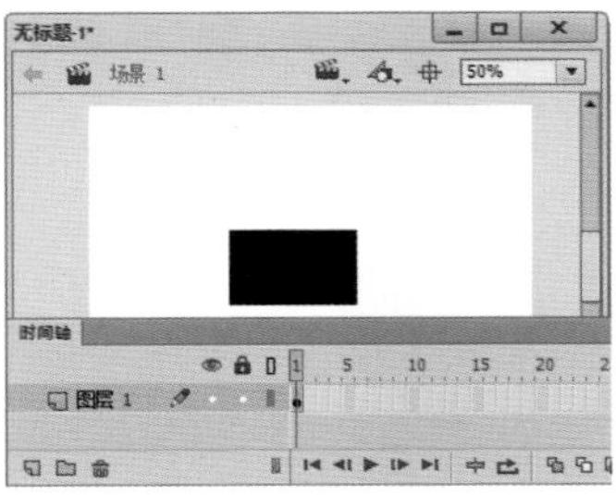

图 8-14

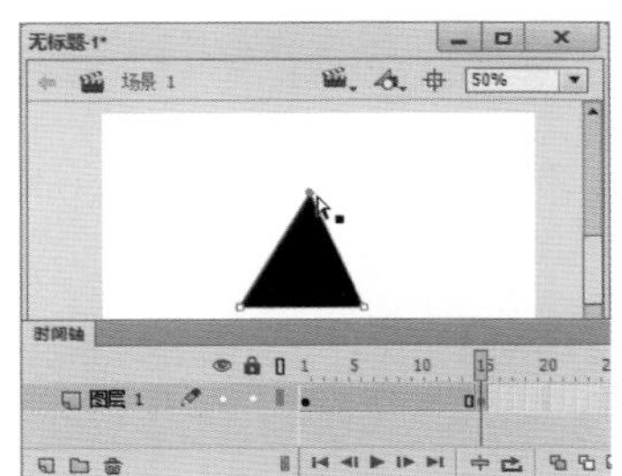

图 8-15

（3）右击第 1 ～ 15 帧的任意一帧，在弹出的快捷菜单中选择【创建传统补间】菜单项，如图 8-16 所示。

（4）可以看到第 1 ～ 15 帧变为淡紫色并添加了箭头，完成创建传统补间动画的操作，如图 8-17 所示。

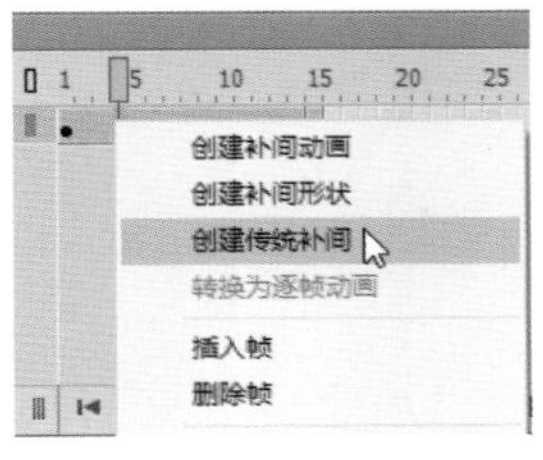

图 8-16

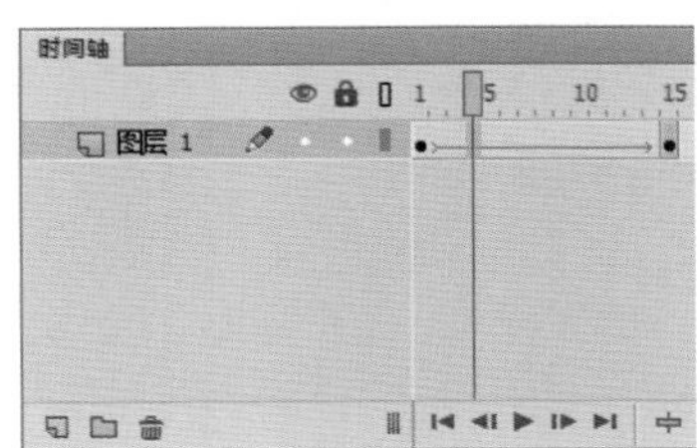

图 8-17

8.3.3 编辑传统补间动画

在创建传统补间动画后，用户可以在【属性】面板中对动画进行编辑，以达到更好的效果。下面以旋转动画为例介绍编辑传统补间动画的操作方法。

（1）在【时间轴】面板中单击选中传统补间动画中的任意一帧，如图 8-18 所示。

（2）在【属性】面板的【补间】选项区中设置【旋转】为【逆时针】×2，如图 8-19 所示。

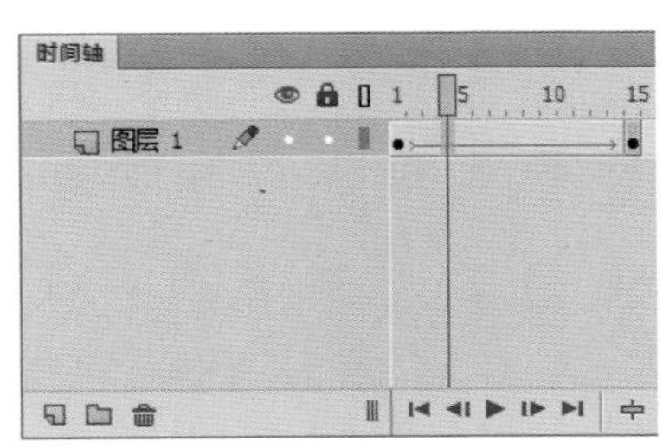

图 8-18

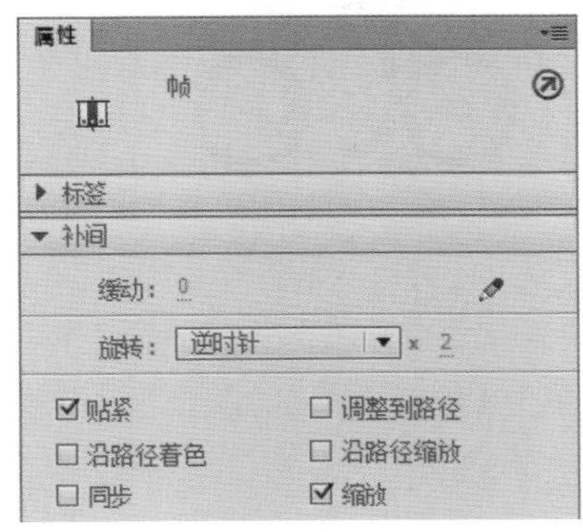

图 8-19

8.3.4 沿路径创建传统补间动画

在创建传统补间动画时还可以使实例沿着路径进行移动，从而使创建的动画更加灵活、美观。下面介绍沿路径创建传统补间动画的操作方法。

实例文件保存路径：配套素材\第 8 章\效果文件
实例效果文件名称：骑车.fla

（1）新建动画文档，设置文档的宽、高和帧频，如图 8-20 所示。

（2）按 Ctrl+F8 组合键，弹出【创建新元件】对话框，设置参数如图 8-21 所示。

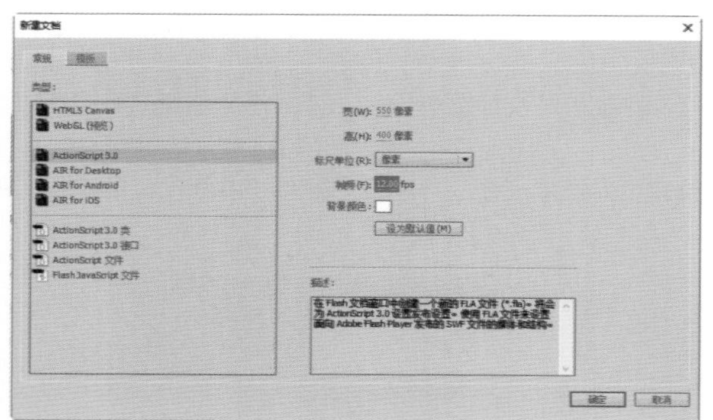

图 8-20

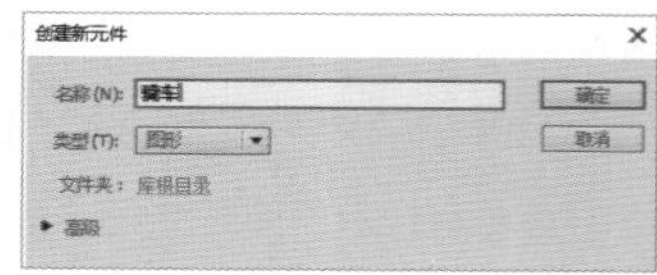

图 8-21

（3）按 Ctrl+R 组合键将“骑车”图像导入舞台中，并单击【场景 1】按钮返回主场景，如图 8-22 所示。

（4）按 Ctrl+R 组合键将“地球”图像导入舞台中，然后在第 25 帧位置按 F5 键插入帧，并新建“图层 2”，如图 8-23 所示。

图 8-22

图 8-23

（5）从【库】面板中将“骑车”元件拖到舞台中，并使用任意变形工具调整大小，如图 8-24 所示。

（6）在第 25 帧位置按 F6 键插入关键帧，并为第 1 ～ 25 帧创建传统补间动画，如图 8-25 所示。

图 8-24

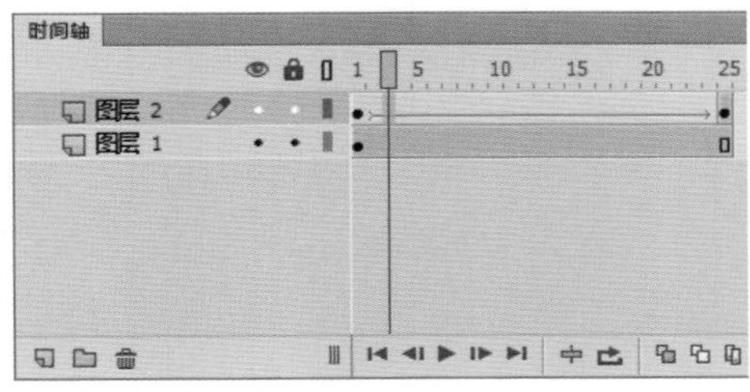

图 8-25

（7）右击“图层 2”名称，在弹出的快捷菜单中选择【添加传统运动引导层】菜单项，添加一个引导层，如图 8-26 所示。

（8）按住 Shift 键使用椭圆工具在引导层中绘制一个正圆，如图 8-27 所示。

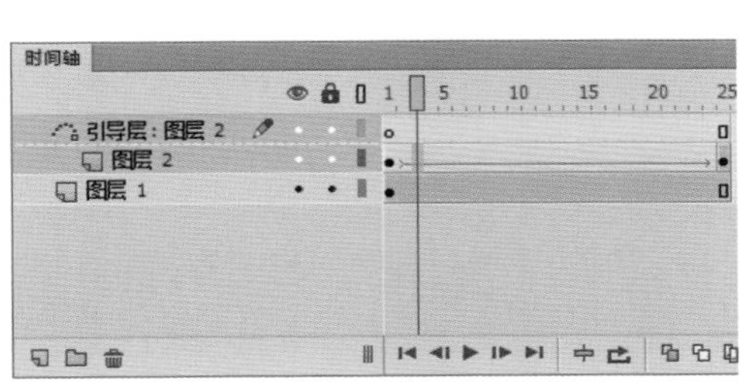

图 8-26

图 8-27

（9）使用选择工具将圆的部分路径框选中，按 Delete 键删除，如图 8-28 所示。

（10）选中“图层 2”的第 25 帧，将“骑车”元件实例的中心与路径左侧的端点对齐，如图 8-29 所示。

图 8-28

图 8-29

（11）选中传统补间动画中的任意一帧，在【属性】面板的【补间】选项区中勾选【调整到路径】复选框，如图 8-30 所示。

（12）按 Ctrl+Enter 组合键测试影片，如图 8-31 所示。

图 8-30

图 8-31

知识常识

在 Flash CC 中创建路径传统补间动画时，若位于运动起始位置的对象与路径引导线很近，该对象的中心点通常会自动连接到引导线，但终止位置的对象需要手动连接到路径引导线。

8.4 补间动画

微视频

补间动画能处理的元素包括舞台上的组件实例、多个图形组合、文字等，运用动作补间动画可以设置元件的大小、位置、颜色、透明度、旋转等属性。本节详细介绍补间动画方面的知识。

8.4.1 补间动画的原理

补间动画是通过为不同帧中对象的属性指定不同的值创建的，Flash 将计算这两个帧之间该属性的值。在创建动画时需要先创建补间动画，然后再定义其属性并进行修改。这些属性包括实例或文本的位置、大小、颜色、滤镜以及旋转等。Flash 会自动在第一个和第二个时间点之间创建渐变。在补间动画创建后，【时间轴】面板的背景色变为淡蓝色，如图 8-32 所示。

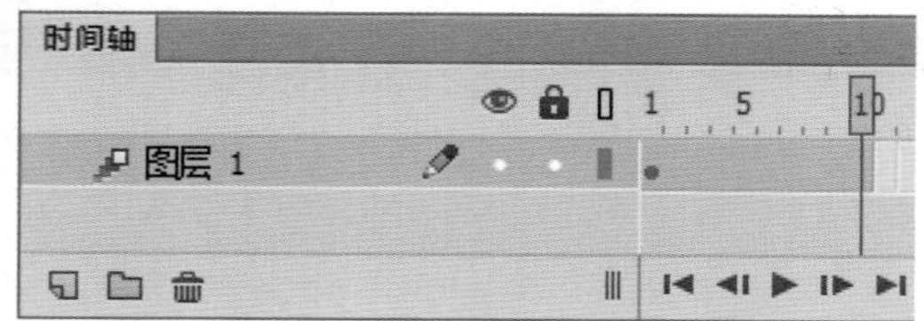

图 8-32

补间动画在补间范围内具有一个单个的对象，它称为补间的目标对象。在补间中具有一个单个的目标对象有以下优点：

- 可以将补间另存为预设，以供再次使用。
- 可以方便地在时间轴或舞台中移动补间动画（来回拖动补间范围）。
- 可以通过以下方法对现有的补间应用新的实例：将实例粘贴到补间上以将其交换出来，拖动库中的一个新实例，或者使用“交换元件”。

8.4.2 补间动画和传统补间动画的差异

传统补间动画的创建过程比较复杂，补间动画的功能强大且容易创作，下面介绍二者的差异。

- 补间动画是一种使用元件的动画，最适合用来创建运动、大小和旋转的变化，以及淡化和颜色效果。
- 传统补间是指在 Flash CS3 和更早版本中使用的补间，在 Flash CC 中予以保留，主要用于过渡。与传统补间动画相比，新的补间动画更易于使用且功能更多。
- 补间动画能提供更好的补间控制，而传统补间动画只能提供特定于用户的功能。
- 补间动画使用的是关键帧，传统补间动画使用的属性帧。
- 补间动画在整个补间只包含一个目标对象，传统补间则在两个具有相同或不同元件的关键帧之间进行补间。
- 补间动画将文本用作一个可补间的类型，而不会将文本对象转换为影片剪辑，传统补间动画则将文本对象转换为图形元件。
- 补间动画不使用帧脚本，而传统补间动画使用帧脚本。
- 补间动画拉伸和调整时间轴中补间的大小并将其视为单个的对象，传统补间动画由时间轴中可分别选择的几组帧组成。
- 补间动画对每个补间应用一种颜色效果，传统补间动画可以应用两种不同的颜色效果，例如色调和 Alpha（透明度）。
- 传统补间动画无法为 3D 对象创建动画效果，而补间动画可以为 3D 对象创建动画效果。
- 在同一图层中，传统补间动画和补间动画不能同时出现。
- 补间动画和传统补间动画都只允许对特定类型的对象进行补间。

8.4.3 创建补间动画

在 Flash CC 中，用户可以通过设置对象的颜色、大小和位置等创建补间动画。下面介绍创建补间动画的操作方法。

（1）按 Ctrl+F8 组合键，弹出【创建新元件】对话框，设置参数如图 8-33 所示。

（2）进入元件编辑窗口，使用多角星形工具在舞台中绘制一个五边形，然后单击【场景 1】按钮返回主场景，如图 8-34 所示。

（3）从【库】面板中将“元件 1”元件拖到舞台中，并使用任意变形工具调整大小，如图 8-35 所示。

（4）在【时间轴】面板中选中第 15 帧，按 F6 键插入关键帧，如图 8-36 所示。

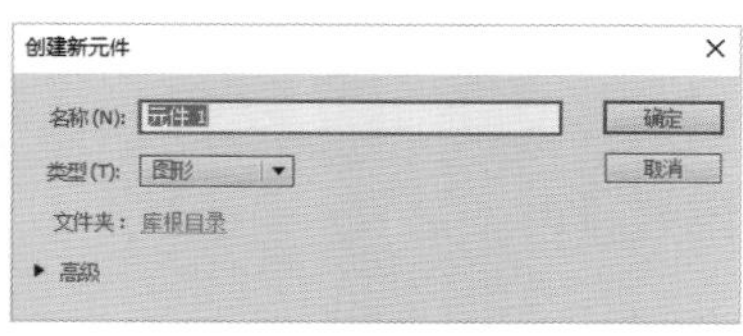
图 8-33

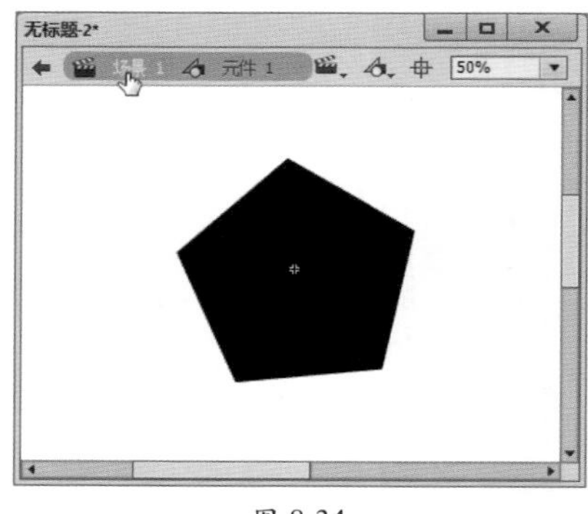
图 8-34

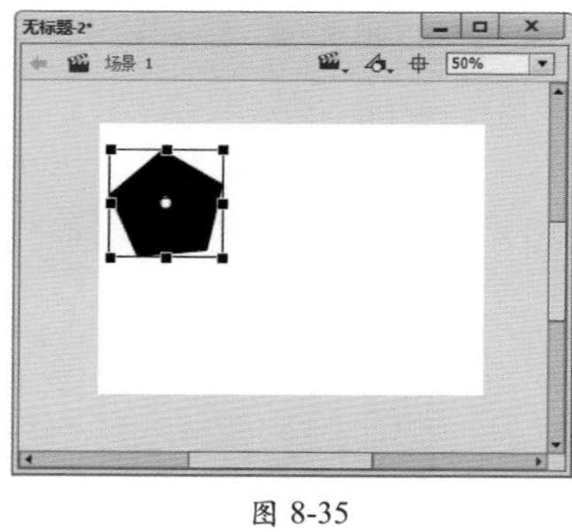
图 8-35

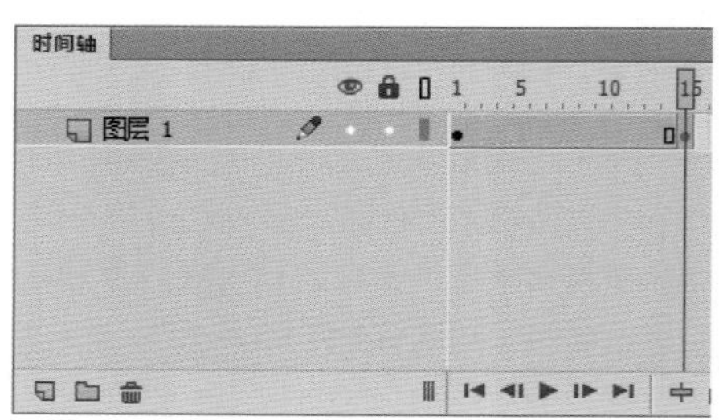
图 8-36

（5）选中第 15 帧，在舞台中拖动元件至其他位置，如图 8-37 所示。

（6）右击第 1 ～ 15 帧的任意一帧，在弹出的快捷菜单中选择【创建补间动画】菜单项，效果如图 8-38 所示。

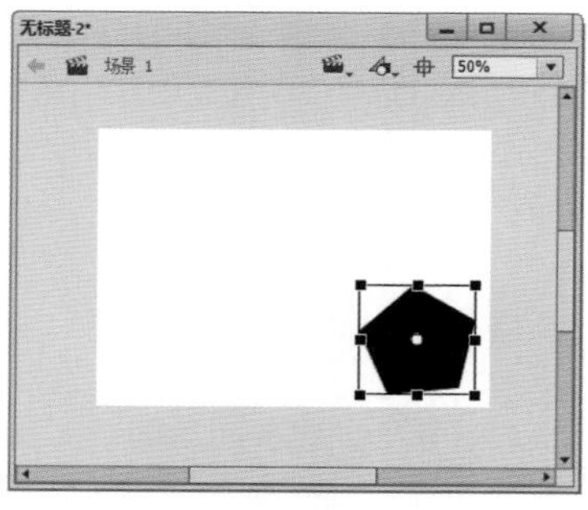
图 8-37

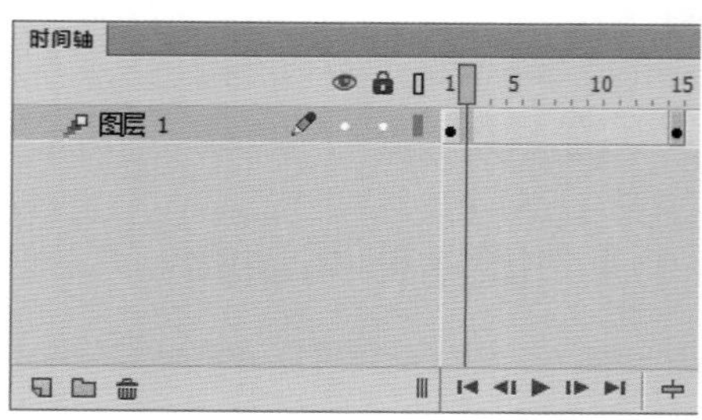
图 8-38

8.4.4 编辑补间动画路径

在创建补间动画后，用户可以使用【变形】和【属性】面板对补间动画路径进行编辑，还可以使用选择工具、部分选取工具等更改路径的形状，以便制作出更生动的动画效果。下面介绍编辑补间动画路径的操作方法。

实例文件保存路径：配套素材\第 8 章\效果文件
实例效果文件名称：编辑补间动画路径.fla

（1）打开“补间路径.fla”素材文件，在【时间轴】面板中选择“图层 1”的第 1 帧，然后在菜单栏中单击【插入】菜单，选择【补间动画】菜单项，如图 8-39 所示。

（2）在【时间轴】面板中单击【新建图层】按钮，创建一个名为“图层 2”的新图层，如图 8-40 所示。

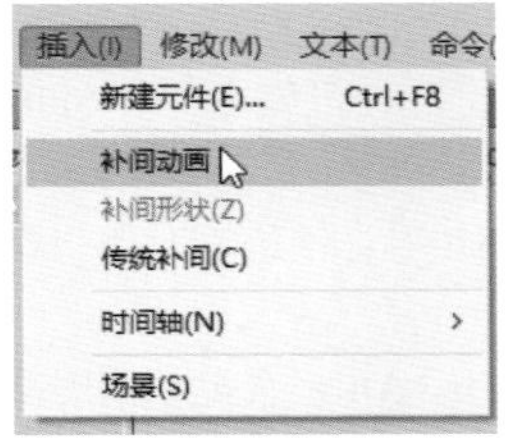

图 8-39

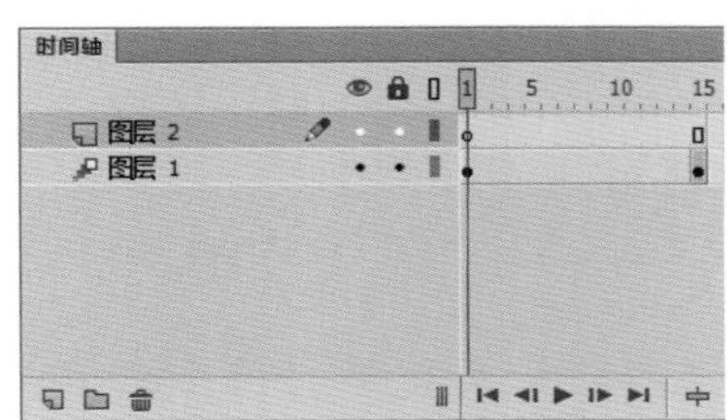

图 8-40

（3）选中“图层 2”的第 1 帧，使用铅笔工具在舞台中绘制一条路径，如图 8-41 所示。

（4）选中创建的路径，按 Ctrl+C 组合键复制路径，然后在【时间轴】面板中选择整个补间范围，按 Ctrl+Shift+V 组合键创建与所绘制路径相吻合的补间路径，如图 8-42 所示。

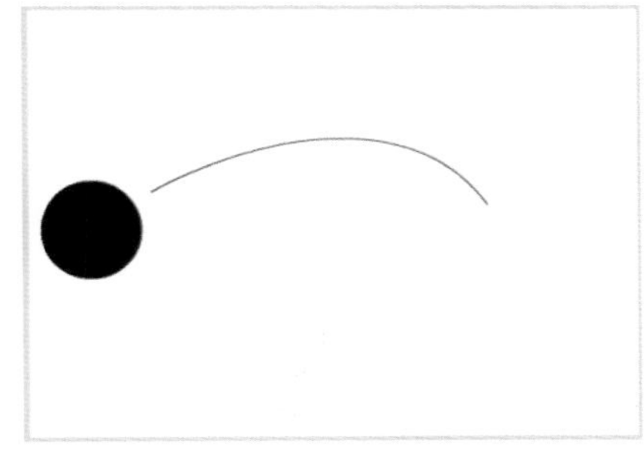

图 8-41

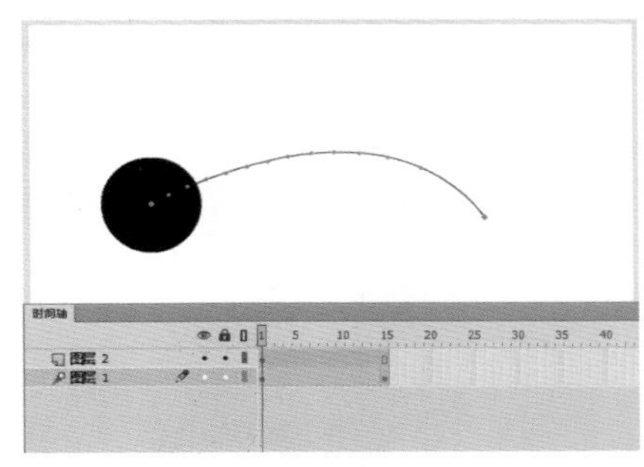

图 8-42

（5）右击“图层 2”，在弹出的快捷菜单中选择【删除图层】菜单项，如图 8-43 所示。

（6）按 Ctrl+Enter 组合键测试效果，通过以上步骤即可完成编辑补间动画路径的操作，如图 8-44 所示。

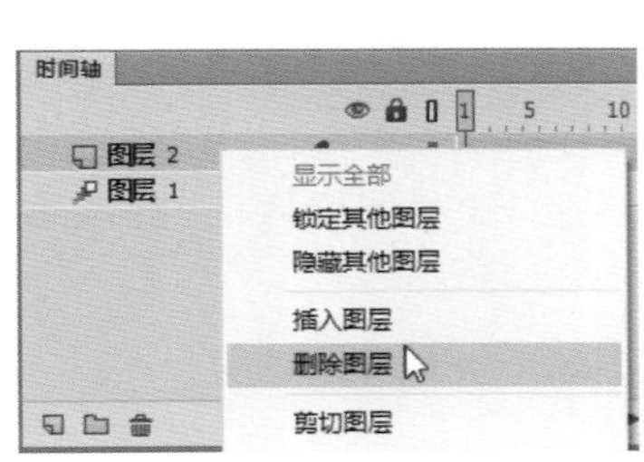

图 8-43

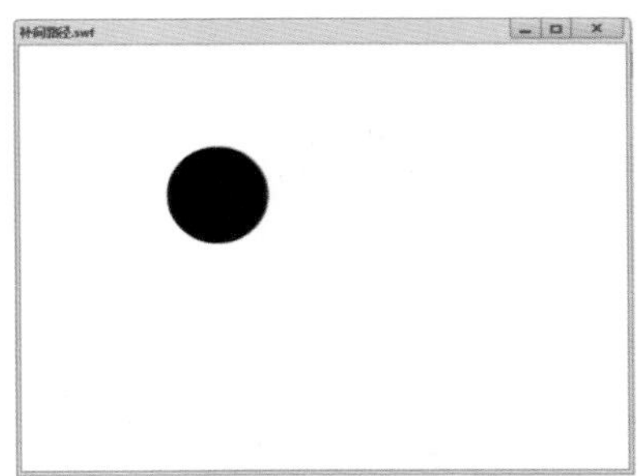

图 8-44

8.4.5 编辑补间动画范围

在 Flash CC 中，用户可以根据动画的制作要求编辑补间动画范围。下面介绍选择补间动画范围、移动和复制补间范围以及编辑补间范围长度方面的知识。

1. 选择补间动画范围

在对补间动画范围进行编辑之前需要先选择补间动画范围或帧。下面介绍选择补间动画范围的方式：

- 如果要选择整个补间范围，可以单击鼠标选择该范围。
- 如果要选择多个补间范围（包括非连续范围和连续范围），可以在按住 Shift 键的同时单击鼠标选中每个范围。
- 如果要选择补间范围内的单个帧，可以在按住 Ctrl+Alt 组合键的同时单击鼠标选择该范围内的帧。
- 如果要选择一个范围内的多个连续帧，可以在按住 Ctrl+Alt 组合键的同时在该范围内拖动。
- 如果要在不同图层上的多个补间范围中选择帧，可以在按住 Ctrl+Alt 组合键的同时跨多个图层拖动。
- 如果要在一个补间范围中选择个别属性关键帧，可以在按住 Ctrl+Alt 组合键的同时单击属性关键帧。

2. 移动和复制补间范围

用户可以选中补间范围，将其移动到其他图层中，例如常规图层、补间图层、引导图层、遮罩图层或被遮罩图层中。如果移动的新图层是常规空图层，它将会成为补间图层。

用户除了可以移动补间范围，还可以复制选中的补间范围，将其粘贴到常规图层、补间图层、引导图层、遮罩图层或被遮罩图层中，如图 8-45 和图 8-46 所示。

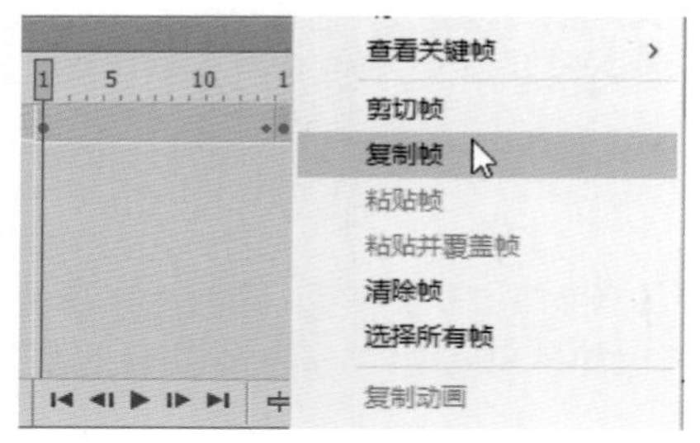

图 8-45

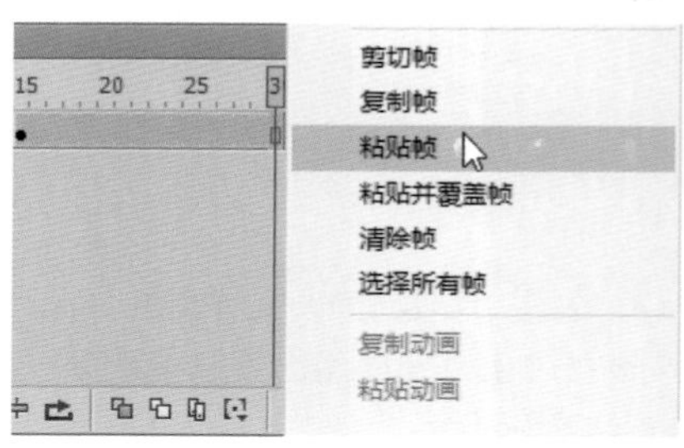

图 8-46

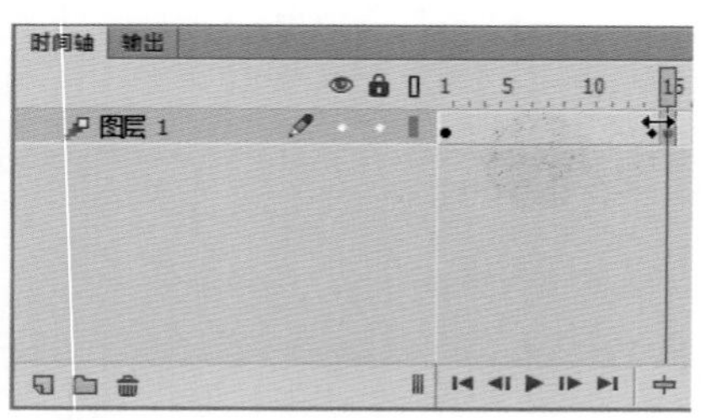

图 8-47

3. 编辑补间范围的长度

如果要更改动画的播放长度，可以向左或向右拖动补间范围的边缘箭头，如图 8-47 所示。如果将一个补间范围的边缘箭头拖到另一个范围的帧中，则会替换第二个范围的帧。

8.5 范例应用——制作云朵飘移动画

微视频

用户可以运用本章所学的知识点制作云朵飘移动画，所用到的知识点包括创建新元件、导入素材到舞台、创建补间动画、插入关键帧、移动元件的位置、将元件拖入舞台、设置元件的属性等。

实例文件保存路径：配套素材\第8章\效果文件

实例效果文件名称：云朵飘移.fla

（1）新建动画文档，设置文档的宽、高、帧频和背景颜色，如图 8-48 所示。

（2）按 Ctrl+F8 组合键，弹出【创建新元件】对话框，设置参数如图 8-49 所示。

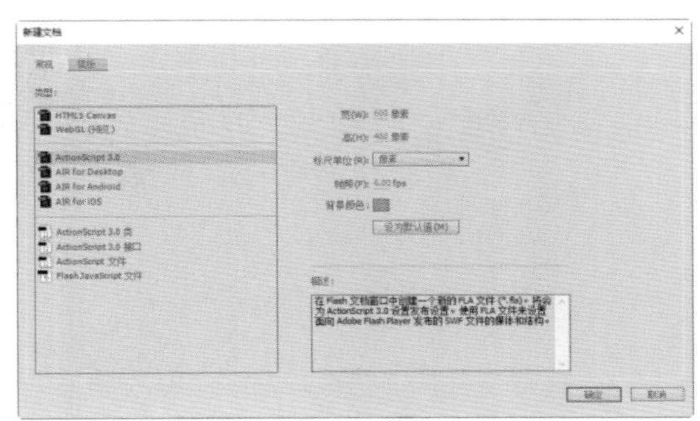

图 8-48

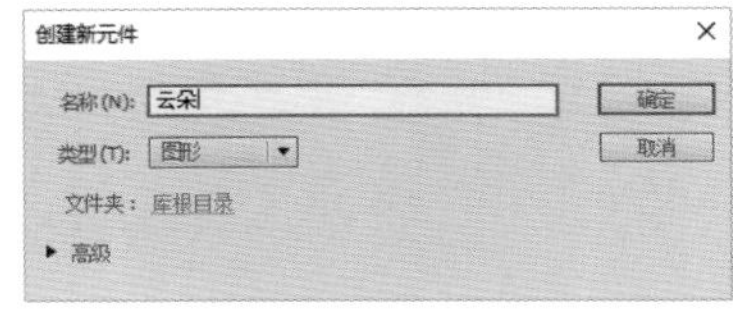

图 8-49

（3）按 Ctrl+R 组合键将"白云"素材导入舞台，按 Ctrl+F8 组合键弹出【创建新元件】对话框，如图 8-50 所示。

（4）从"库"面板中将"云朵"图形元件拖入舞台，并为第 1 帧创建补间动画，延长补间动画范围至第 25 帧，然后分别选中第 12 帧和第 25 帧，按 F6 键插入关键帧，如图 8-51 所示。

图 8-50

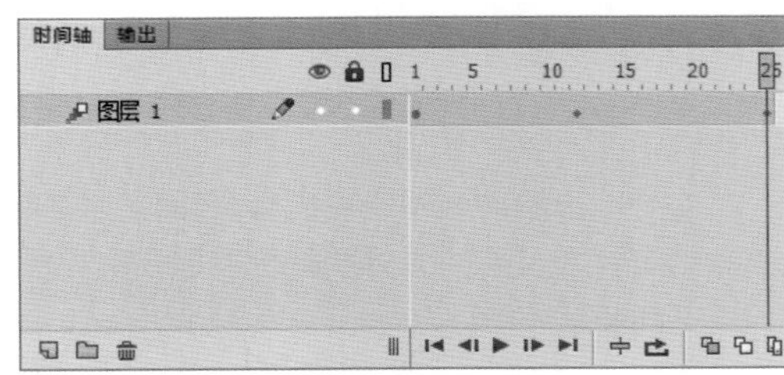

图 8-51

（5）使用选择工具水平向右移动第 12 帧中元件实例的位置，如图 8-52 所示。

（6）单击编辑栏中的【场景 1】按钮返回到主场景，按 Ctrl+R 组合键将"背景"素材导入舞台，然后从【库】面板中将"云朵飘移"影片剪辑元件拖入舞台，复制多个并调整大小，如图 8-53 所示。

图 8-52

图 8-53

（7）对每一个元件实例的属性进行相同的设置，如图 8-54 所示。

（8）在第 25 帧中按 F5 键插入帧，然后按 Ctrl+Enter 组合键测试影片，如图 8-55 所示。

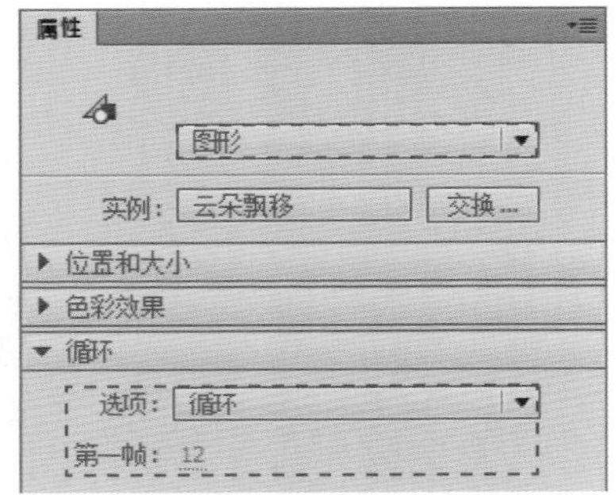

图 8-54

图 8-55

8.6 课后习题

一、填空题

1. ___________ 在每一帧中都会更改舞台内容，适合于图像在每一帧中都有变化而不仅仅是在舞台上移动的复杂动画。

2. 在补间形状动画创建完成后，【时间轴】面板的背景色变为 ___________ 色，并且在起始帧和结束帧之间有一个长箭头。

二、判断题

1. 逐帧动画的每一帧都是关键帧。（　　）

2. 在一个传统补间动画中至少要有一个关键帧。（　　）

三、简答题

1. 在 Flash CC 中怎样创建补间形状动画？

2. 在 Flash CC 中怎样创建补间动画？

第 9 章 图层与高级动画制作

本章要点：

- 认识与操作图层
- 编辑图层
- 引导层动画
- 场景动画
- 遮罩动画

本章学习素材

本章主要内容：

本章主要介绍操作图层、编辑图层以及引导层动画和场景动画方面的知识与技巧，同时讲解了如何制作遮罩动画，在最后还针对实际的工作需求讲解了制作文字遮罩动画的方法。通过学习，读者可以掌握图层与高级动画制作方面的知识，为深入学习 Flash CC 奠定基础。

9.1 认识与操作图层

微视频

在时间轴上每一行就是一个图层，在制作动画的过程中往往需要建立多个图层，以便更好地管理与组织文字、图像和动画等对象，且每个图层的内容互不影响。本节将详细介绍图层的相关知识。

9.1.1 图层的概念与类型

在 Flash CC 中，动画的每个场景都是由一个或多个图层组成的。下面详细介绍图层的概念与类型。

图 9-1

1. 图层的概念

图层可以看成叠放在一起的透明胶片，可以根据动画的制作需要，在不同图层上编辑不同动画且互不影响，并在放映时得到合成的效果。使用图层并不会增加动画文件的大小，相反可以更好地帮助用户安排与组织图形、文字和动画。

2. 图层的类型

按照用途的不同，可以将图层分为普通层、引导层和遮罩层 3 种类型，如图 9-1 所示。

- 普通层：普通层是 Flash CC 软件默认的图层，其中放置的对象一般是最基本的动画元素，例如矢量对象、位图对象和元件对象等。普通层起到存放帧（画面）的作用，可以将多个帧（多幅画面）按照一定的顺序叠放，以形成一个动画。
- 引导层：引导层的图案可以是绘制的图形或对象定位，引导层不从影片中输出，所以不会增加作品文件的大小，而且可以多次使用，其作用主要是设置运动对象的运动轨迹。
- 遮罩层：利用遮罩层可以将与其链接的图层中的图像遮盖起来，可以将多个图层组合放在一个遮罩层下，以创建出多种效果。在遮罩层中也可以使用各种类型的动画使遮罩层中的对象动起来，但是在遮罩层中不能使用按钮元件。

9.1.2 新建与选择图层

在使用图层之前，用户需要先创建或选择图层。在 Flash CC 中，新建图层包括新建普通层、引导层和遮罩层。下面详细介绍具体的方法。

1. 新建普通层

在默认情况下，新创建的 Flash 文档只有一个名为“图层 1”的图层，在制作 Flash 动画时，用户可以根据需要添加新的图层，在【时间轴】面板中单击【新建图层】按钮，则创建了一个名为“图层 2”的图层，如图 9-2 和图 9-3 所示。

2. 新建引导层

在制作 Flash 动画时，为了使实例对象和运动路径对齐，可以创建引导层，然后将其他图层上的对象与在引导层上创建的对象对齐。右击“图层 2”的名称，在弹出的快捷菜单中选择【引导层】菜单项，即可创建引导层，如图 9-4 和图 9-5 所示。

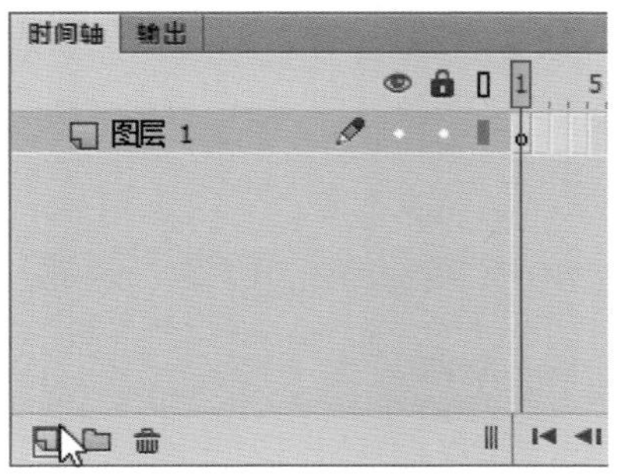

图 9-2

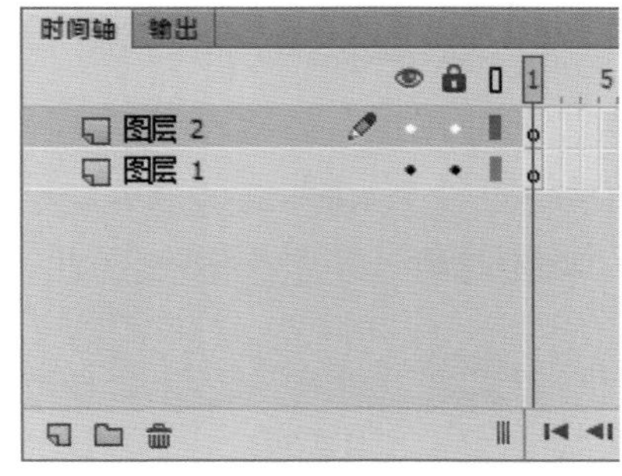

图 9-3

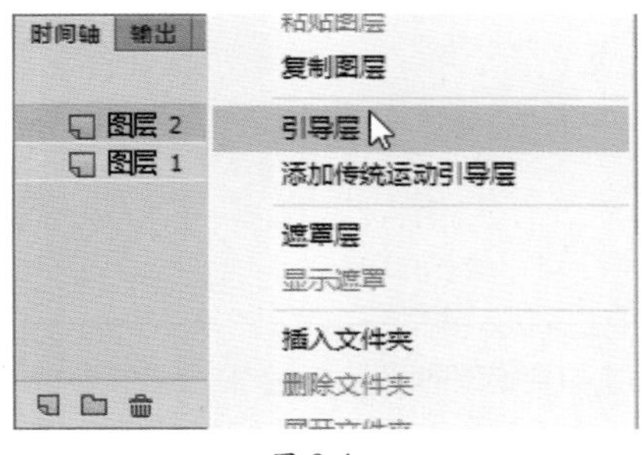

图 9-4

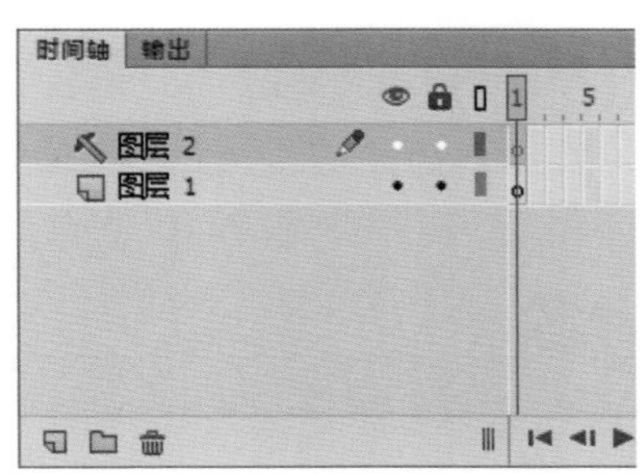

图 9-5

3. 新建遮罩层

在 Flash CC 中，如果需要获得聚光灯效果的动画，可以使用遮罩层。遮罩层中的项目可以是填充的形状、文字对象、图形元件的实例或影片剪辑。遮罩层不能直接创建，只能将普通层转换为遮罩层，右击“图层 2”的名称，在弹出的快捷菜单中选择【遮罩层】菜单项，即可创建遮罩层，如图 9-6 和图 9-7 所示。

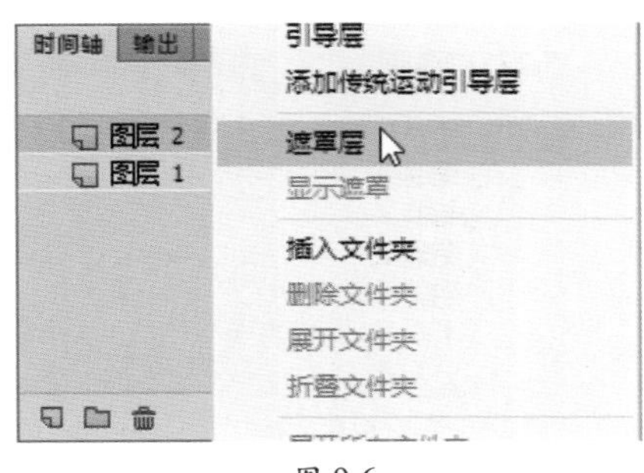

图 9-6

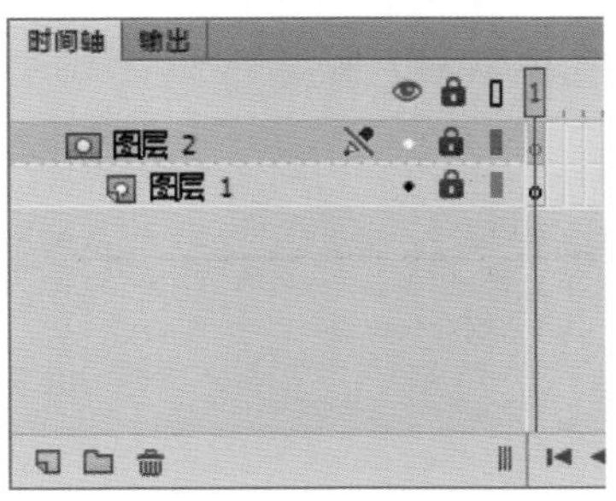

图 9-7

知识常识

在 Flash CC 中修改各元素之前，需要先选择相对应的图层，选择图层的方法有很多，例如单击图层名称、选中图层中的任意一帧、选中舞台中的对象等，当需要选择多个非连续图层时则要按住 Ctrl 键，当需要选择多个连续图层时则要按住 Shift 键。

9.1.3 新建图层文件夹

在图层创建完成后，还可以使用图层文件夹对图层文件进行管理。在【时间轴】面板中单击【新建文件夹】按钮，即可创建一个图层文件夹，如图 9-8 和图 9-9 所示。

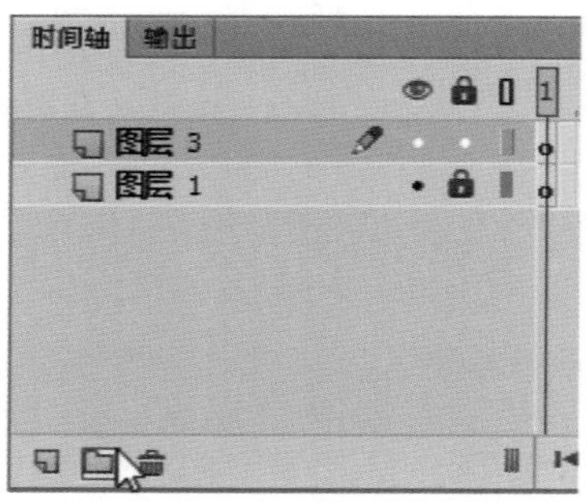

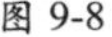

图 9-8

图 9-9

经验技巧

在【时间轴】面板中创建文件夹后，可以单击选中要管理的图层，将其拖拽至文件夹中，以便进行管理。执行【插入】→【时间轴】→【图层文件夹】命令，也可以新建图层文件夹。

9.1.4 调整图层的排列顺序

在 Flash CC 中，为了方便调整舞台中图形对象的显示效果，会创建很多图层来放置不同的图形对象，用户可以根据需要改变图层的顺序。单击鼠标左键选中图层，并拖曳至要放置的位置释放鼠标左键，此时【时间轴】面板中图层的顺序发生改变，如图 9-10 和图 9-11 所示。

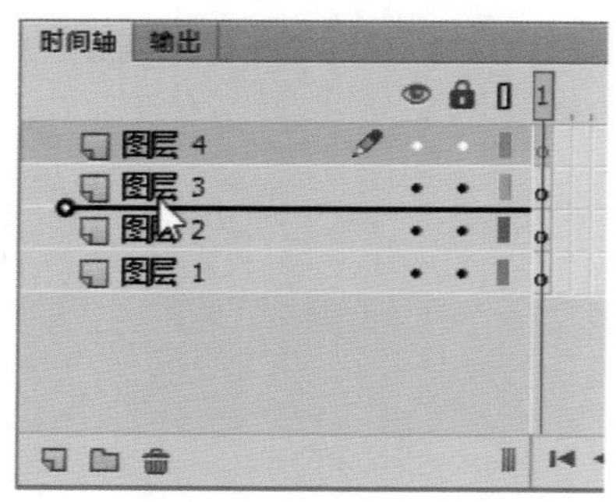

图 9-10

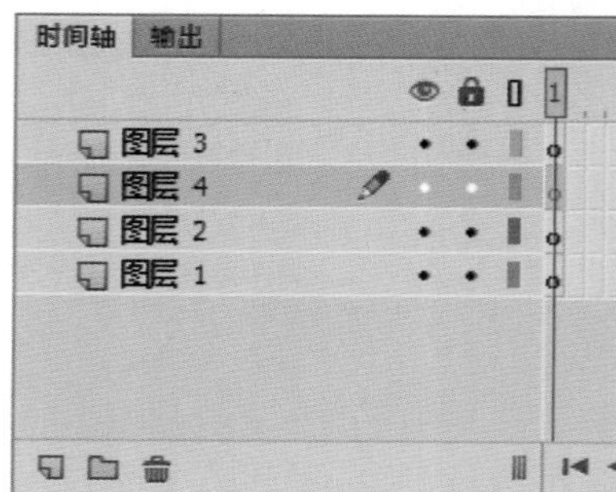

图 9-11

9.1.5 重命名图层

在默认情况下，图层是以图层 1、图层 2、图层 3 的方式命名的，为了使每个图层中的内容方便区分管理，用户可以对图层名称进行更改。双击图层名称，【名称】文本框被激活，使用输入法输入新名称，按 Enter 键完成输入即可，如图 9-12 和图 9-13 所示。

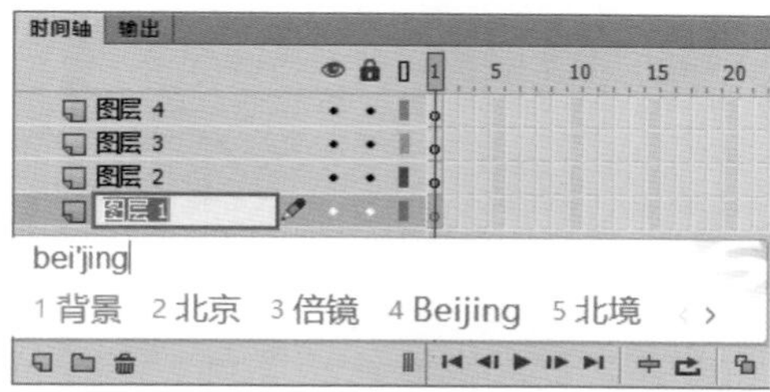

图 9-12

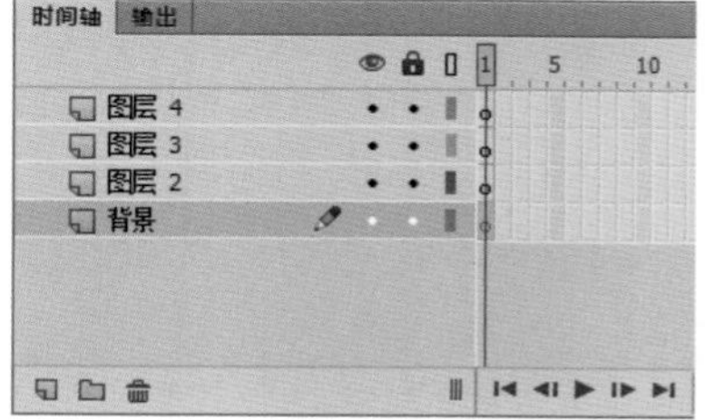

图 9-13

9.2 编辑图层

在 Flash CC 中，用户可以对图层进行复制、删除、显示 / 隐藏和锁定 / 解锁等操作。本节将详细介绍编辑图层方面的知识。

微视频

9.2.1 复制图层

右击“图层 4”的名称，在弹出的快捷菜单中选择【复制图层】菜单项，即可得到一个名为“图层 4 复制”的图层，如图 9-14 和图 9-15 所示。

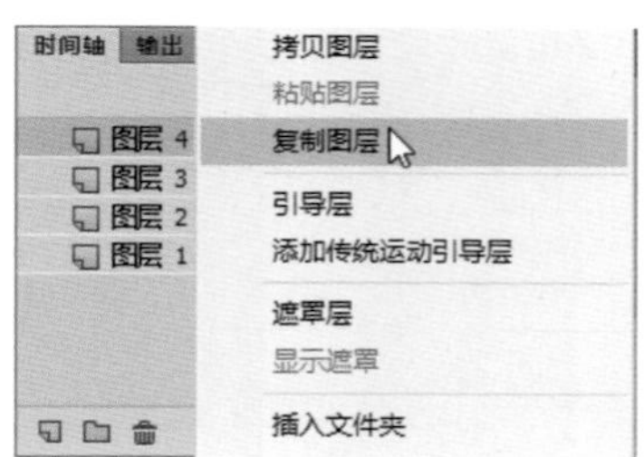

图 9-14

图 9-15

9.2.2 删除图层和图层文件夹

在【时间轴】面板中如果有不需要的图层或图层文件夹，用户可以将其删除。下面介绍删除图层和图层文件夹的操作方法。

1. 删除图层

在【时间轴】面板中选中准备删除的图层，单击面板底部的【删除】按钮，即可完成删除图层的操作，如图 9-16 和图 9-17 所示。

2. 删除图层文件夹

在【时间轴】面板中选中准备删除的图层文件夹，单击面板底部的【删除】按钮，即可完成删除图层文件夹的操作，如图 9-18 和图 9-19 所示。

图 9-16

图 9-17

图 9-18

图 9-19

9.2.3 显示 / 隐藏图层

在制作 Flash 动画时为了方便操作，需要将图层隐藏或显示出来。单击【显示或隐藏所有图层】图标下方的圆点图标即可完成隐藏图层的操作，如图 9-20 和图 9-21 所示。

图 9-20

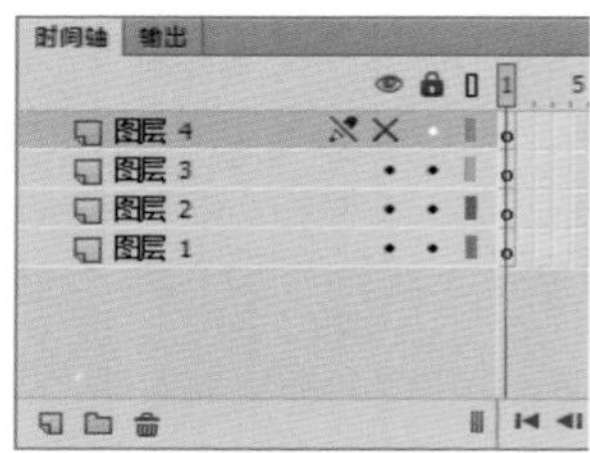

图 9-21

9.2.4 锁定 / 解锁图层

在制作 Flash 动画时，为了避免图层对象内容混乱，需要将图层锁定，在需要编辑时再解锁图层。单击【锁定或解除锁定所有图层】图标下方的圆点图标即可完成锁定图层的操作，如图 9-22 和图 9-23 所示。

图 9-22

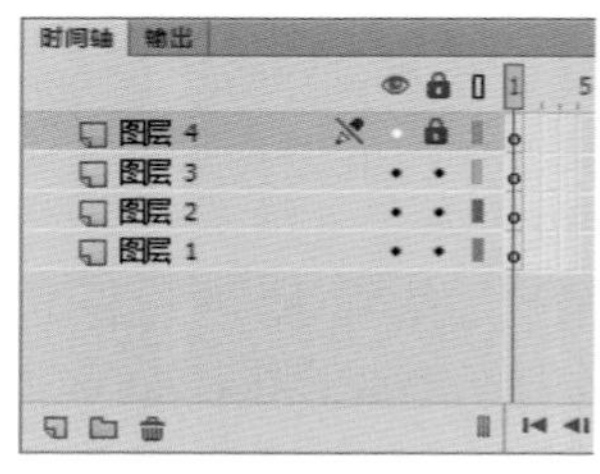

图 9-23

9.3 引导层动画

引导层动画需要两个图层，即绘制路径的图层以及在起始和结束位置应用传统补间动画的图层。引导层动画分为两种，一种是普通引导层，另一种是传统运动引导层。本节将详细介绍引导层动画方面的知识。

微视频

9.3.1 创建运动引导层

右击“图层 2”的名称，在弹出的快捷菜单中选择【添加传统运动引导层】菜单项，即可创建运动引导层，如图 9-24 和图 9-25 所示。

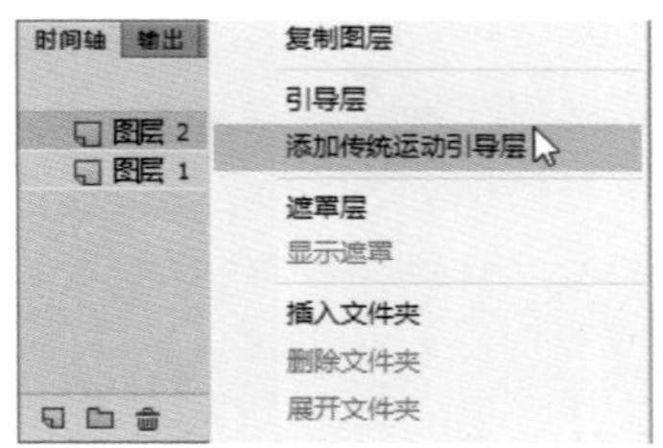

图 9-24

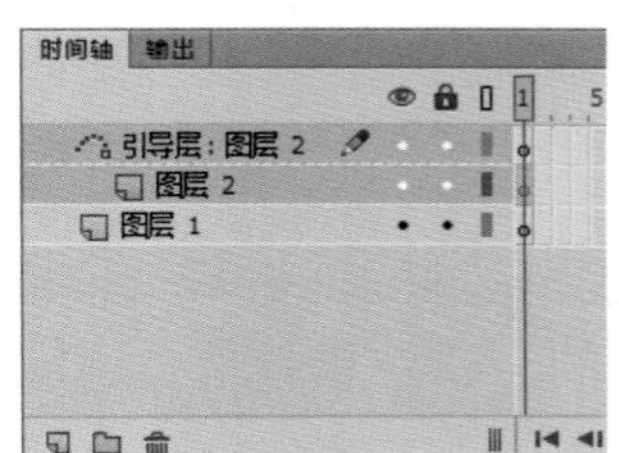

图 9-25

9.3.2 创建沿轨道运动的动画

轨道运动是让对象沿着一定的路径运动，引导层用来设置对象运动的路径，路径必须是图形，不能是符号或其他格式。下面详细介绍创建沿轨道运动的动画的操作方法。

实例文件保存路径：配套素材\第 9 章\效果文件

实例效果文件名称：沿轨道运动的动画.fla

（1）新建 Flash 空白文档，将“背景”和“礼物盒”素材导入库中，将“背景”素材从【库】面板中拖入舞台，如图 9-26 所示。

图 9-26

（2）在【时间轴】面板中单击【新建图层】按钮，创建“图层 2”，然后将“礼物盒”素材从【库】面板中拖入舞台，如图 9-27 所示。

（3）选中“礼物盒”图像，按 F8 键打开【转换为元件】对话框，设置参数如图 9-28 所示。

图 9-27

图 9-28

（4）选中“图层 1”的第 50 帧，按 F5 键插入帧；选中“图层 2”的第 50 帧，按 F6 键插入关键帧，如图 9-29 所示。

（5）右击“图层 2”的名称，在弹出的快捷菜单中选择【添加传统运动引导层】菜单项，创建引导层，如图 9-30 所示。

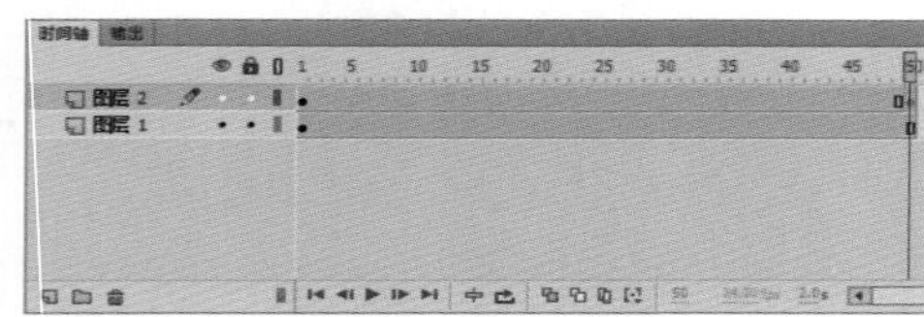

图 9-29

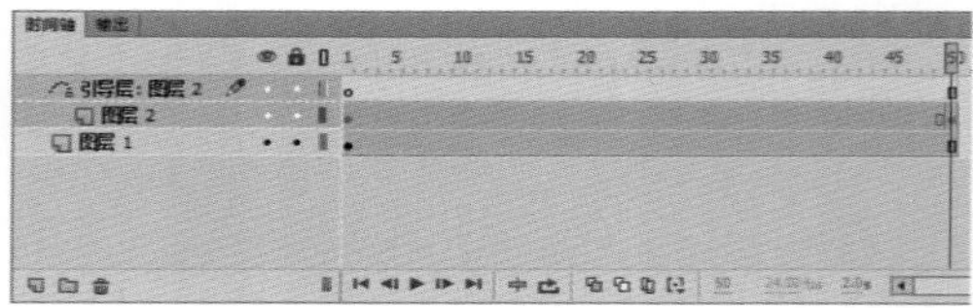

图 9-30

（6）使用椭圆工具，设置笔触颜色为红色，绘制一个椭圆，并更改形状如图 9-31 所示。

（7）使用橡皮擦工具擦除椭圆的一部分，如图 9-32 所示。

图 9-31

图 9-32

（8）选中“图层 2”的第 1 帧，将元件 1 拖到路径的右端点上，如图 9-33 所示。

（9）选中“图层 2”的第 50 帧，将元件 1 拖到路径的左端点上，如图 9-34 所示。

（10）右击“图层 2”第 1 ～ 50 帧中的任意一帧，在弹出的快捷菜单中选择【创建传统补间】菜单项，如图 9-35 所示。

（11）按 Ctrl+Enter 组合键测试影片，如图 9-36 所示。

图 9-33

图 9-34

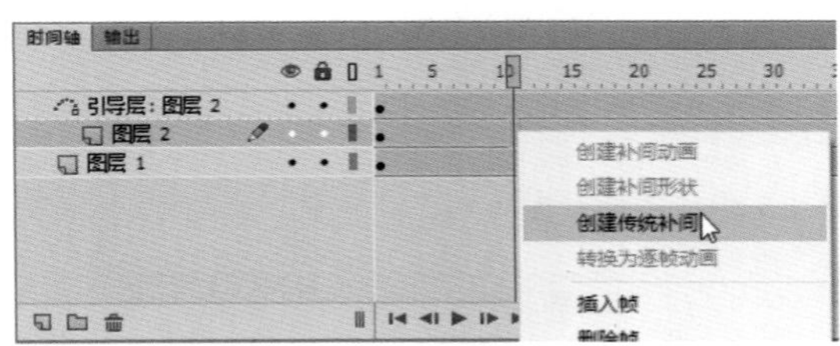

图 9-35

图 9-36

9.4 场景动画

在 Flash CC 中，场景是专门用来容纳图层中各种对象的地方，单独的场景可以用于简介、出现的消息以及片头 / 片尾字幕等，在播放影片时，按照场景的排列次序依次播放各场景中的动画。本节将详细介绍场景动画方面的知识及操作方法。

微视频

9.4.1 【场景】面板

在 Flash CC 的菜单栏中选择【窗口】菜单，在弹出的下拉菜单中选择【场景】菜单项，即可打开【场景】面板，如图 9-37 所示。

- 【添加场景】按钮：新建场景或添加新的场景。
- 【重制场景】按钮：创建场景的副本或复制场景。
- 【删除场景】按钮：删除选定的场景。

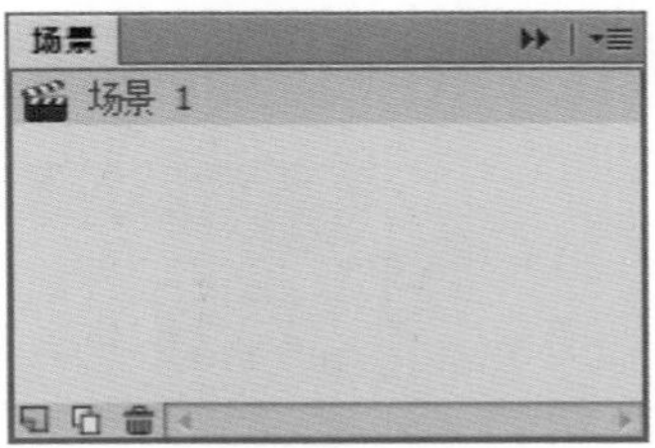

图 9-37

9.4.2 添加与删除场景

用户可以根据需要添加场景，也可以将多余的场景删除。下面介绍添加与删除场景的操作方法。

（1）在【场景】面板中单击【添加场景】按钮，如图 9-38 所示。

（2）【场景】面板中添加了一个名为“场景 2”的场景，选中该场景单击【删除场景】按钮，如图 9-39 所示。

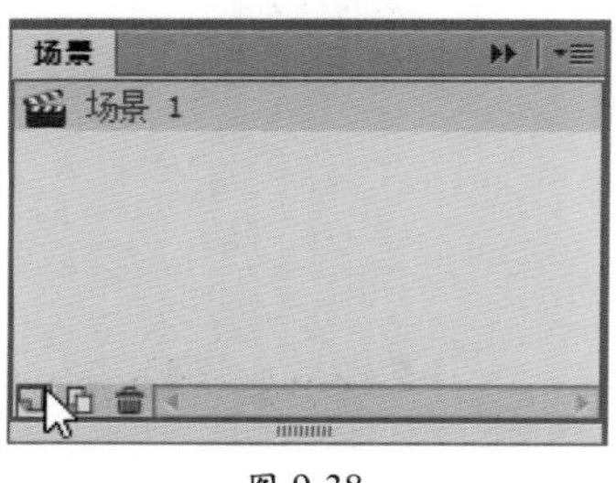

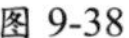
图 9-38

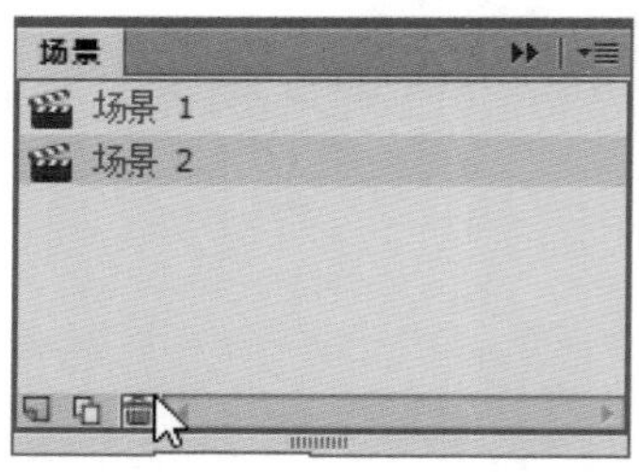

图 9-39

（3）弹出提示对话框，单击【确定】按钮，如图 9-40 所示。

（4）“场景 2”已被删除，通过以上步骤即可完成添加与删除场景的操作，如图 9-41 所示。

图 9-40

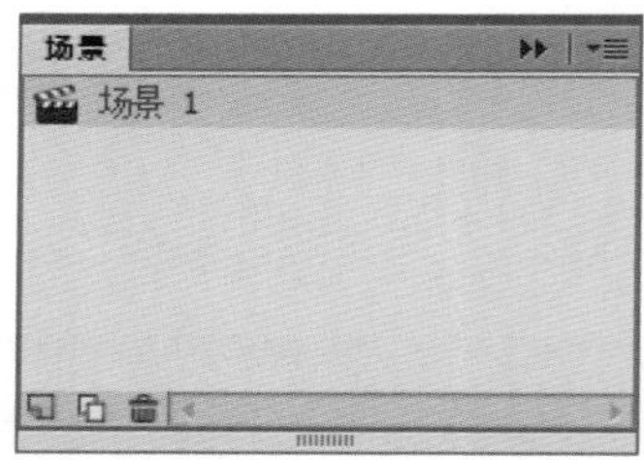

图 9-41

9.4.3 调整场景的顺序

在 Flash CC 中，动画是按照【场景】面板中场景的顺序播放的，用户可以根据需要调整场景的顺序，以达到更好的播放效果。下面介绍调整场景顺序的操作方法。在【场景】面板中单击鼠标左键选中要调整顺序的场景名称，将其拖动至指定位置，然后释放鼠标左键，即可完成调整场景顺序的操作，如图 9-42 和图 9-43 所示。

图 9-42

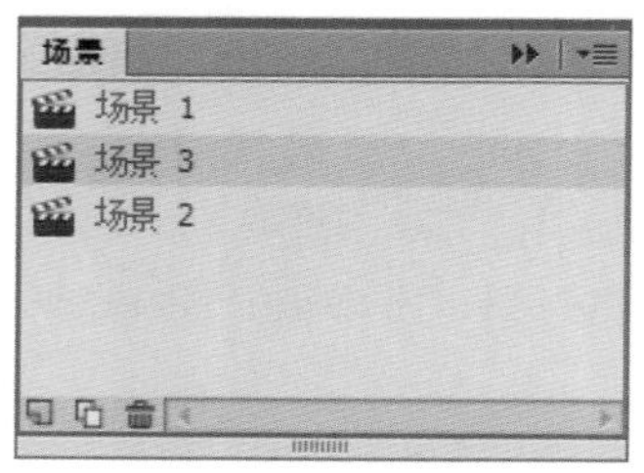

图 9-43

9.4.4 制作多场景动画

在 Flash CC 中，用户可以制作两个或两个以上的场景动画，以满足动画的制作要求。下面以用两个场景制作动画为例介绍制作多场景动画的操作方法。

实例文件保存路径：配套素材\第 9 章\效果文件

实例效果文件名称：多场景动画.fla

（1）新建 Flash 空白文档，使用矩形工具在舞台中绘制矩形，如图 9-44 所示。

（2）在【时间轴】面板中选中第 15 帧，按 F6 键插入关键帧，如图 9-45 所示。

图 9-44

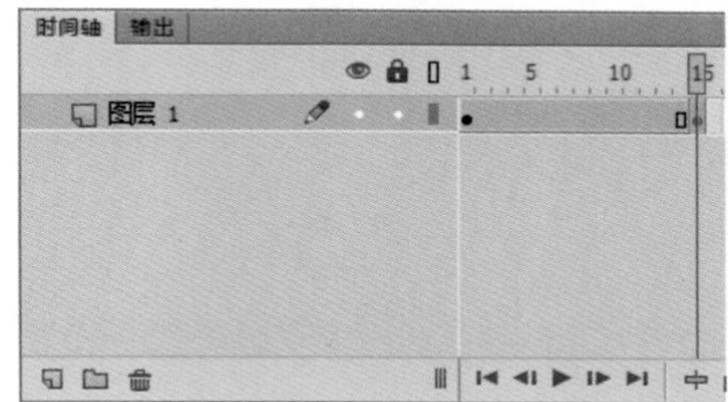

图 9-45

（3）按 Delete 键删除矩形，然后使用多角星形工具在舞台中绘制星形，如图 9-46 所示。

（4）右击第 1 ～ 15 帧的任意一帧，在弹出的快捷菜单中选择【创建补间形状】菜单项，创建补间形状动画，效果如图 9-47 所示。

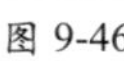

图 9-46

图 9-47

（5）在【场景】面板中单击【添加场景】按钮，创建一个名为“场景 2”的场景，如图 9-48 所示。

（6）切换到“场景 2”的舞台中，使用文本工具在舞台中输入数字 1，如图 9-49 所示。

（7）在【时间轴】面板中选中第 15 帧，按 F6 键插入关键帧，然后使用文本工具在舞台中输入数字“0”，如图 9-50 所示。

（8）右击第 1 ～ 15 帧的任意一帧，在弹出的快捷菜单中选择【创建传统补间】菜单项，创建传统补间动画，效果如图 9-51 所示。

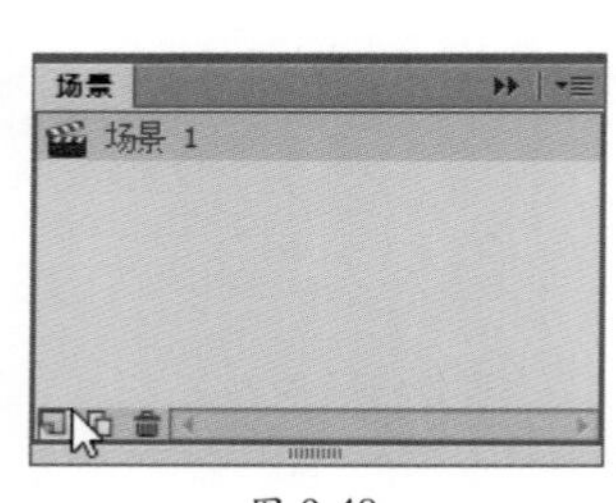

图 9-48

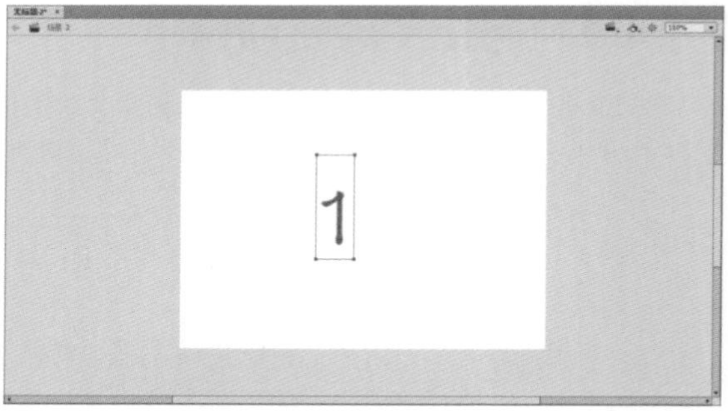

图 9-49

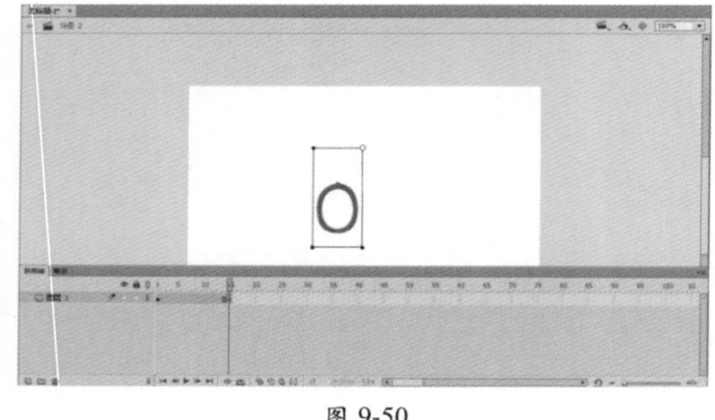

图 9-50

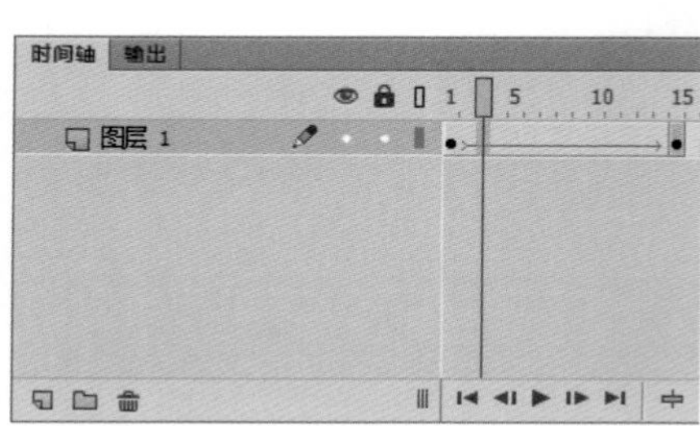

图 9-51

（9）按 Ctrl+Enter 组合键测试影片，如图 9-52 所示。

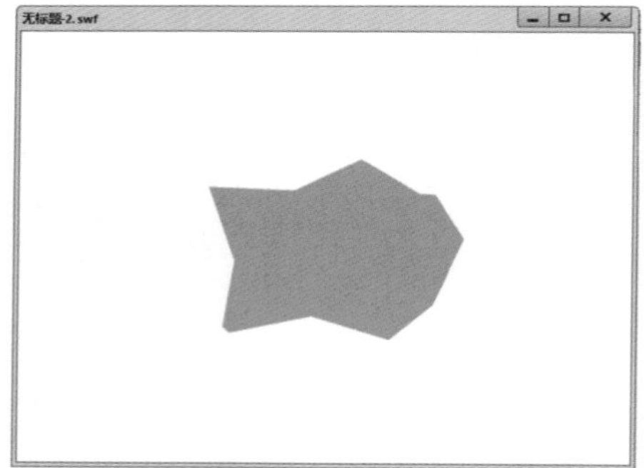

图 9-52

9.5 遮罩动画

微视频

在 Flash CC 中，如果想为制作的动画添加聚光灯或过渡效果，可以使用遮罩功能。在遮罩层中，用户可以放置文字、形状、实例和图形元件等对象。本节将详细介绍遮罩动画方面的知识及操作方法。

9.5.1 遮罩动画的原理

“遮罩”顾名思义就是遮挡住下面的对象。遮罩动画通过遮罩层来达到有选择地显示位于其下方的被遮罩层中的内容。

在创建遮罩动画时，遮罩层和被遮罩层将成组出现。在一个遮罩动画中，遮罩层只有一个，被遮罩层可以有很多个。

在 Flash CC 中，遮罩动画的基本原理是透过遮罩层中的对象看到被遮罩层中的对象及其属性（包括其变形效果），但是遮罩层中对象的许多属性（例如渐变色、透明度、颜色和线条样式等）却是被忽略的。例如，不能通过遮罩层的渐变色来实现被遮罩层的渐变颜色变化。如果要在场景中显示遮罩效果，可以锁定遮罩层和被遮罩层。

需要注意的是，一个遮罩层中只能有一个遮罩物。也就是说，只能在一个遮罩层中放置一个文本对象、影片剪辑、实例或元件等。遮罩层中的遮罩物就像是一些孔，用户透过这些孔可以看到处于被遮罩层中的内容。

9.5.2 创建遮罩动画

在 Flash CC 中，为了更好地实现动画的视觉效果，用户可以创建遮罩动画。下面介绍创建遮罩动画的操作方法。

实例文件保存路径：配套素材 \ 第 9 章 \ 效果文件
实例效果文件名称：遮罩动画.fla

（1）新建 Flash 动画文档，按 Ctrl+R 组合键将“返校”素材导入舞台，如图 9-53 所示。

（2）在【时间轴】面板中选中第 40 帧，按 F6 键插入关键帧，如图 9-54 所示。

图 9-53

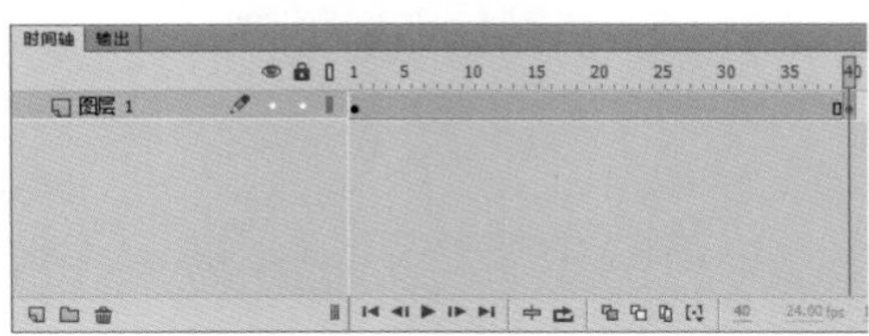

图 9-54

（3）在【时间轴】面板中单击【新建图层】按钮，创建一个名为“图层 2”的图层，如图 9-55 所示。

（4）选中“图层 2”的第 1 帧，使用椭圆工具绘制椭圆遮挡住单词“BACK”，如图 9-56 所示。

（5）选中“图层 2”的第 10 帧，按 F6 键插入关键帧，并移动椭圆的位置使其遮挡住单词“TO”，如图 9-57 所示。

（6）选中“图层 2”的第 20 帧，按 F6 键插入关键帧，并移动椭圆的位置使其遮挡住单词“SCHOOL”，如图 9-58 所示。

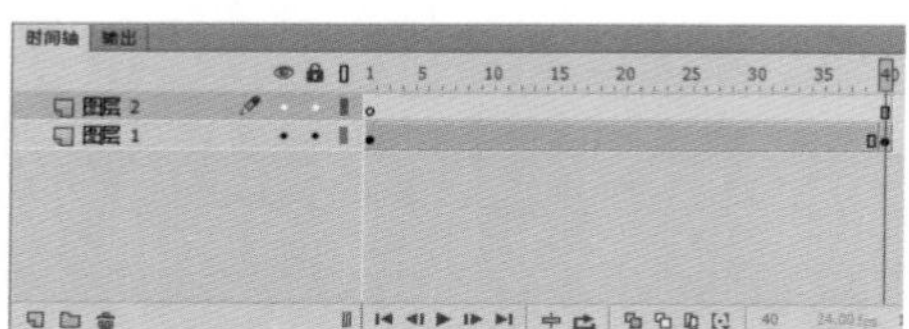

图 9-55

图 9-56

图 9-57

图 9-58

（7）选中“图层 2”的第 30 帧，按 F6 键插入关键帧，然后选中第 31 帧，删除椭圆，如图 9-59 所示。

（8）在每两个关键帧之间添加传统补间动画，如图 9-60 所示。

图 9-59

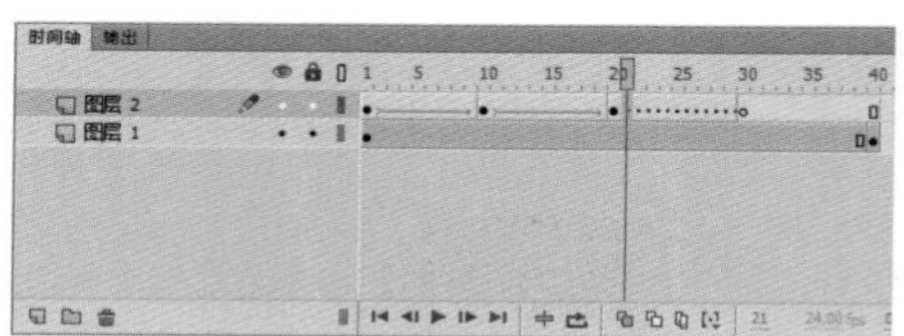

图 9-60

（9）右击“图层 2”的名称，在弹出的快捷菜单中选择【遮罩层】菜单项，如图 9-61 所示。

（10）按 Ctrl+Enter 组合键测试影片，如图 9-62 所示。

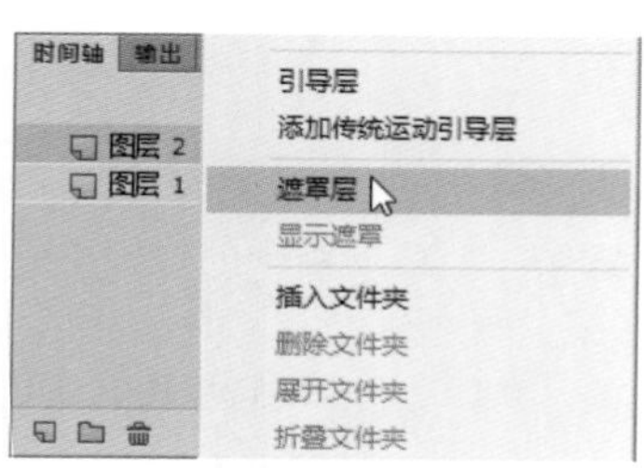

图 9-61

图 9-62

9.6 范例应用——制作文字遮罩动画

用户可以运用本章所学的知识点制作文字遮罩动画，所用到的知识点包括新建图层并重命名、打散文字、锁定并隐藏图层、使用墨水瓶工具、插入关键帧、创建新元件、创建补间动画以及添加遮罩层等。

微视频

实例文件保存路径：配套素材\第 9 章\效果文件

实例效果文件名称：文字遮罩.fla

（1）新建动画文档，设置文档的宽和高，如图 9-63 所示。

（2）新建 3 个图层，分别命名为“文字边框”“文字”和“图片”。选中“文字”图层的第 1 帧，使用文本工具输入文字，如图 9-64 所示。

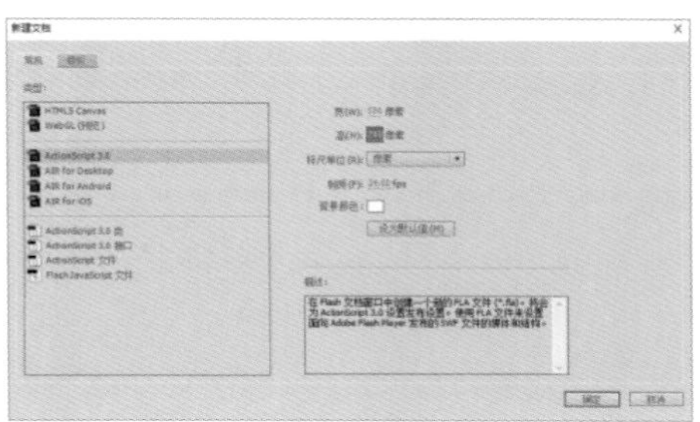

图 9-63

图 9-64

（3）选中文字，按两次 Ctrl+B 组合键将文字打散。选中打散的文字，按 Ctrl+C 组合键复制，然后选中“文字边框”图层的第 1 帧，执行【编辑】→【粘贴到当前位置】命令粘贴文字，接着将“文字”图层锁定并隐藏，如图 9-65 所示。

（4）使用墨水瓶工具，在【属性】面板中设置【笔触颜色】为 #0099FF、【笔触大小】为 4、【笔触样式】为【实线】，为文字添加蓝色边缘，如图 9-66 所示。

图 9-65

图 9-66

（5）使用选择工具将文字中间的填充部分删除，并在“文字”和“文字边框”图层的第 40 帧处按 F5 键插入帧，如图 9-67 所示。

（6）按 Ctrl+F8 组合键打开【创建新元件】对话框，设置【名称】为“图片”、【类型】为【影片剪辑】，单击【确定】按钮，进入影片剪辑元件的编辑模式。将“背景”图片导入库，将【库】面板中的“背景”图片拖入舞台，然后单击【场景 1】按钮返回主场景，如图 9-68 所示。

图 9-67

图 9-68

（7）选中“图片”图层的第 1 帧，将“图片”元件从【库】面板中拖入舞台，如图 9-69 所示。

（8）选中“图片”图层的第 40 帧，按 F6 键插入关键帧，并将元件向上移动一段距离，如图 9-70 所示。

图 9-69

图 9-70

（9）选中“图片”图层中第 1 ～ 40 帧的任意一帧，创建补间动画，如图 9-71 所示。

（10）右击“文字”图层的名称，在弹出的快捷菜单中选择【遮罩层】菜单项，添加遮罩效果，然后按 Ctrl+Enter 组合键测试影片，如图 9-72 所示。

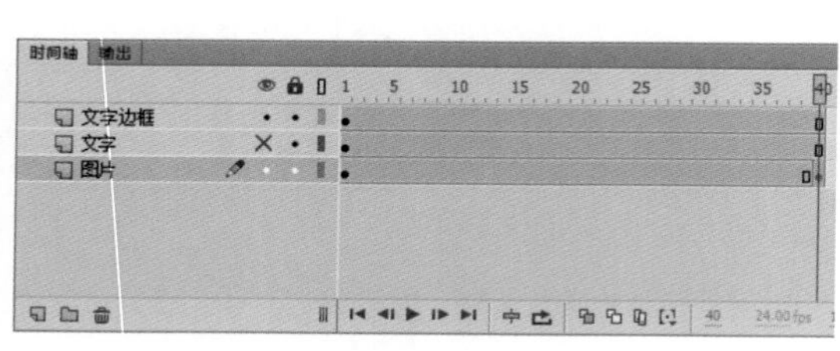

图 9-71

图 9-72

9.7 课后习题

一、填空题

1. 在默认情况下，新创建的 Flash 文档只有一个名为 ______________ 的图层。

2. 执行 ________________________________ 命令，可以新建图层文件夹。

二、判断题

1. 在不同图层上编辑不同动画，它们互相影响，并在放映时得到合成的效果。（　　）

2. 使用图层并不会增加动画文件的大小。（　　）

三、简答题

1. 在 Flash CC 中怎样复制图层？

2. 在 Flash CC 中怎样创建运动引导层？

第 10 章
使用组件和动画预设

本章要点：

- 组件的基本操作
- 使用常见的组件
- 命令
- 使用动画预设

本章学习素材

本章主要内容：

本章主要介绍组件的基本操作以及使用常见组件的方法，同时讲解了命令方面的知识以及如何使用动画预设，在最后还针对实际的工作需求讲解了制作公益广告动画的方法。通过学习，读者可以掌握使用组件和动画预设方面的知识，为深入学习 Flash CC 奠定基础。

10.1 组件的基本操作

在 Flash CC 中，组件是带有参数的影片剪辑，既可以是简单的界面控件，也可以包含不可见的内容。使用组件可以快速地构建具有一致外观和行为的应用程序。本节将详细介绍组件的基本操作。

微视频

10.1.1 组件概述与类型

在 Flash CC 中，组件可以提供创建者能想到的任何功能，每个组件都有预定义参数，用户可以在 Flash 中设置这些参数。每个组件还有一组独特的动作脚本方法、属性和事件，也称为 API（应用程序编程接口），可以在运行时设置参数和其他选项。

使用组件可以做到编码与设计的分离，而且可以重复利用组件中的代码，或者通过安装其他开发人员创建的组件来重复利用代码。

组件可分为 4 类，即用户界面（UI）组件、媒体组件、数据组件和管理器组件，下面介绍这 4 类组件。

- UI 组件：使用 UI 组件可以与应用程序进行交互操作，RadioButton、CheckBox 和 TextInput 组件都是 UI 组件。
- 媒体组件：利用媒体组件可以将媒体流入应用程序中，MediaPlayback 组件就是一个媒体组件。
- 数据组件：利用数据组件可以加载和处理数据源的信息，WebServiceConnector 和 XMLConnector 组件都是数据组件。
- 管理器组件：管理器组件是不可见的组件，使用这些组件可以在应用程序中管理焦点或深度之类的功能，FocusManager、DepthManager、PopUpManager 和 StyleManager 都是 Flash CC 中包含的管理器组件。

10.1.2 组件的预览与查看

在 Flash CC 中查看与预览组件的方法有很多，可以使用【组件】面板查看组件，并可以在创作过程中将组件添加到文档中，在将组件添加到文档中后可以在【属性】面板中查看组件的属性。下面详细介绍组件的预览与查看方法。

（1）新建 Flash 动画文档，①在菜单栏中单击【窗口】菜单，②选择【组件】菜单项，如图 10-1 所示。

（2）打开【组件】面板，单击展开【User Interface】选项，在展开的下拉列表中可以详细地查看与预览组件，如图 10-2 所示。

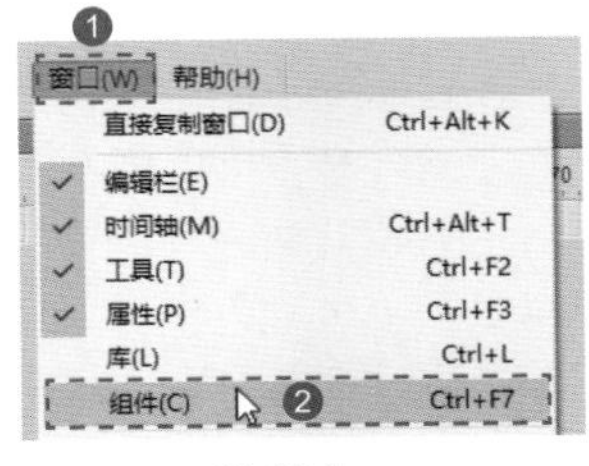

图 10-1

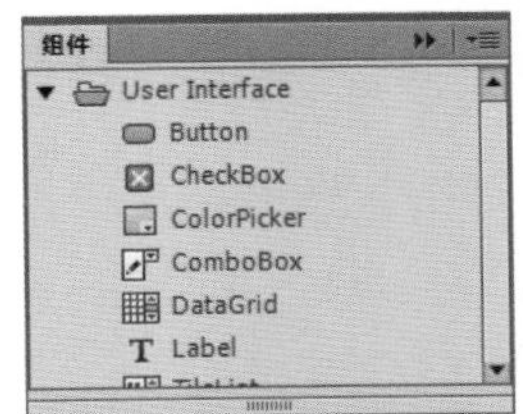

图 10-2

10.1.3 向 Flash 中添加组件

在【组件】面板中展开【User Interface】选项，然后单击并拖动组件（例如 Button）到舞台中，即可完成向 Flash 中添加组件的操作，如图 10-3 和图 10-4 所示。

图 10-3

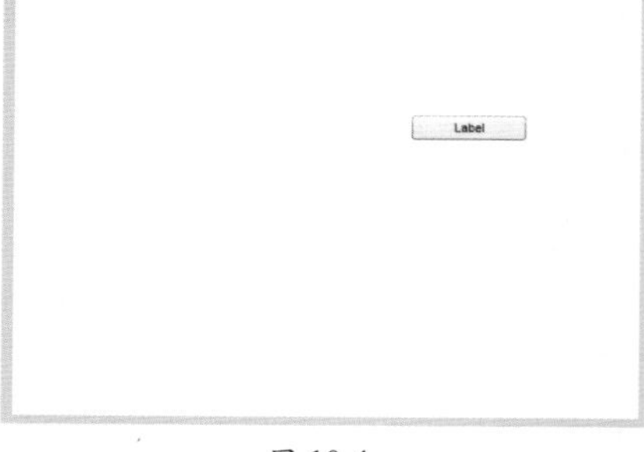

图 10-4

知识常识

在文档中首次添加组件时，Flash 会将其作为影片剪辑导入【库】面板中，用户可以直接从【库】面板中将其拖曳至舞台中；也可以打开【组件】面板，将组件添加到舞台中。

10.2 使用常见的组件

微视频

在 Flash CC 中，常见的组件有按钮组件（Button）、单选按钮组件（RadioButton）、复选框组件（CheckBox）、文本域组件（TextArea）和下拉列表组件（ComboBox）等。本节将详细介绍一些常见组件的相关知识。

10.2.1 按钮组件

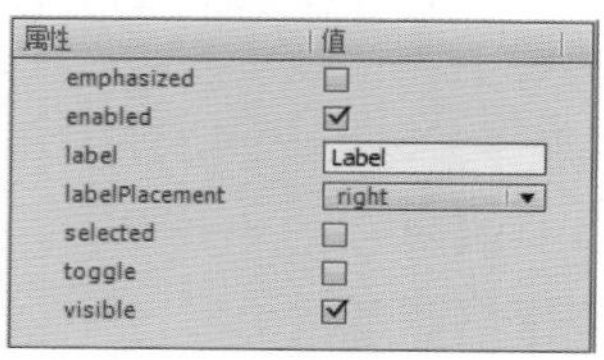

图 10-5

Button 组件是一个可调整大小的矩形界面按钮，将 Button 组件拖曳到舞台中，可以打开【属性】面板，在其【组件参数】选项区中可以设置相应的属性，如图 10-5 所示。

对 Button 组件的属性说明如下。

- emphasized：用于获取或设置一个布尔值，指示当按钮处于弹起状态时 Button 组件周围是否有边框。
- enabled：用于指示组件是否可以接收焦点和输入，默认值为 true。
- label：用于设置按钮上的标签名，默认值为 Label。
- labelPlacement：用于确定按钮上的标签文本相对于图标的方向。
- selected：如果 toggle 的值为 true，则该属性用于指定按钮是处于按下状态（true）还是处于释放状态（false），默认值为 false。

- toggle：用于将按钮转变为切换开关，如果值为 true，则按钮在单击后保持按下状态，并在再次单击时返回弹起状态；如果值为 false，则按钮的行为与一般按钮相同，默认值为 false。
- visible：用于指示对象是否可见，默认值为 true。

10.2.2 单选按钮组件

在 Flash CC 中，使用 RadioButton 组件可以强制只能选择一组选项中的一项，该组件必须用于至少有两个 RadioButton 实例的组件。RadioButton 组件的属性如图 10-6 所示。

属性	值
enabled	☑
groupName	RadioButtonGroup
label	Label
labelPlacement	right
selected	☐
value	
visible	☑

图 10-6

对 RadioButton 组件的属性说明如下。

- enabled：用于指示组件是否可以接收焦点和输入，默认值为 true。
- groupName：用于设置单选按钮的组名称，默认值为 RadioButtonGroup。
- label：设置按钮上的文本，默认值是 Label。
- labelPlacement：确定按钮上标签文本的方向，该参数可以是 left、right、top 或 bottom，默认值是 right。
- selected：用于设置单选按钮在初始化时是否被选中，如果组内有多个单选按钮被设置为 true，则会选中最后实例化的单选按钮。

10.2.3 复选框组件

复选框是一个可以选中或取消选中的方框，在复选框被选中后，框中会出现一个复选标记，此时可以为复选框添加一个文本标签，并可以将它放在复选标记的左侧、右侧、顶部或底部。CheckBox 组件的属性如图 10-7 所示。

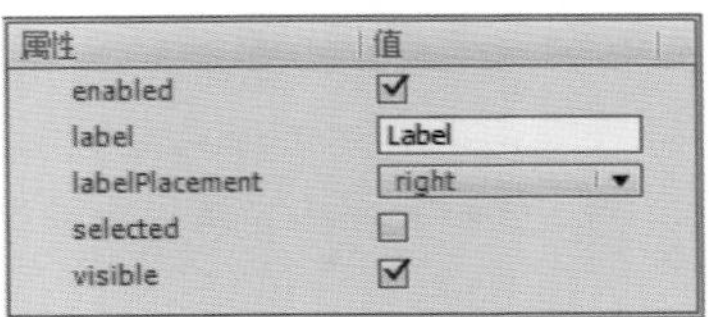

图 10-7

对 CheckBox 组件的属性说明如下。

- enabled：用于指示组件是否可以接收焦点和输入，默认值为 true。
- label：用于设置复选框的名称，默认值为 Label。
- labelPlacement：用于设置名称相对于复选框的位置，默认状态下名称在复选框的右侧。
- selected：将复选框的初始值设置为 true 或 false。
- visible：用于指示对象是否可见，默认值为 true。

10.2.4 文本域组件

TextArea 组件是一个多行文本输入框，用户可以使用样式自定义 TextArea 组件。TextArea 组件也可以采用 HTML 格式，或者作为掩饰文本的密码字段。TextArea 组件的属性如图 10-8 所示。

对 TextArea 组件的属性说明如下。

- editable：指明 TextArea 组件是否可编辑，默认值为 true。
- enabled：是一个布尔值，它指示组件是否可以接收焦点和输入，默认值为 true。
- htmltext：指示文本是否采用 HTML 格式。如果采用 HTML 格式，则可以使用字体标签来设置文本格式。其默认值为 false。
- maxChars：用于设置文本区域中最多可以容纳的字符集。
- restrict：用于指示用户可以输入文本区域中的字符集。
- text：指明 TextArea 的内容，无法在【属性】面板或【组件】面板中输入回车。其默认值为 ""（空字符串）。
- visible：是一个布尔值，它指示对象是可见的还是不可见的，默认值为 true。
- wordWrap：指明文本是否自动换行，默认值为 true。

10.2.5 下拉列表组件

在 Flash CC 中制作任何需要从列表中选择一项的表单或应用程序时都可以使用 ComboBox 组件。ComboBox 组件的属性如图 10-9 所示。

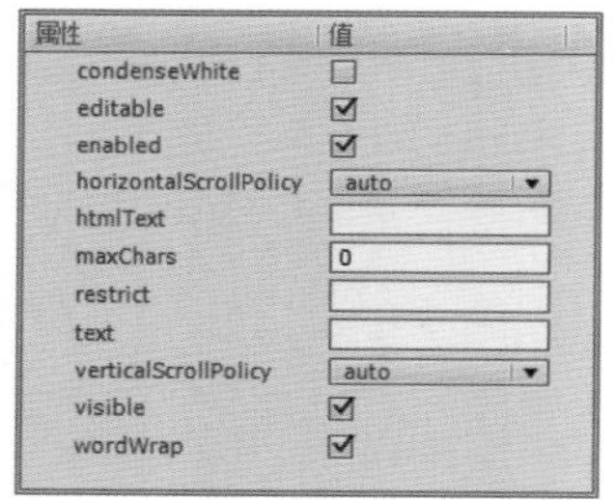

图 10-8

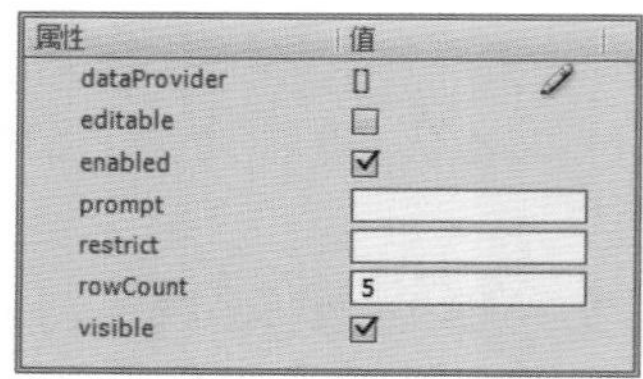

图 10-9

对 ComboBox 组件的属性说明如下。

- dataProvider：将一个数据值与 ComboBox 组件中的每一项相关联，该属性值是一个数组。
- editable：确定 ComboBox 组件是可编辑的还是只可选择的，默认值为 false。
- enabled：是一个布尔值，它指示组件是否可以接收焦点和输入。其默认值为 true。
- restrict：指示用户可在组合框的文本字段中输入的字符集。
- rowCount：设置列表中最多可以显示的项数。其默认值为 5。
- visible：是一个布尔值，它指示对象是可见的还是不可见的。其默认值为 true。

10.2.6 滚动窗格组件

ScrollPane 组件能够在一个可滚动区域中显示影片剪辑、JPEG 文件和 SWF 文件。在 Flash CC 中，用户可以向 Flash 文档中添加 ScrollPane 组件，通过使用滚动窗格来限制这些媒体类型所占用屏幕区域的大小。滚动窗格可以显示从本地磁盘或 Internet 上加载的内容。ScrollPane 组件的属性如图 10-10 所示。

对 ScrollPane 组件的属性说明如下。

- horizontalLineScrollSize：表示每次单击箭头按钮时水平滚动条移动多少个单位。
- horizontalPageScrollSize：表示每次单击轨道时水平滚动条移动多少个单位。
- horizontalScrollPolicy：显示水平滚动条。该值可以是 on、off 或 auto，默认值为 auto。
- scrollDrag：是一个布尔值，它确定当用户在滚动窗格中拖动内容时是否发生滚动。其默认值为 false。

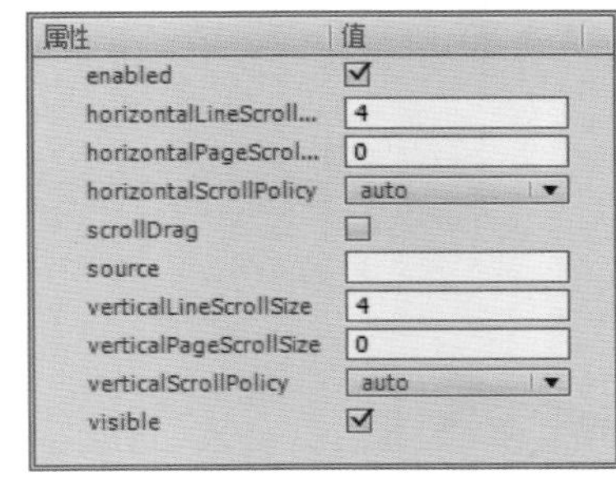

图 10-10

- verticalLineScrollSize：指示每次单击滚动箭头时垂直滚动条移动多少个单位。
- verticalPageScrollSize：指示每次单击滚动条轨道时垂直滚动条移动多少个单位。
- verticalScrollPolicy：显示垂直滚动条。该值可以是 on、off 或 auto，默认值为 auto。

10.3 命令

若要在下次启动 Flash 时使用之前执行过的步骤，应该创建并保存一个命令，命令将被永久保留直到被用户删除。用户可以通过【历史记录】面板中的选定步骤创建命令。本节将详细介绍命令的相关知识。

微视频

10.3.1 创建命令

如果要重复同一任务，可以通过【历史记录】面板中的选定步骤创建并保存一个命令，然后再次使用该命令。下面详细介绍创建命令的操作方法。

（1）①在菜单栏中单击【窗口】菜单，②选择【历史记录】菜单项，如图 10-11 所示。

（2）打开【历史记录】面板，右击准备创建命令的步骤，在弹出的快捷菜单中选择【另存为命令】菜单项，如图 10-12 所示。

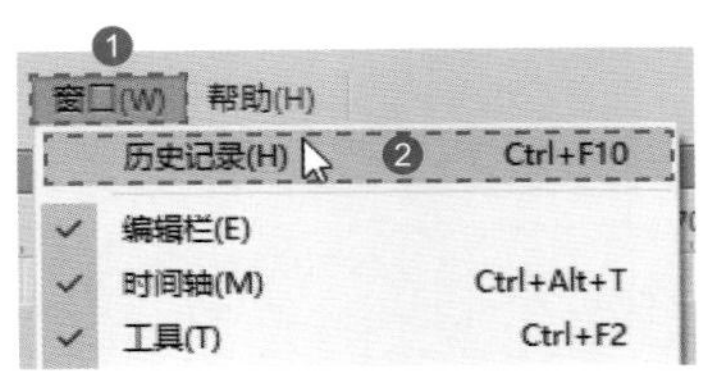

图 10-11

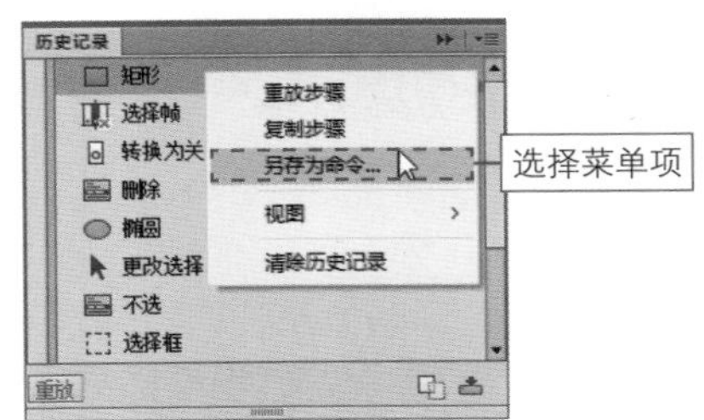

图 10-12

（3）弹出【另存为命令】对话框，①在【命令名称】文本框中输入名称，例如“创建矩形”，②单击【确定】按钮，如图 10-13 所示。

（4）在菜单栏中单击【窗口】菜单，即可看到刚创建的命令，如图 10-14 所示。

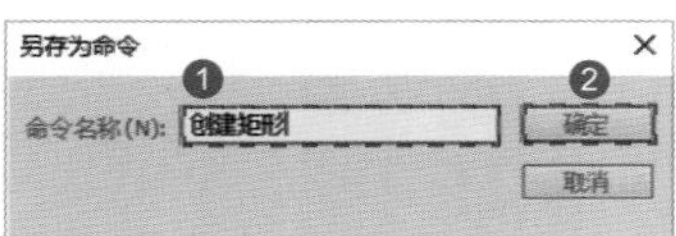

图 10-13

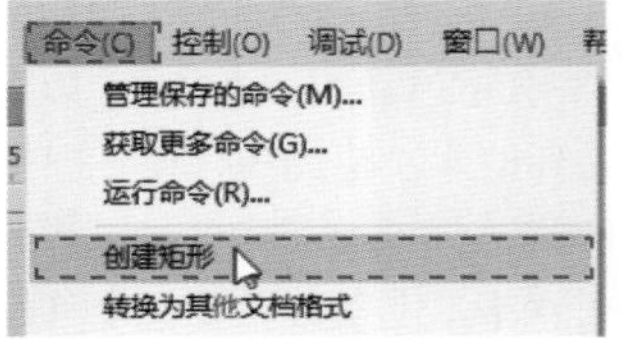

图 10-14

经验技巧

选中步骤，单击【历史记录】面板右下角的【将选定步骤保存为命令】按钮，同样能打开【另存为命令】对话框。

10.3.2 运行命令

如果准备使用保存的命令，可以从【命令】菜单中选择该命令；如果要运行 JavaScript 或 Flash JavaScript 命令，可以在菜单栏中选择【命令】→【运行命令】菜单项，定位到要运行的脚本，然后单击【打开】按钮。下面详细介绍运行命令的操作方法。

（1）选中图形，①在菜单栏中单击【命令】菜单，②选择【转换元件】菜单项，如图 10-15 所示。

（2）图形转换为元件，如图 10-16 所示。

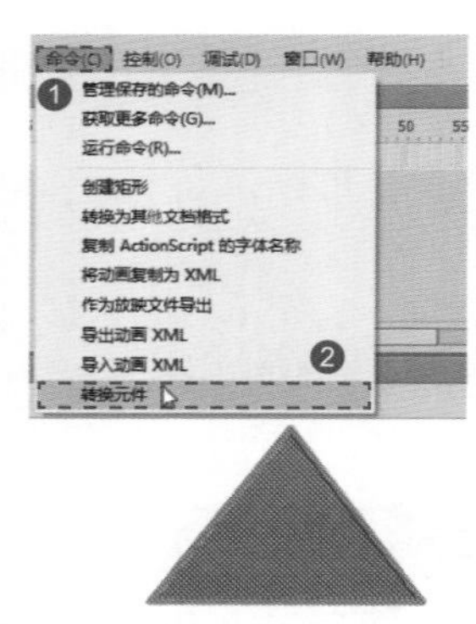

图 10-15

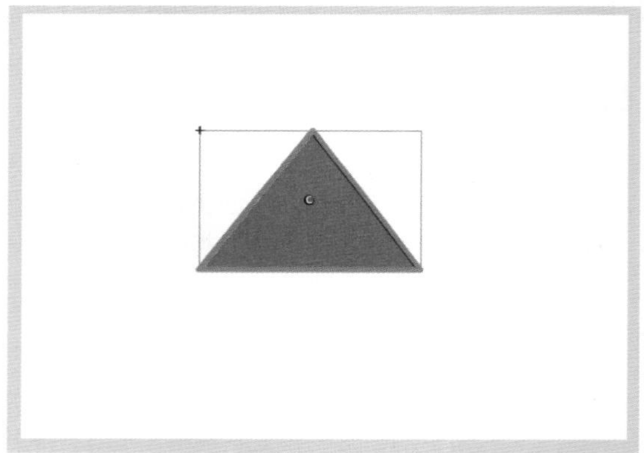

图 10-16

10.4 使用动画预设

微视频

动画预设是通过最少的步骤添加预设动画的方法，也可以将做好的动画进行自定义预设，以便快速地在 Flash CC 中添加动画。选择的对象范围包括元件实例和文本字段。本节将详细介绍动画预设方面的知识及操作方法。

10.4.1 动画预设的原理

动画预设是 Flash 中预配置的补间动画，可以将其直接应用于舞台上的对象，以实现指定的动画效果，而无须用户重新设计，如图 10-17 所示。

在 Flash CC 中，动画预设分为默认预设和自定义预设，默认预设都存储在【默认预设】文件夹中，一个动画预设只能应用于一个对象，当使用动画预设时，在【时间轴】面板中创建的补间动画与【动画预设】面板将不再有联系。

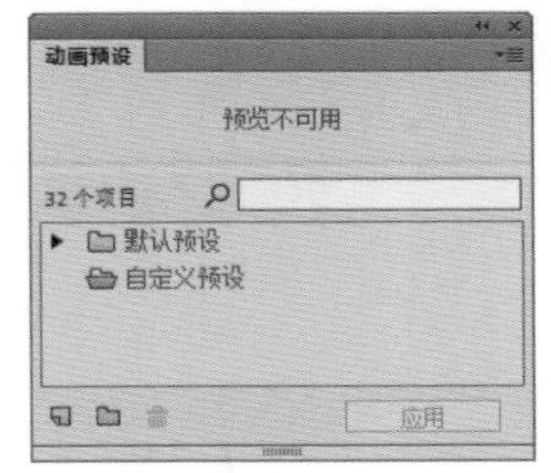

图 10-17

10.4.2 应用动画预设

在舞台中选择准备应用动画预设的对象，在【动画预设】面板中选择一个动画效果并单击【应用】按钮，即可将预设应用到动画中。下面详细介绍应用动画预设的操作方法。

（1）新建 Flash 空白文档，使用线条工具在舞台中绘制一个三角形，然后选中该形状，如图 10-18 所示。

（2）打开【动画预设】面板，①单击【默认预设】下拉按钮，②选择【多次跳跃】选项，③单击【应用】按钮，如图 10-19 所示。

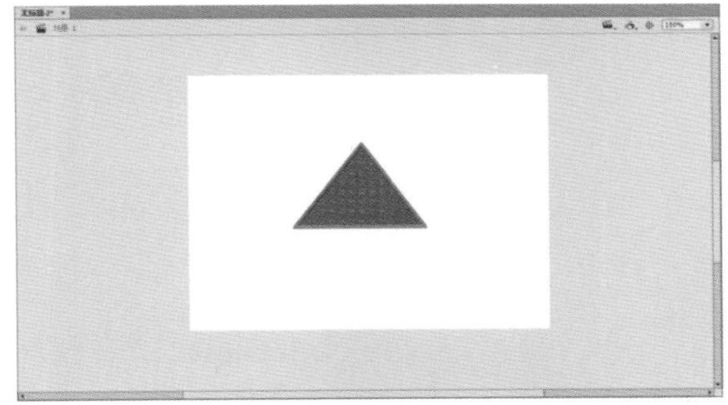

图 10-18

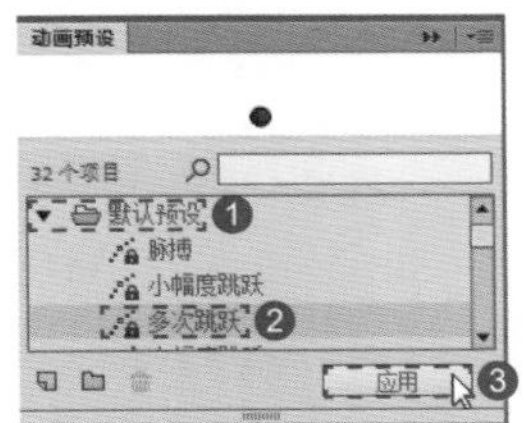

图 10-19

（3）弹出提示对话框，单击【确定】按钮，如图 10-20 所示。

（4）按 Ctrl+Enter 组合键测试影片，如图 10-21 所示。

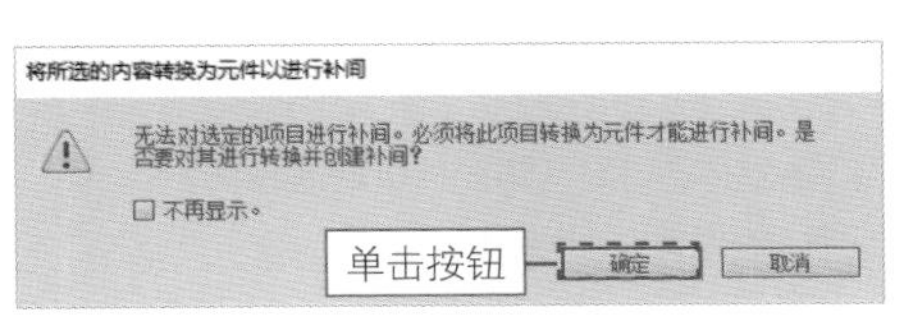

图 10-20

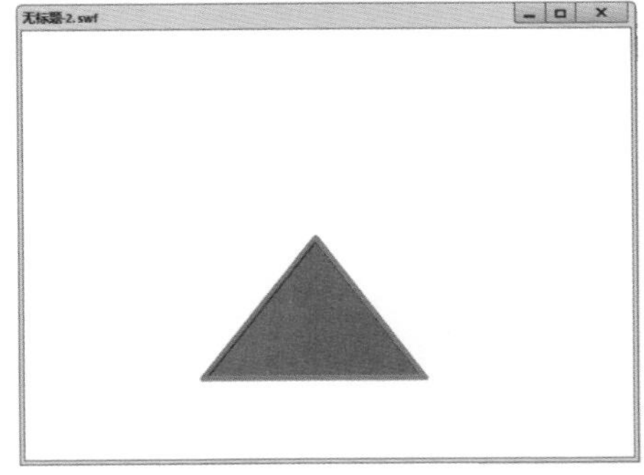

图 10-21

10.4.3 自定义动画预设

如果用户创建自己的补间，或对从【动画预设】面板应用的补间进行更改，可将它另存为新的动画预设。下面详细介绍自定义动画预设的操作方法。

（1）打开名为“补间动画.fla”的素材文件，在【时间轴】面板中选中补间范围，如图 10-22 所示。

（2）打开【动画预设】面板，单击【将选区另存为预设】按钮，如图 10-23 所示。

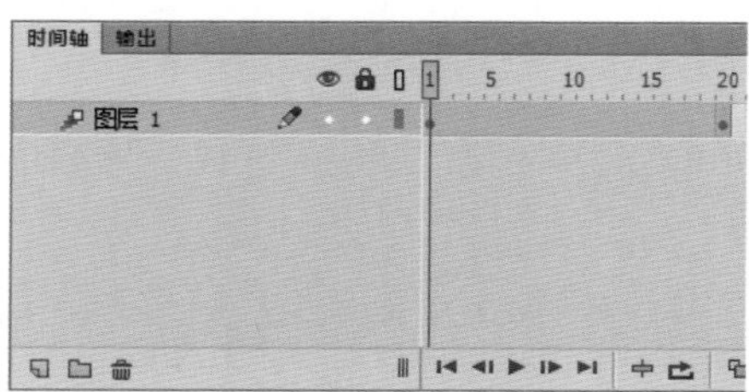

图 10-22

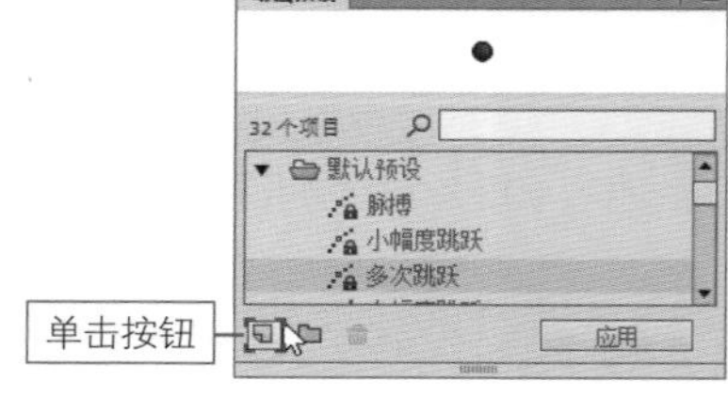

图 10-23

（3）弹出【将预设另存为】对话框，①在【预设名称】文本框中输入名称，例如“形状改变”，②单击【确定】按钮，如图 10-24 所示。

（4）在【动画预设】面板下的【自定义预设】文件夹中即可看到刚保存的预设，如图 10-25 所示。

图 10-24

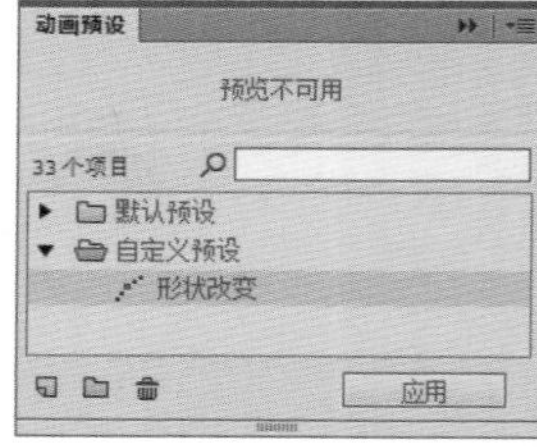

图 10-25

10.5 范例应用——制作公益广告动画

微视频

用户可以运用本章所学的知识点制作公益广告动画，所用到的知识点包括导入素材到舞台、创建传统补间动画、添加场景、应用动画预设等。

实例文件保存路径：配套素材\第 10 章\效果文件

实例效果文件名称：公益广告.fla

（1）新建动画文档，按 Ctrl+R 组合键将“01”素材导入舞台，如图 10-26 所示。

（2）在【时间轴】面板中选中第 30 帧，按 F5 键延长动画，如图 10-27 所示。

图 10-26

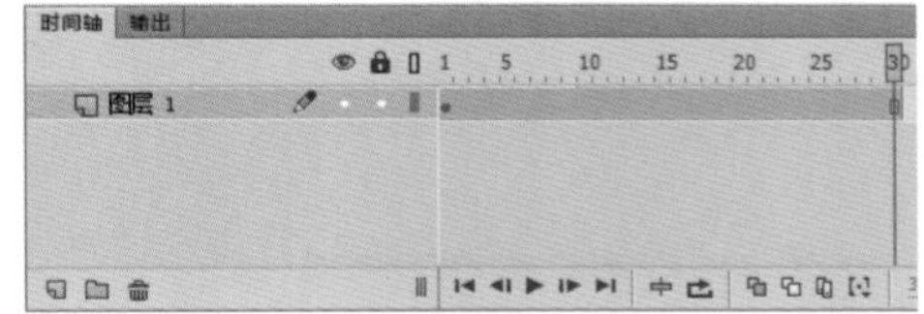

图 10-27

（3）新建“图层 2”并将其重名为“9 月 29 日”，然后使用文本工具在舞台上部的外侧输入文字，设置字体为“汉仪粗黑简”、字号为 40 磅、颜色为 #F8D6B9，如图 10-28 所示。

（4）选中“9 月 29 日”图层的第 10 帧，按 F6 键插入关键帧，然后移动文字的位置，并为第 1 ～ 10 帧添加传统补间动画，如图 10-29 所示。

图 10-28

图 10-29

（5）新建“图层 3”并将其重名为“世界心脏日”，然后使用文本工具在舞台下部的外侧输入文字，其字体、字号和颜色与上面的文字相同，如图 10-30 所示。

（6）选中“世界心脏日”图层的第 10 帧，按 F6 键插入关键帧，然后移动文字的位置，并为第 1 ～ 10 帧添加传统补间动画，如图 10-31 所示。

图 10-30

图 10-31

（7）打开【场景】面板，单击其左下角的【添加场景】按钮，如图 10-32 所示。

（8）添加了“场景 2”并进入场景 2 的编辑界面，按 Ctrl+R 组合键将“02”素材导入舞台，如图 10-33 所示。

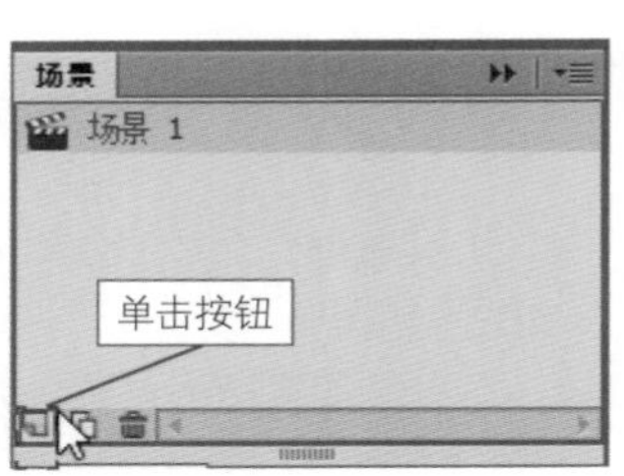

图 10-32

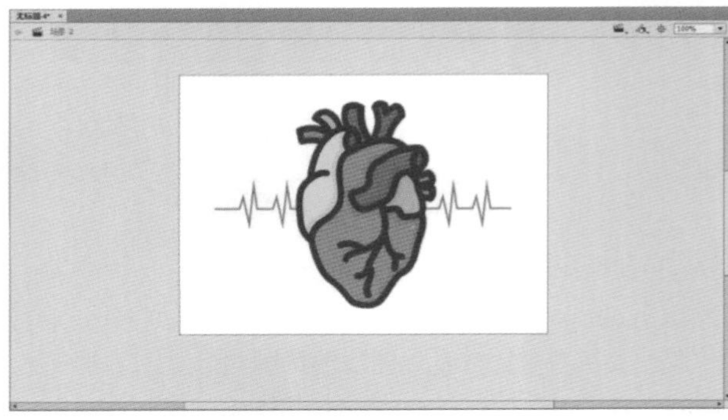

图 10-33

（9）打开【动画预设】面板，①单击展开【默认预设】选项，②选中【脉搏】预设，③单击【应用】按钮，如图 10-34 所示。

（10）弹出提示对话框，单击【确定】按钮，如图 10-35 所示。

图 10-34

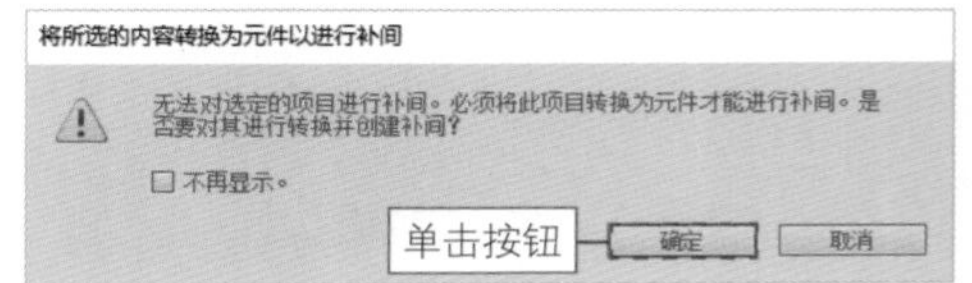

图 10-35

（11）在【时间轴】面板中可以看到添加了动画，如图 10-36 所示。

（12）按 Ctrl+Enter 组合键测试影片，如图 10-37 所示。

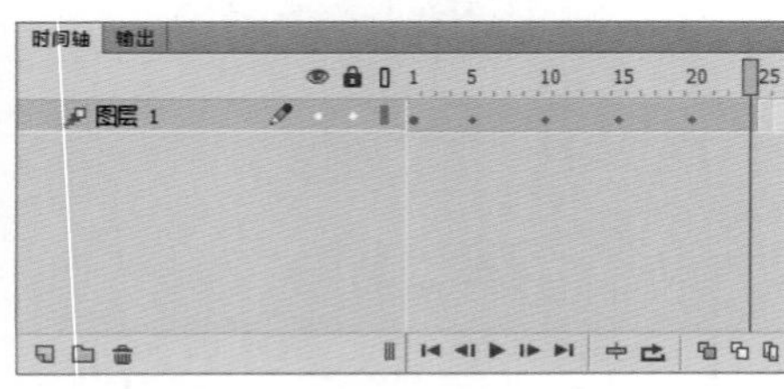

图 10-36

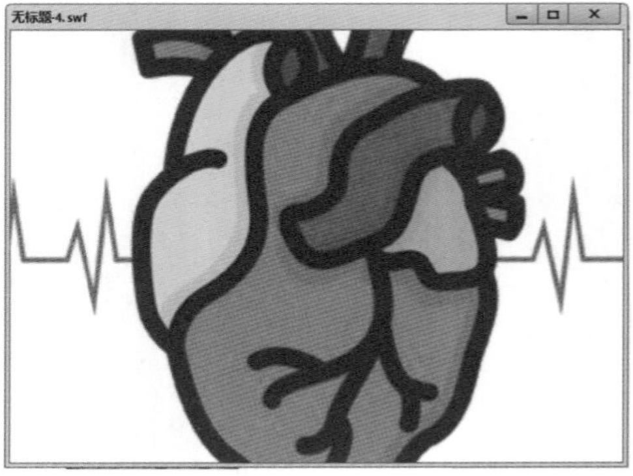

图 10-37

10.6 课后习题

一、填空题

1. 每个组件还有一组独特的动作脚本方法、属性和事件，也称为 ____________（应用程序编程接口），可以在运行时设置参数和其他选项。

2. 在 Flash CC 中可以使用 ____________ 面板查看组件。

二、判断题

1. 在文档中首次添加组件时，Flash 会将其作为按钮导入【库】面板中，用户可以直接从【库】面板中将其拖曳至舞台中。（ ）

2. 如果要重复同一任务，可以通过【动画预设】面板中的选定步骤创建并保存一个命令，然后再次使用该命令。（ ）

三、简答题

1. 在 Flash CC 中怎样创建命令？

2. 在 Flash CC 中怎样添加组件？

第 11 章 动作脚本

本章学习素材

本章要点：

- 编程环境
- 脚本语言

本章主要内容：

本章主要介绍编程环境与脚本语言方面的知识与技巧，在最后还针对实际的工作需求讲解了使用按钮控制动画的播放与暂停的方法。通过学习，读者可以掌握动作脚本方面的知识，为深入学习 Flash CC 奠定基础。

11.1 编程环境

Flash 动画不仅可以根据不同的要求动态地调整动画播放的顺序或内容，还可以接受反馈的信息实现交互操作，这些都可以利用 Flash 中的编程语言——ActionScript 来实现。ActionScript 是 Flash 中的一种高级技术，也是 Flash 中的一种编程语言。

微视频

11.1.1 ActionScript 简介

ActionScript 是 Flash 的脚本语言，可以用来在动画中添加交互性动作，可以在 Flash、Flex、AIR 内容和应用程序中实现交互性。

在简单的动画中，Flash 会按顺序播放动画中的场景和帧；在交互动画中，用户可以使用键盘或鼠标与动画交互。例如，用户可以单击动画中的按钮，然后跳转到动画的不同部分继续播放；可以移动动画中的对象；可以在表单中输入信息等。在 Flash CC 中，使用 ActionScript 可以控制 Flash 动画中的对象，创建导航元素和交互元素，以及扩展 Flash 创作交互动画和进行网络应用的能力。

ActionScript 的使用方法如下：

- 使用“脚本助手”模式可以将 ActionScript 添加到 FLA 文件中，而无须用户编写代码。选择动作，软件将显示一个用户界面，用于输入每个动作所需的参数。使用这种方式不必学习语法，但用户必须对完成特定任务应使用哪些函数有所了解。许多设计人员和非程序员适用使用此模式。
- 使用行为也可以将代码添加到文件中，而无须用户编写代码。行为是针对常见任务预先编写的脚本。用户可以添加行为，然后在【行为】面板中轻松地进行配置。行为仅对 ActionScript 2.0 及更早版本可用。
- 编写自己的 ActionScript 可以使用户获得最大的灵活性和对文档的最大控制能力，但同时要求用户熟悉 ActionScript 的语言和约定。
- 组件是预先构建的影片剪辑，可实现复杂的功能。组件可以是一个简单的用户界面控件（例如复选框），也可以是一个复杂的控件（例如滚动窗格）。用户可以自定义组件的功能和外观，并可以下载其他开发人员创建的组件。大多数组件要求用户自行编写一些 ActionScript 代码来触发或控制组件。

11.1.2 【动作】面板

【动作】面板是 ActionScript 编程的专用环境，在菜单栏中单击【窗口】菜单，在弹出的下拉菜单中选择【动作】菜单项，即可打开【动作】面板，【动作】面板由动作编辑区和工具栏组成，如图 11-1 所示。

对工具栏中各工具的说明如下。

- 【插入实例路径和名称】按钮⊕：插入目标路径。
- 【查找】按钮🔍：查找和替换文本内容。

- 【设置代码格式】按钮：设置 ActionScript 的格式，以实现正确的编码语法和更好的可读性。
- 【代码片断】按钮：单击该按钮将打开【代码片断】面板，添加 Flash 自带的代码片断。
- 【帮助】按钮：打开 Flash 的帮助功能。

动作编辑区用来编辑 ActionScript 脚本程序，用户可以直接在该编辑区中输入代码。

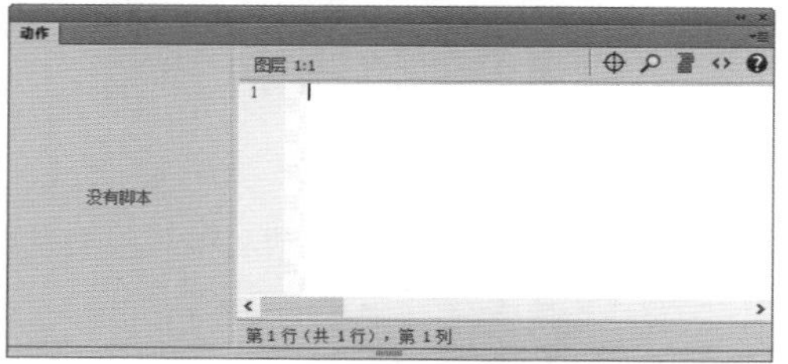

图 11-1

11.1.3 添加脚本代码

在【代码片断】面板中，将需要使用的代码片断添加到要应用的动画中，才能起到制作动画的作用。下面介绍添加代码片断的方法。

（1）新建 Flash 空白文档，①在菜单栏中单击【窗口】菜单，②选择【代码片断】菜单项，如图 11-2 所示。

（2）打开【代码片断】面板，①单击展开【ActionScript】文件夹，②单击展开【动作】子文件夹，③用鼠标双击【播放影片剪辑】选项，如图 11-3 所示。

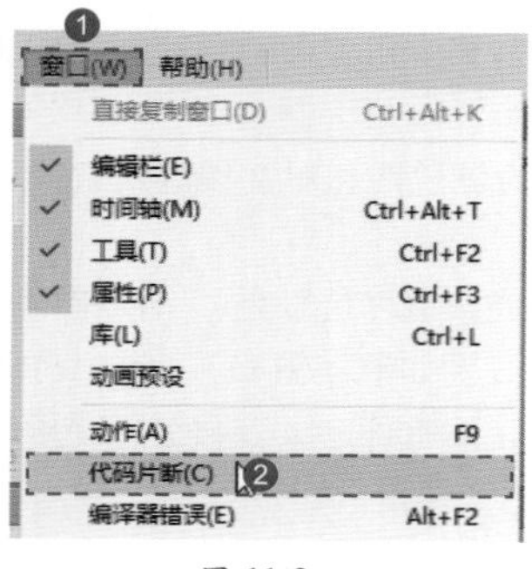

图 11-2

图 11-3

（3）弹出【动作】面板，此时可以看到详细的代码，这样即可完成添加代码片断的操作，如图 11-4 所示。

知识常识

在 Flash CC 中，当为舞台中的对象添加代码片断时，若该对象不是影片剪辑，系统将弹出【Adobe Flash Professional】对话框，提示将对象转换为影片剪辑并创建实例名称，此时单击【确定】按钮，以完成添加代码片断的操作。

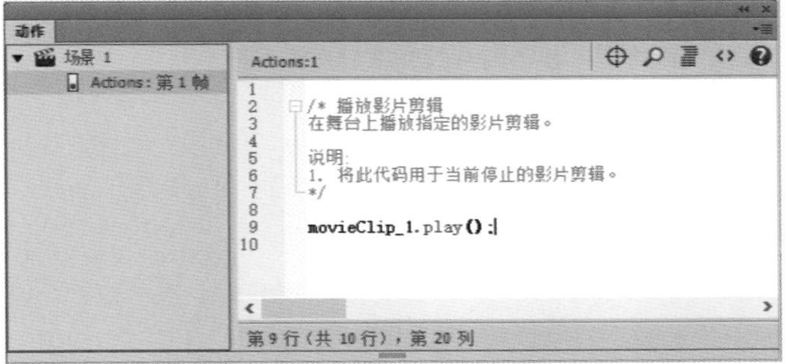

图 11-4

11.2 脚本语言

脚本语言是一种编程语言，ActionScript 是 Flash 的脚本语言。

微视频

11.2.1 语法规则

在 Flash CC 中编写 ActionScript 脚本的过程中要熟悉其编写时的语法规则，其中常用的语法包括点语法、花括号、圆括号、程序注释和分号等。

1. 点语法

在 ActionScript 3.0 中，点（.）被用来指明与某个对象或影片剪辑相关的属性和方法，也被用来标识指向影片剪辑或变量的目标路径。点语法表达式由对象或影片剪辑名称开头，接着是一个点，最后是要指定对象的属性、方法和变量。

例如，_x 影片剪辑属性指示影片剪辑在舞台上的 X 轴位置，表达式 pallMC._x 则表示引用影片剪辑实例 pallMC 的 _x 属性，表达式 pallMC.play() 则表示引用影片剪辑实例 pallMC 的 play() 方法。

2. 花括号

在 ActionScript 中，很多语法规则都沿用了 C 语言的规范，一般常用花括号“{}”组合在一起形成块，把花括号中的代码看作一句完整的语句，条件语句、循环语句通常也使用花括号进行分块，如图 11-5 所示。

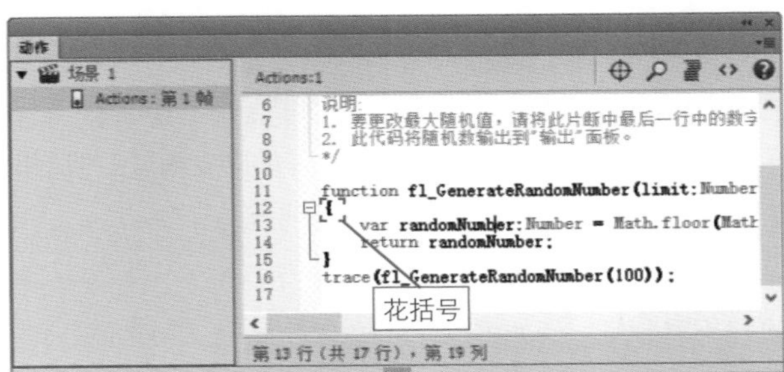

图 11-5

3. 圆括号

在 Flash CC 中定义函数时，要将所有参数都放在圆括号中使用。在 ActionScript 中可以通过以下 3 种方式使用圆括号“( )”。

- 第一种方法，可以使用圆括号更改表达式中的运算顺序，组合到圆括号中的运算总是最先执行的。例如，圆括号可用来改变以下代码中的运算顺序：

```
trace(2+3*4);                    //14
trace(2+3)*4);                   //20
```

- 第二种方法，可以结合使用圆括号和逗号运算符（,）计算一系列表达式并返回最后一个表达式的结果。例如：

```
var  a:int  =  4;
var  b:int  =  3;
trace((a++,b++,a+b))             //9
```

- 第三种方法，可以使用圆括号向函数或方法传递一个或多个参数。例如，下面的 trace() 函数传递一个字符串值：

```
trace("hello");                  //hello
```

4. 程序注释

在 Flash CC 中，当需要记住一个动作的作用时，可以在【动作】面板中使用注释语句（comment）为帧或按钮动作添加程序注释。通过在脚本中添加注释，方便使用者了解想要关注的内容。

- 使用字符“//”可以在创建脚本时添加单行注释。例如：

```
on(release){
myDate = new Date();             // 建立新的对象
currentMonth=myDate.getMonth();  // 把用数字表示的月份转换为用文字表示的月份
monthName = calcMoth(currentMonth);
year = myDate.getFullYear();
currentDate = myDate.getDat();
```

- 使用字符“/*”和“*/”可以在创建脚本时添加多行注释。例如：

```
/*
用键盘箭头移动
*/
```

5. 分号

在 Flash CC 中，ActionScript 语句用分号（;）结束，但如果省略语句结尾的分号，Flash 仍然可以成功地编译脚本，因此使用分号只是一个很好的脚本编写习惯。例如：

```
column = passedDate.getDay();
row = 0;
```

同样的语句也可以不写分号，例如可以写成“column = passedDate.getDay() row = 0”。

6. 字母的大小写

在 Flash CC 中使用 ActionScript 脚本时，对于变量和对象的字母的大小写有严格的要求，例如语句“var ppr: Number=2;”和“var PPR: Number=5;”，因大小写不同，即代表的变量也不相同。在输入关键字时，如果没有正确地使用字母的大小写，程序将提示错误，而以正确的大小写输入的关键字则显示为蓝色。

7. 空白和多行书写

在 Flash CC 中，各语句的关键字之间都会有空格，这个空格叫作空白，包括空格键、Tab 键和 Enter 键等，如图 11-6 所示。

```
var myAlign myAlign= “true” ;
```

图 11-6

一般情况下，单独一条语句必须在一行内输入完成，但会有代码过长的时候，此时则需要使用多行书写方法，如图 11-7 所示。

```
var myArray:[ “0”, “1”, “2”,
“3”, “4”, “5”,
“5”, “5”, “5”]
```

图 11-7

11.2.2 数据类型

数据是程序的必要组成部分，编程时的基本数据类型包含 Boolean、int、Null、Number、String 和 void 等，复杂数据类型包含 Object、Array、Date、Error、Function、RegExp、XML 和 XMLList。

1. Boolean类型

Boolean 是一个逻辑数据类型，Boolean 数据类型只包含两个值——true 和 false，其他任何值均无效，其默认值为 false。在 ActionScript 语句中，也会在适当的时候将值 true 和 false 转换为 1 和 0，在一般情况下，这两个逻辑值与 ActionScript 语句中控制程序流的逻辑运算符一起使用。

2. Null数据类型

Null 数据类型仅包含一个值，即 null，也可以被认为是常量，用来指示某个属性或变量尚未赋值，用户可以在以下情况下指定 null 值。

- 表示变量存在，但尚未接收到值。
- 表示变量存在，但不再包含值。
- 作为函数的返回值，表示函数没有可以返回的值。
- 作为函数的参数，表示可省略任何一个参数。

3. String数据类型

String 数据类型表示的是一个字符串。无论是单一字符还是若干字符，都使用这个数据类型，除了内存限制以外，对长度没有任何限制。但是，如果要赋予字符串变量，字符串数据应该使用单引号或双引号。

4. MovieClip数据类型

在 Flash CC 中，影片剪辑是 Flash 应用程序中可以播放动画的元件，是唯一引用图形元素的数据类型。MovieClip 数据类型允许使用 MovieClip 类的方法控制影片剪辑元件。

在调用 MovieClip 类的方法时不使用构造函数，可以在舞台上创建一个影片剪辑实例，然后只需使用点（.）运算符调用 MovieClip 类的方法，即可通过在舞台上使用影片剪辑和动态创建影片剪辑的方法实现。

5. int、Number数据类型

int 数据类型是一个 32 位整数，值介于 −2 147 483 648 和 +2 147 483 647 之间，使用整数进行计算可以大幅度提高计算效率。int 数据类型变量常作为计数器的变量类型，也会在一些像素操作中作为坐标进行传递。

如果处理范围超出 32 位的整数或者处理涉及小数点的数时，可以使用 Number 数据类型。Number 数据类型是 64 位浮点数，默认值为 NaN。

6. void数据类型

void 类型只有一个值，即 undefined。void 数据类型的唯一作用是在函数中指示函数的返回值，如图 11-8 所示。

在图 11-8 所示的语句中，First() 函数无须返回值，而 Second() 函数必须返回一个值。

可以使用 trace() 函数返回上面两个函数的返回值，将代码改为如下形式，如图 11-9 所示。

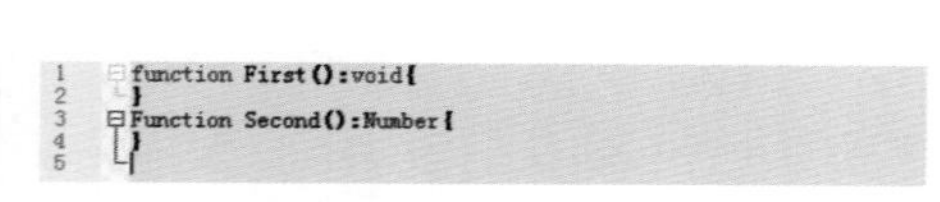

```
function First():void{
}
function Second():Number{
}
```

图 11-8

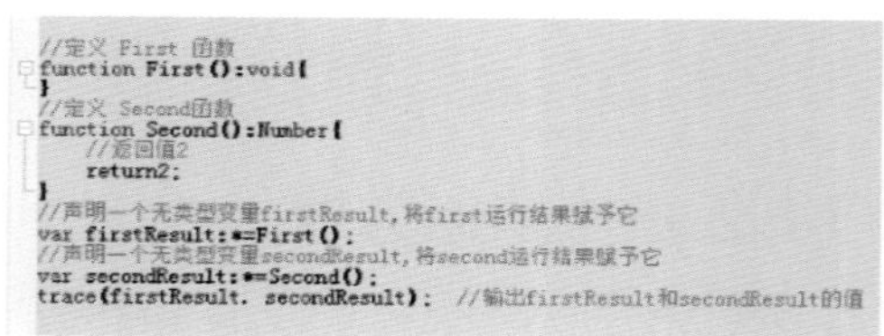

```
//定义 First 函数
function First():void{
}
//定义 Second函数
function Second():Number{
    //返回值2
    return2;
}
//声明一个无类型变量firstResult,将first运行结果赋予它
var firstResult:*=First();
//声明一个无类型变量secondResult,将second运行结果赋予它
var secondResult:*=Second();
trace(firstResult, secondResult);  //输出firstResult和secondResult的值
```

图 11-9

上述代码的运行结果为 undefined 2。

7. Object数据类型

Object 数据类型是由 Object 类定义的，是属性的集合，是用来描述对象的特性的。在 Flash CC 中，每个属性都是有名称和值的，属性值可以是任何 Flash 数据类型，甚至可以是 Object 数据类型，这样就可以使对象包含对象（即将其嵌套）。

11.2.3 变量

变量是包含信息的容器，容器本身不变，但内容可以更改。常量是在程序运行时不会改变的量。

1. 变量的类型

在使用变量之前应指定其存储数据的数据类型，该类型将对变量的值产生影响，而变量主要有以下 4 种类型。

- 逻辑变量：判断指定的条件是否成立，值有两种，即 true 和 false，前者表示成立，后者表示不成立。
- 字符串变量：用于保存特定的文本信息。

- 数值型变量：用于存储一些特定的数值。
- 对象型变量：用于存储对象型的数据。

2. 定义变量

在 Flash CC 中，变量名用于区分不同变量，变量值可以确定变量的类型和大小，用户可以在动画的不同部分为变量赋予不同的值，使变量在名称不变的情况下其值可以随时变化。变量可以是一个字母，也可以是由一个单词或几个单词构成的字符串，并且用户可以在定义变量的同时为变量赋值。

在 Flash CC 中使用关键字 var 定义变量，例如下面的语句：

```
var myname:String;
```

该语句声明了一个名为 myname 的字符串类型变量。

3. 命名变量

在 Flash CC 中，ActionScript 脚本使用关键字 var 命名变量，变量名必须区分大小写。例如：

```
var k1:String                                  //命名一个名为 k1 的字符串类型变量
var k1:String, var k2:String, var k3:String //命名多个字符串类型变量
```

在 Flash CC 中命名变量名称时，用户还应该遵循以下规则：

- 变量名必须是一个标识符，不能包含任何特殊符号。
- 变量名不能是关键字及布尔值（true 和 false）。
- 变量名在其作用域中唯一。
- 变量名应有一定的意义，通过一个或者多个单词组成有意义的变量名可以使变量的意义明确。
- 可根据需要混合使用大小写字母和数字。
- 在 ActionScript 中使用变量时应遵循“先定义后使用”的原则。

4. 为变量赋值

在 Flash CC 中命名变量时也可以为变量赋值，并且可以为一个或多个变量赋值，在变量名后使用“=”即可为变量赋值，下面介绍为变量赋值的方法。

（1）新建 Flash 空白文档，打开【动作】面板，在编辑区中输入语句“var k1:String;”，定义一个变量，如图 11-10 所示。

（2）按 Enter 键进行换行，在第二行输入语句“k1="Hello";”，为变量赋值，如图 11-11 所示。

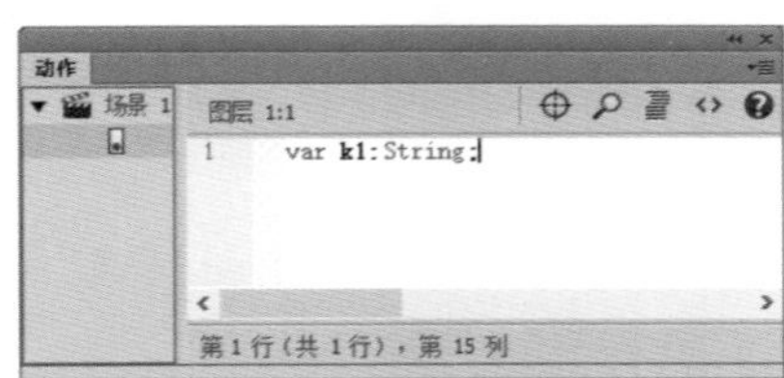

图 11-10

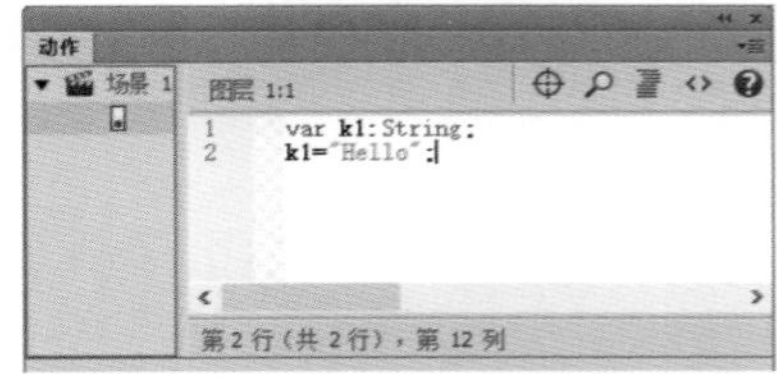

图 11-11

（3）按 Enter 键进行换行，在第三行输入语句“trace(k1)　//返回变量值”，如图 11-12 所示。

（4）按 Ctrl+Enter 组合键测试影片，在弹出的【输出】面板中可以看到被赋值的变量，如图 11-13 所示。

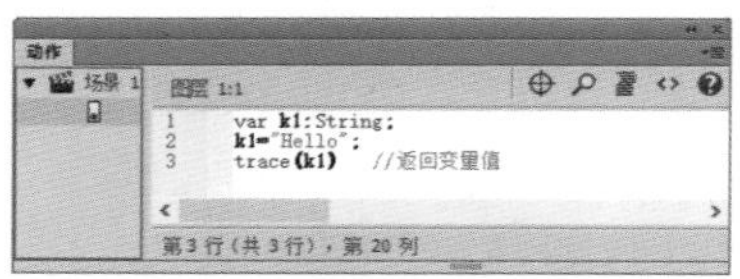

图 11-12

图 11-13

11.2.4 函数

在 Flash CC 中，函数作为类的一个功能，而类用来封装一些函数和变量，并且无须导入即可使用。在 ActionScript 中，用户可以使用全局函数和自定义函数进行运算。下面介绍全局函数和自定义函数方面的知识。

1. 全局函数

全局函数也被称为顶级函数，是 ActionScript 中的预定义函数，包括 trace() 函数、转义操作函数、转换函数和判断函数。下面详细介绍这些函数。

- trace() 函数：在调用时，可以将表达式的值在【输出】面板中显示，单个的 trace() 函数还可以支持多个参数。
- 转义操作函数：包括 escape() 转义函数和 unescape() 反转义函数，转义函数会将参数转换为字符串，而反转义函数则将参数作为字符串计算。
- 转换函数：包括 parseInt() 函数、parseFloat() 函数、Number() 函数、String() 函数和 Boolean() 函数等，用于转换数据的类型。
- 判断函数：包括 isXMLName() 函数、isFinite() 函数和 isNaN() 函数，用于判断对字符串或表达式的操作是否可行。

在 Flash CC 中，用户可以根据需要使用 ActionScript 中的预定义全局函数，下面以 trace() 函数为例介绍使用预定义全局函数的方法。

（1）新建 Flash 空白文档，打开【动作】面板，在编辑区中输入语句“var a1:String=" 预定义 ";”，定义变量并赋值，如图 11-14 所示。

（2）按 Enter 键进行换行，在第二行输入语句“var a2:String=" 函数 ";”，定义变量并赋值，如图 11-15 所示。

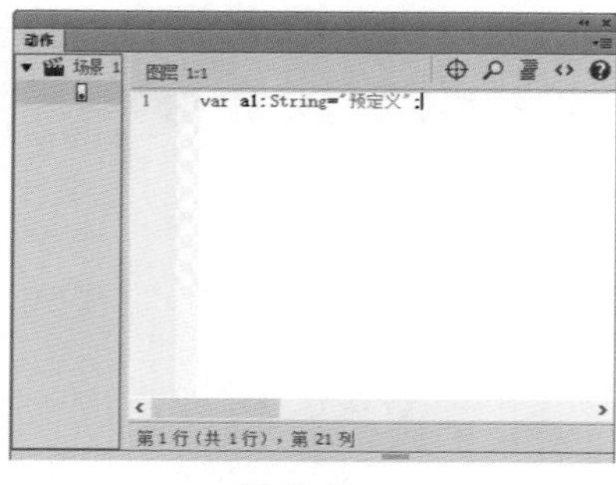

图 11-14

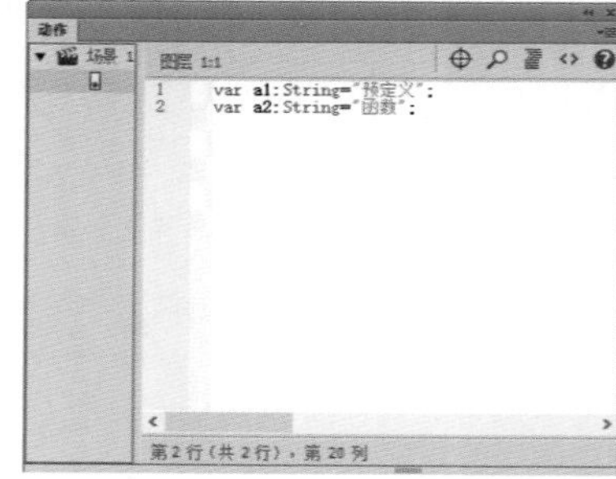

图 11-15

（3）按 Enter 键进行换行，在第三行输入预定义语句“trace(a1+a2)”，返回变量值，如图 11-16 所示。

（4）按 Ctrl+Enter 组合键，在弹出的【输出】面板中可以看到使用预定义全局函数的结果，这样即可完成使用预定义全局函数的操作，如图 11-17 所示。

图 11-16

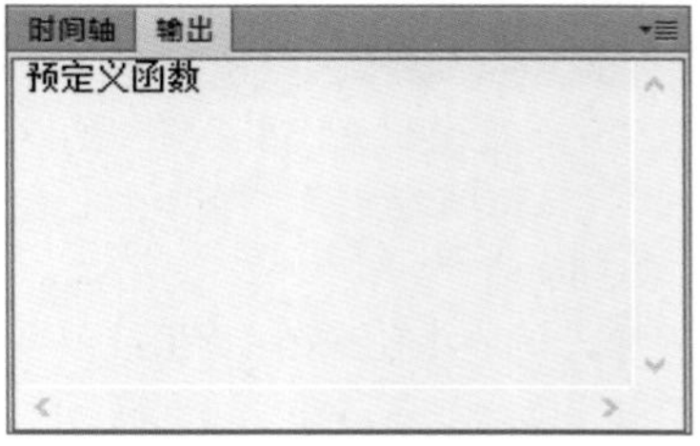

图 11-17

2. 自定义函数

在自定义函数时，可以定义一系列的语句对其进行运算，最后返回运算结果。在 ActionScript 3.0 中，可以通过使用函数语句和使用函数表达式两种方式自定义函数。用户可以根据自己的编程风格来选择使用哪种方法自定义函数。下面详细介绍使用自定义函数方面的知识。

1）函数语句

函数语句是在严格模式下定义函数的首选方法，函数语句以 function 关键字开头，后面一般跟随函数名、用圆括号括起来的逗号分隔参数列表、用花括号括起来的函数体，即在调用函数时要执行的 ActionScript 代码。

下面的代码创建了定义一个参数的函数，然后将字符串“welcome”用作参数值来调用该参数。

```
function traceParametter(aParam:String)
{
   trace(aParam);
}
traceParametter("welcome");    //welcome
```

下面是一个简单函数的定义：

```
// 计算矩形面积的函数
function areaOfBox(a, b) {
return a*b; // 在这里返回结果
}
// {测试函数
area = areaOfBox(3, 6);
trace("area="+area);
}
```

下面分析一下函数定义的结构，function 关键字说明这是一个函数定义，其后便是函数的名称“areaOfBox”，函数名称后面的圆括号内是函数的参数列表，花括号内是函数的实现代码。如果函数需要返回值，可以使用 return 关键字加上要返回的变量名、表达式或常量名。在一个函数中可以有多个 return 语句，但只要执行了其中的任何一个 return，函数便自行终止。

因为 ActionScript 具有的特殊性，函数的参数定义并不要求声明参数的类型，虽然把上例中倒数第二行改为“area = areaOfBox("3", 6);”同样可以得到 18 的结果，但是这对程序的稳定性非常不利（假如函数里面用到了 a+b，就会变成字符串的连接运算，结果自然会出错），所以在函数中有时候类型检查是不可少的。

在函数体中参变量用来代表要操作的对象。在函数中对参变量的操作就是对传递给函数的参数的操作。在调用函数时，上例中的 a*b 会被转化为参数的实际值 3*6 处理。

2）函数表达式

函数表达式有时也称函数字面值或匿名函数，带有函数表达式的赋值语句以 var 关键字开头，后面一般跟随函数名、冒号运算符（:）、指示数据类型的 Function 类、赋值运算符（=）、function 关键字、用圆括号括起来的逗号分隔参数列表、用花括号括起来的函数体，即在调用函数时要执行的 ActionScript 代码。

例如，下面的代码使用函数表达式声明 traceParameter() 函数。

```
var traceParameter:Function = function(aParam:String)
{
   trace(aParam);
};
traceParameter("welcome");    //welcome
```

注意，就像在函数语句中一样，在上面的代码中也没有指定函数名。

下面的代码显示了一个赋予数组元素的函数表达式：

```
var myArray:Array = new Array();
traceArray [0] = function(aParam:String)
{
  trace(aParam);
};
traceArray [0]("welcome");
```

经验技巧

在 Flash CC 中，函数表达式和函数语句的另一个重要区别是，函数表达式是表达式，而不是语句。这意味着函数表达式不能独立存在，而函数语句可以。函数表达式只能用作语句的一部分。

11.2.5 表达式和运算符

在 Flash CC 中，运算对象和运算符的组合被称为表达式。

1. 表达式

ActionScript 中的表达式可以被生成单个值的 ActionScript“短语”，该短语可以包含文字、变量和运算符等。ActionScript 表达式按复杂程度来分，可以分为简单表达式和复杂表达式，按功能来分，可以分为赋值表达式和单值表达式，如表 11-1 所示。

表 11-1　ActionScript 表达式类型

分类方式	类　　型	示　　例
按复杂程度	简单表达式：由文字组成	“你好”
	复杂表达式：包含变量、函数、函数调用及其他表达式	var k1: String; k1="Hello"; trace(k1)
按功能	赋值表达式：用于赋值	trace(5)
	单值表达式：用于计算单值	String("("+var_b+")%("+anExpression+")")

2. 字符串运算符

字符串运算符是将字符串用加法运算符连接起来合并成新的字符串，下面介绍使用字符串运算符的方法。

（1）新建 Flash 空白文档，打开【动作】面板，在编辑区中输入语句“var n1:String=" 欢迎 ";”，定义变量并赋值，如图 11-18 所示。

（2）按 Enter 键进行换行，在第二行输入语句“var n2:String=" 光临 ";”，定义变量并赋值，如图 11-19 所示。

图 11-18

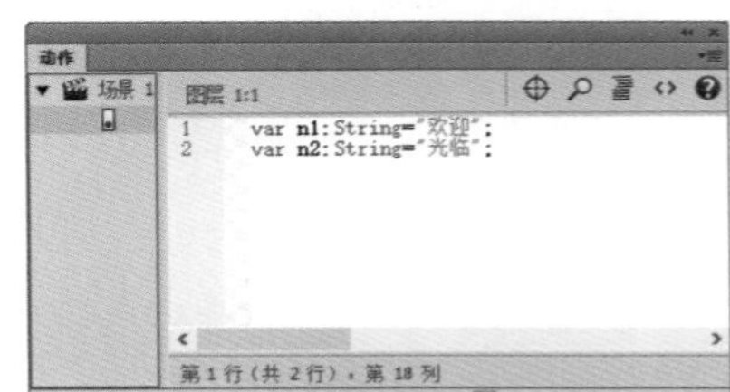

图 11-19

（3）按 Enter 键进行换行，在第三行输入语句“trace(n1+n2)”，返回变量值，如图 11-20 所示。

（4）按 Ctrl+Enter 组合键，在弹出的【输出】面板中可以看到字符串运算后的结果，如图 11-21 所示。

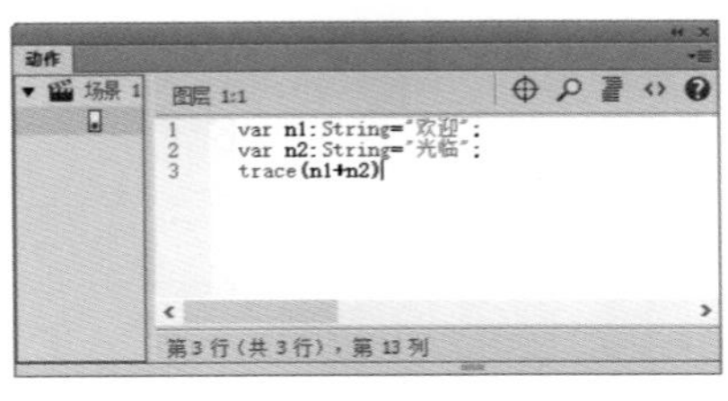

图 11-20

图 11-21

3. 算术运算符

使用算术运算符可以执行加法、减法、乘法、除法以及其他数学运算，它是最简单、最常用的运算符。算术运算符的优先级与一般数学公式计算中的优先级相同，如表 11-2 所示。

表 11-2　算术运算符

运算符	执行的运算	举例	结果
+	加法	A=7+3	A=10
-	减法	A=8-3	A=5
*	乘法	A=7*3	A=21
/	除法	A=8/3	A=2.6
%	求模	A=9%4	A=1
++	递增	A++	A 增加 1
--	递减	A--	A 减少 1

在 Flash CC 中打开【动作】面板，在编辑区中输入定义变量并赋值，然后输入算术运算符，即可完成算术运算的操作，如图 11-22 和图 11-23 所示。

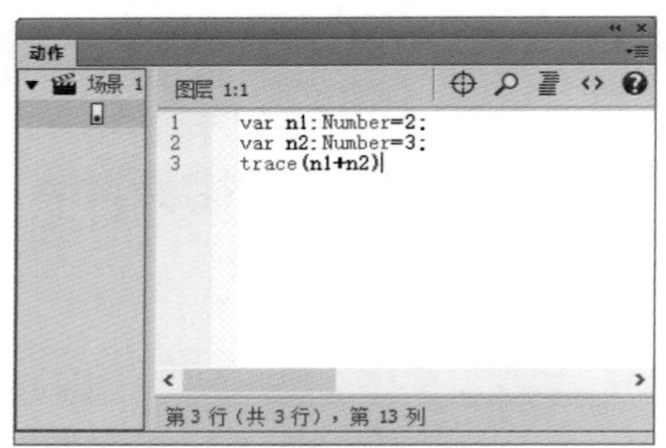

图 11-22

图 11-23

4. 比较运算符

比较运算符用于比较表达式的值，然后返回一个布尔值，这些运算符常用于判断循环是否结束或用于条件语句中，如表 11-3 所示。

表 11-3　比较运算符

运算符	执行的运算
<	小于
>	大于
<=	小于或等于
>=	大于或等于

5. 逻辑运算符

逻辑运算符也称与或运算符，它是二元运算符，是对两个操作数进行“与”操作或者“或”操作，完成后返回布尔型结果。逻辑运算也常用于条件运算和循环运算，在一般情况下，逻辑运算符的两边为表达式。逻辑运算符具有不同的优先级，表 11-4 按优先级递减的顺序列出了逻辑运算符。

表 11-4　逻辑运算符

运算符	执行的运算
&&	如果 expression1 为 false 或可以转换为 false，则返回该表达式，否则返回 expression2
||	如果 expression1 为 true 或可以转换为 true，则返回该表达式，否则返回 expression2
!	对变量或表达式的布尔值取反

6. 位运算符

在 Flash CC 中，位运算会将其运算符前后的表达式转换为二进制数进行运算，位运算的操作数只能为整型和字符型数据。位运算符如表 11-5 所示。

表 11-5　位运算符

运算符	执行的运算
&	按位“与”
|	按位“或”
^	按位“异或”
～	按位“非”
<<	左移位
>>	右移位
>>>	右移位填 0

7. 赋值运算符

赋值运算符主要用来将数值或表达式的计算结果赋给变量或常量，用户可以使用赋值运算符为变量或常量赋值。赋值运算符如表 11-6 所示。

表 11-6　赋值运算符

运算符	执行的运算
=	赋值
+=	相加并赋值
−=	相减并赋值
*=	相乘并赋值
%=	求模并赋值
/=	相除并赋值
<<=	按位左移并赋值
>>=	按位右移并赋值
>>>=	右移位填 0 并赋值
^=	按位“异或”并赋值
!=	按位“或”并赋值
&	按位“与”并赋值

8. 运算符的使用规则

ActionScript 中的运算符分为数值运算符、赋值运算符、逻辑运算符、等于运算符等，当两个或两个以上的运算符在同一个表达式中被使用时，一些运算符与其他运算符相比有更高的优先级，ActionScript 就是严格遵循整个优先等级来决定哪个运算符首先执行，哪个运算符最后执行的。

现将一些运算符按优先级从高到低排列，如表 11-7 所示。

表 11-7　运算符的使用规则

运算符	说明	结合规则
()	函数调用	从左到右
[]	数组元素	从左到右
.	结构成员	从左到右
++	前递增	从右到左
--	前递减	从右到左
new	分配对象	从右到左
delete	取消分配对象	从右到左
typeof	对象类型	从右到左
void	返回未定义值	从右到左
*	相乘	从左到右
/	相除	从左到右
%	求模	从左到右
+	相加	从左到右

经验技巧

在 Flash CC 中，运算符的使用规则包括优先级规则和运算符结合规则，在 ActionScript 中，通常情况下运算符是按照从左到右计算，也有一些是从右到左计算的，例如三元条件运算符（?:）、赋值运算符（=、*=、/=、%=、+=、-=、&=、^=、<<=、>>=、>>>=）。

11.3　范例应用——使用按钮控制动画的播放与暂停

微视频

用户可以运用本章所学的知识点使用按钮控制动画的播放与暂停，所用到的知识点包括绘制按钮、创建补间形状动画、插入关键帧、将舞台中的元素转换为元件、通过代码控制动画的播放与暂停。

实例文件保存路径：配套素材\第 11 章\效果文件

实例效果文件名称：使用按钮控制动画的播放与暂停.fla

（1）新建动画文档，设置舞台大小为【符合窗口大小】选项，如图 11-24 所示。

（2）在【属性】面板中设置舞台颜色为 #3300CC，如图 11-25 所示。

图 11-24

图 11-25

（3）将“图层 1”重命名为“动画”，使用矩形工具在舞台中绘制红色的矩形，如图 11-26 所示。

（4）在第 100 帧处插入关键帧，使用多角星形工具在舞台中绘制红色的五角星，如图 11-27 所示。

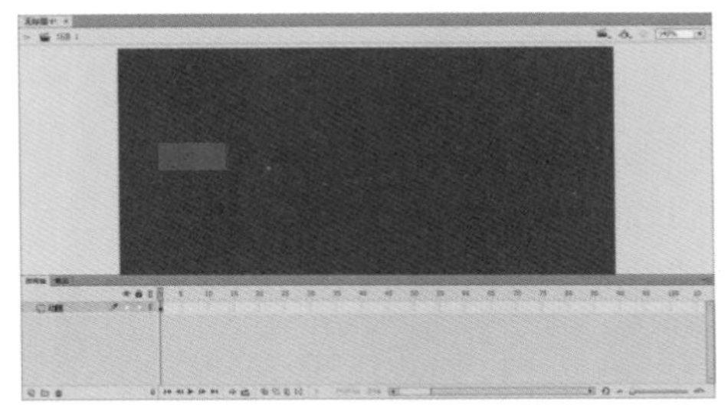

图 11-26

图 11-27

（5）为第 1 ～ 100 帧创建补间形状动画，新建“图层 2”并重命名为“按钮”，然后选中“按钮”图层的第 1 帧，使用矩形工具绘制播放按钮，如图 11-28 所示。

（6）选中播放按钮，按 F8 键打开【转换为元件】对话框，设置参数如图 11-29 所示。

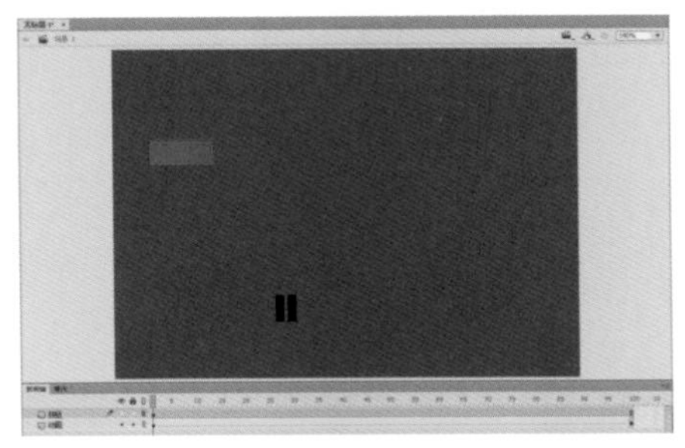

图 11-28

图 11-29

（7）使用线条工具在舞台中绘制暂停按钮，如图 11-30 所示。

（8）选中暂停按钮，按 F8 键打开【转换为元件】对话框，设置参数如图 11-31 所示。

（9）新建“图层 3”并重命名为“代码”，如图 11-32 所示。

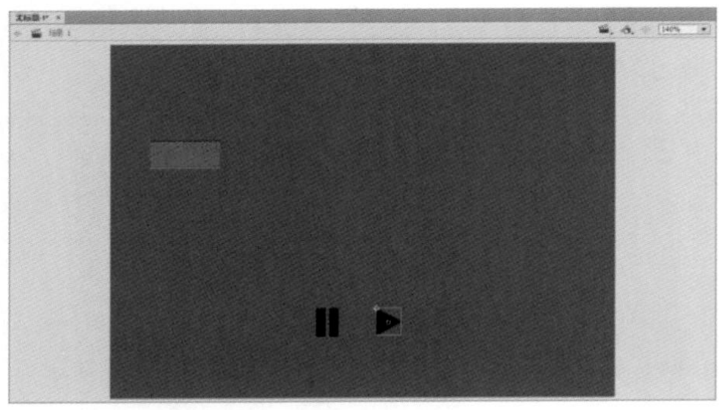

图 11-30

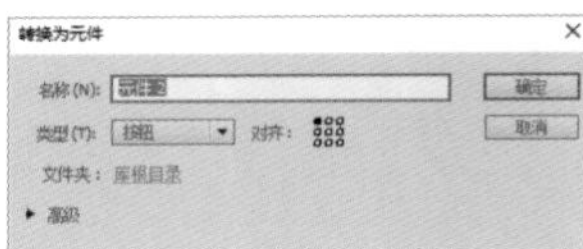

图 11-31

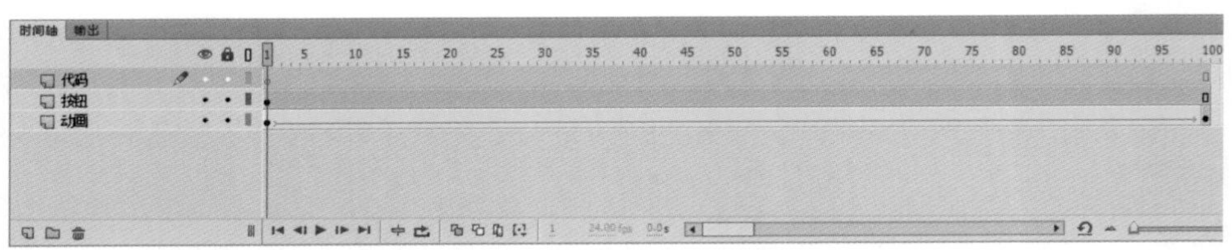

图 11-32

（10）选中播放按钮，在【属性】面板中输入元件的名称，如图 11-33 所示。

（11）选中暂停按钮，在【属性】面板中输入元件的名称，如图 11-34 所示。

图 11-33

图 11-34

（12）选中“代码”图层的第 1 帧，打开【动作】面板，输入代码，如图 11-35 所示。

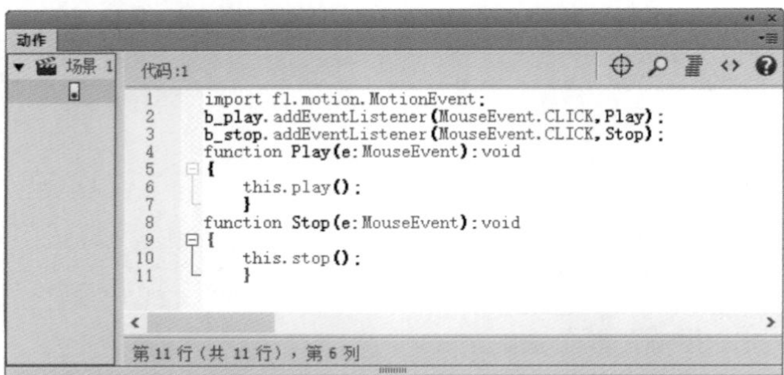

图 11-35

（13）选中“代码”图层的第 100 帧，按 F6 键插入关键帧，继续输入代码，如图 11-36 所示。

（14）按 Ctrl+Enter 组合键测试影片，如图 11-37 所示。

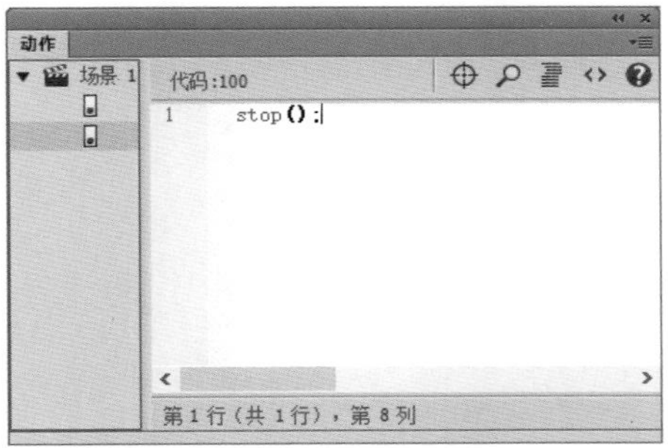

图 11-36

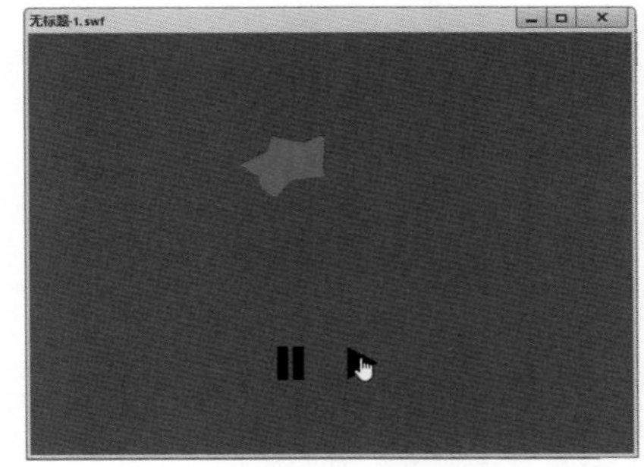

图 11-37

11.4 课后习题

一、填空题

1. Flash 动画不仅可以根据不同的要求动态地调整动画播放的顺序或内容，还可以接受反馈的信息实现交互操作，这些都可以利用 Flash 中的编程语言——____________来实现。

2.【动作】面板由动作编辑区和____________组成。

二、判断题

1. 在 Flash CC 中，使用 ActionScript 可以控制 Flash 动画中的对象，创建导航元素和交互元素，以及扩展 Flash 创作交互动画和进行网络应用的能力。（　　）

2. 在【代码片断】面板中，将需要使用的代码片断添加到要应用的动画中，才能起到制作动画的作用。（　　）

三、简答题

1. 在 Flash CC 中怎样添加脚本代码？

2. 在 Flash CC 中怎样打开【动作】面板？

第 12 章 测试与发布动画

本章学习素材

本章要点：

- 优化 Flash 影片
- Flash 动画的测试
- 发布 Flash 动画

本章主要内容：

本章主要介绍优化 Flash 影片和测试 Flash 动画方面的知识与技巧，同时讲解了如何发布 Flash 动画，在最后还针对实际的工作需求讲解了输出 GIF 动画、输出 MOV 视频、输出 PNG 图像和输出 SVG 图像的方法。通过学习，读者可以掌握测试与发布动画方面的知识，为深入学习 Flash CC 奠定基础。

12.1 优化 Flash 影片

微视频

优化 Flash 影片主要包括优化图像文件和优化矢量图等，本节将详细介绍优化 Flash 影片方面的相关知识及操作方法。

12.1.1 优化图像文件

在 Flash CC 中，为了得到更清晰的画面，用户可以对图像文件进行优化。下面介绍优化图像文件的操作方法。

（1）打开【库】面板，右击要优化的图片，在弹出的快捷菜单中选择【属性】菜单项，如图 12-1 所示。

（2）弹出【位图属性】对话框，设置优化的参数，单击【确定】按钮即可完成优化图像文件的操作，如图 12-2 所示。

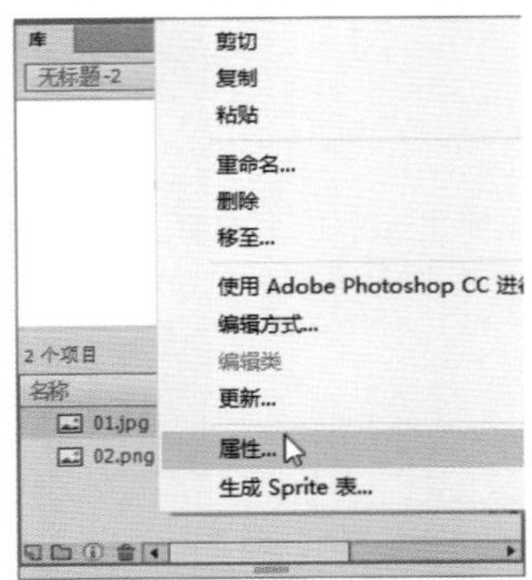

图 12-1

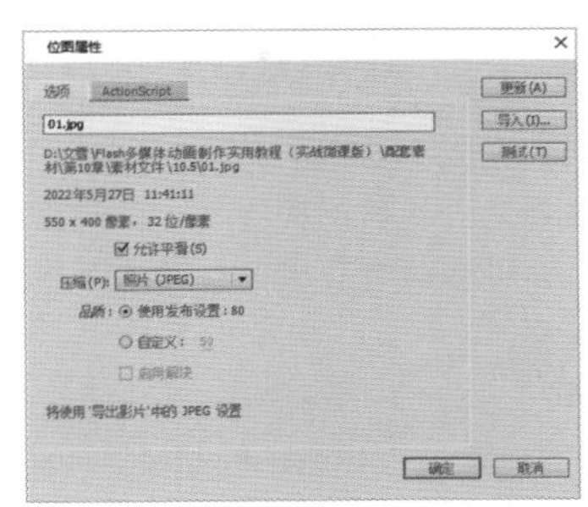

图 12-2

12.1.2 优化矢量图

矢量图是用包含颜色、位置和属性的直线或曲线公式来描述图像的，因此矢量图可以被任意放大且不变形。下面详细介绍优化矢量图的方法。

（1）在 Flash 文档中选中矢量图，①在菜单栏中单击【修改】菜单，②选择【形状】菜单项，③选择【优化】子菜单项，如图 12-3 所示。

（2）弹出【优化曲线】对话框，①在【优化强度】文本框中输入强度值，②单击【确定】按钮，如图 12-4 所示。

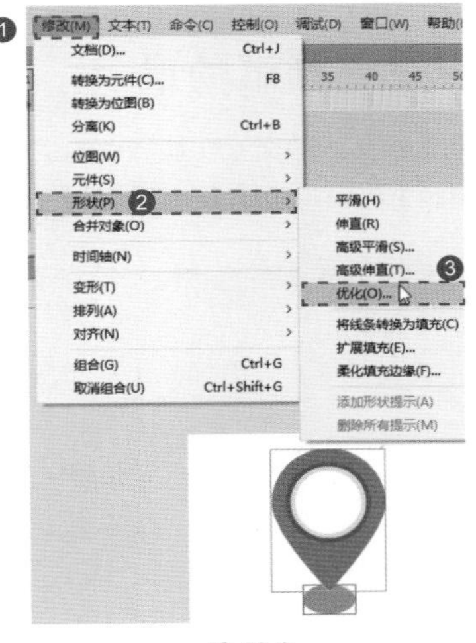

图 12-3

（3）弹出提示对话框，单击【确定】按钮即可完成优化矢量图的操作，如图 12-5 所示。

图 12-4

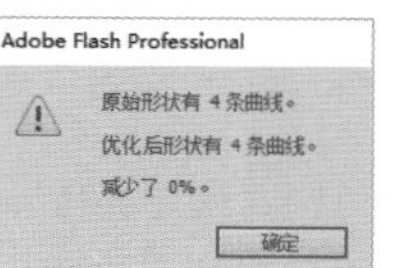

图 12-5

12.2 Flash 动画的测试

微视频

对 Flash 动画文件进行测试，能够确保动画作品流畅并按照期望的情况进行播放，这样才可以使作品在网络中播放得流畅自如，从而提高点击率。本节将详细介绍 Flash 动画测试方面的知识及操作方法。

12.2.1 测试影片

在制作完成 Flash 影片后，用户就可以将其导出，但在导出之前应对动画文件进行整体测试，以检查是否能够正常播放。在创建动画后，在菜单栏中单击【控制】菜单，选择【测试】菜单项，即可测试当前准备查看的影片，如图 12-6 所示。

知识常识

在 Flash CC 中将动画制作完成后，还可以按 Ctrl+Enter 组合键测试影片，执行该操作后，制作好的动画将会自动生成一个 SWF 文件，并且在播放器中播放。

12.2.2 测试场景

如果想对具体的交互功能和动画进行预览，也可以选择【测试场景】菜单项。在菜单栏中单击【控制】菜单，选择【测试场景】菜单项，即可测试当前场景的播放效果，如图 12-7 所示。

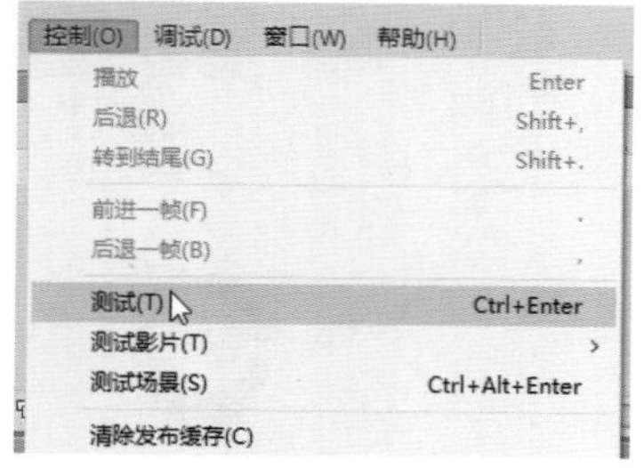

图 12-6

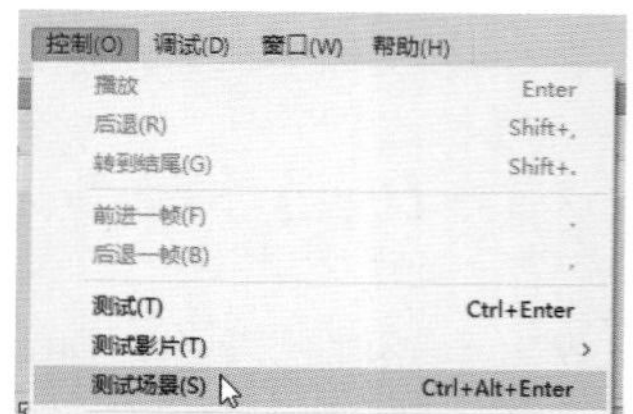

图 12-7

12.3 发布 Flash 动画

微视频

在测试影片的过程中，如果没有问题，用户可以按照要求来发布 Flash 动画，以便于动画的推广和传播。本节将详细介绍设置发布选项、进行发布预览和发布 Flash 动画等方面的知识及操作方法。

12.3.1 发布设置

在发布 Flash 动画之前，为了达到适合的效果，用户可以对发布的内容进行设置。下面介绍设置发布选项的操作方法。

（1）①在菜单栏中单击【文件】菜单，②在弹出的菜单中选择【发布设置】菜单项，如图 12-8 所示。

（2）弹出【发布设置】对话框，①在【发布】选项下方选择动画的发布格式，②在【JPEG 品质】选项下方设置发布的参数，③单击【确定】按钮即可完成设置发布选项的操作，如图 12-9 所示。

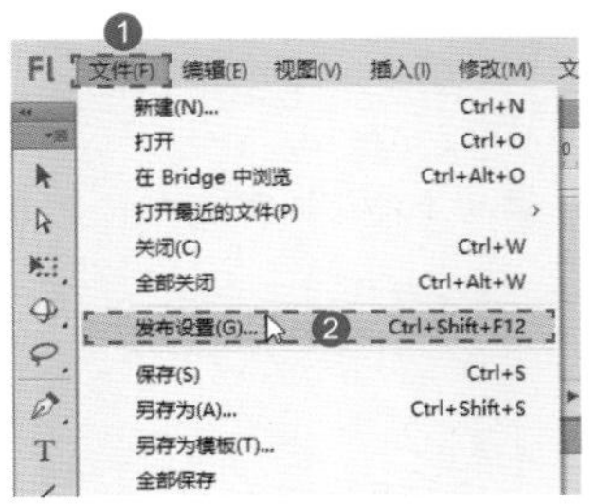

图 12-8

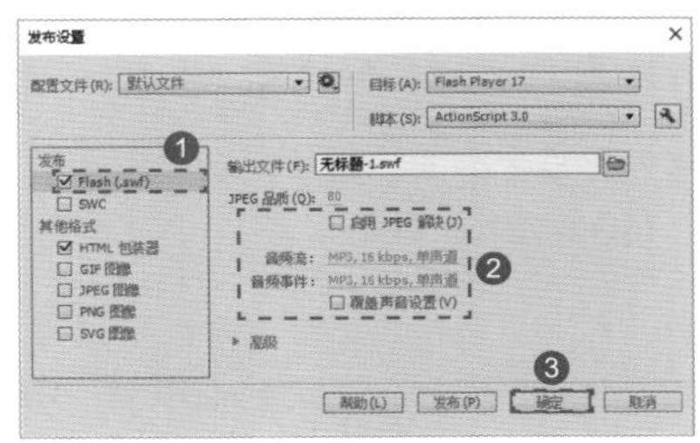

图 12-9

在【发布设置】对话框中，当选中【HTML 包装器】复选框时，用户可以对以下参数进行设置，如图 12-10 所示。

- 【模板】：生成 HTML 文件时所用的模板。
- 【大小】：定义 HTML 文件中 Flash 动画的大小单位。
- 【播放】在其中包括【开始时暂停】、【循环】、【显示菜单】和【设备字体】选项。
- 【品质】：可以选择动画的图像质量。
- 【窗口模式】：可以选择影片的窗口模式。
- 【显示警告消息】：选中该复选框后，如果影片出现错误，会弹出警告消息。
- 【缩放】：可以设置动画的缩放大小。
- 【HTML 对齐】：用于确定影片在浏览器窗口中的位置。

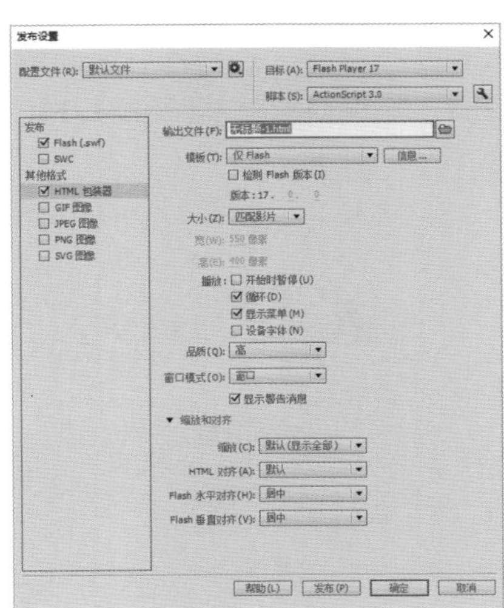

图 12-10

- 【Flash 水平对齐】：可以设置动画在页面中的水平排列位置。
- 【Flash 垂直对齐】：可以设置动画在页面中的垂直排列位置。

12.3.2 发布预览

在 Flash CC 中使用发布预览功能，可以导出选择的类型文件并在默认浏览器中打开，如果预览的是“QuickTime”影片，则将启动 QuickTime 影片播放器。

如果要用发布功能预览文件，只需要在【发布设置】对话框中设置导出选项，然后在菜单栏中执行【文件】→【发布】命令即可，如图 12-11 所示。

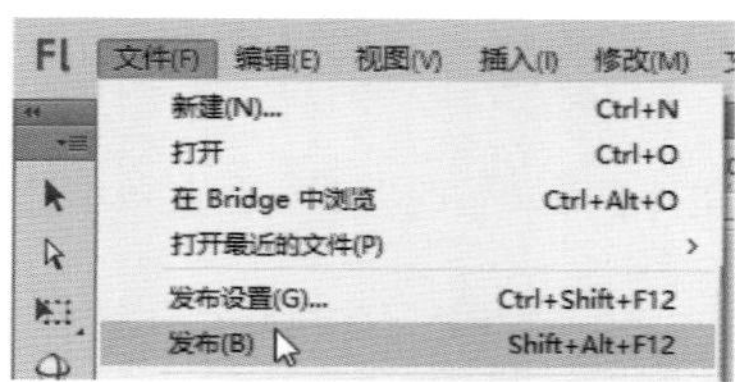

图 12-11

12.3.3 发布动画

在【发布设置】对话框中设置与发布格式相关的参数，即可发布 Flash 动画。下面介绍发布 Flash 动画的操作方法。

实例文件保存路径：配套素材\第 12 章\效果文件

实例效果文件名称：发布 Flash 动画.swf

（1）打开“发布 Flash 动画.fla”素材文件，①在菜单栏中单击【文件】菜单，②在弹出的菜单中选择【发布设置】菜单项，如图 12-12 所示。

（2）弹出【发布设置】对话框，①在【发布】区域勾选【Flash(.swf)】复选框，②在【其他格式】区域勾选【HTML 包装器】复选框，③单击【输出文件】右侧的【选择发布目标】按钮，如图 12-13 所示。

图 12-12

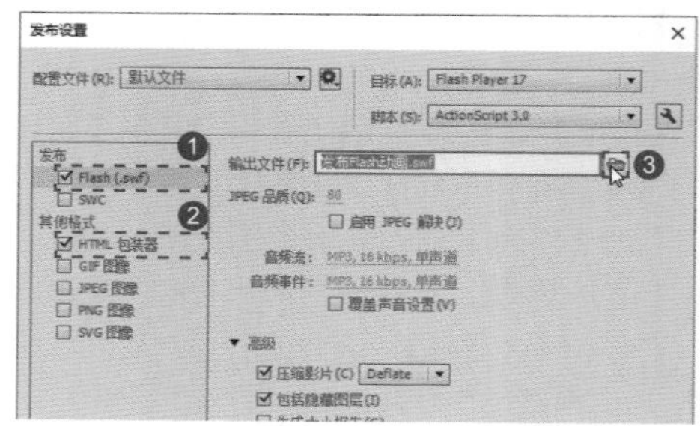

图 12-13

（3）弹出【选择发布目标】对话框，①选择发布文件的存储路径，②设置发布的文件名，③单击【保存】按钮，如图 12-14 所示。

（4）返回【发布设置】对话框，①设置发布参数，②单击【发布】按钮，③单击【确定】按钮，如图 12-15 所示。

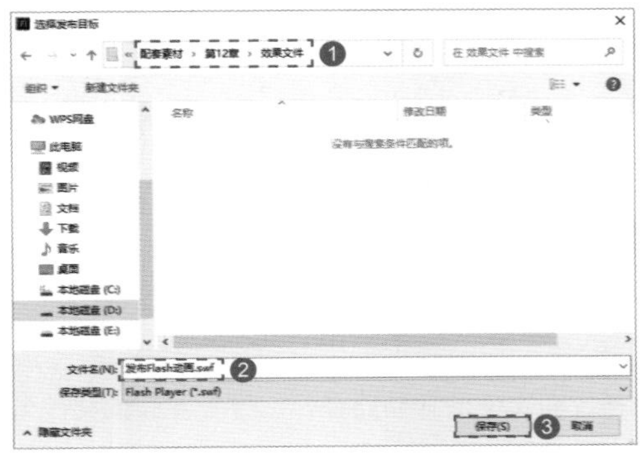

图 12-14

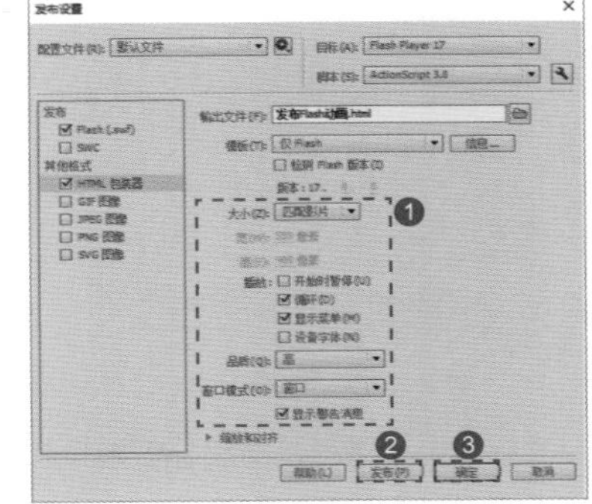

图 12-15

（5）找到存放发布文件的文件夹，用鼠标左键双击.swf 文件，如图 12-16 所示。

（6）此时可以看到发布的动画，通过以上步骤即可完成发布 Flash 动画的操作，如图 12-17 所示。

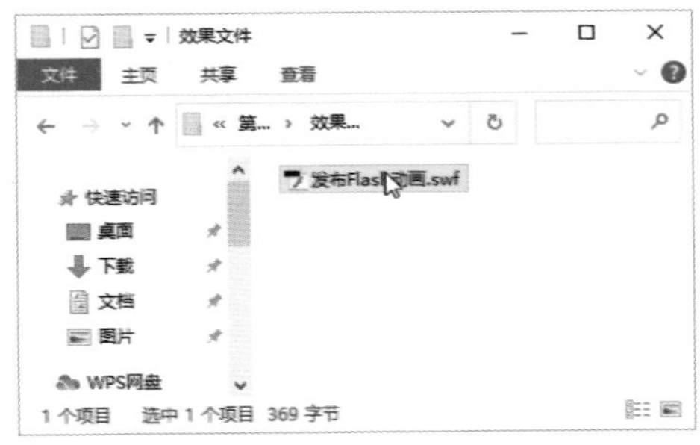

图 12-16

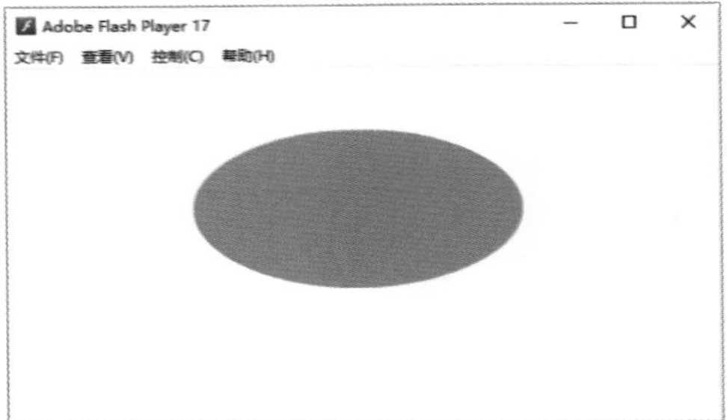

图 12-17

12.4 范例应用——输出 GIF 动画

在输出 Flash 动画时，用户可以根据需要输出 GIF 动画，GIF 的全称是 Graphics Interchange Format，可译为图形交换格式，用于以超文本标记语言（HyperText Markup Language）方式显示索引彩色图像。下面介绍输出 GIF 动画的操作方法。

微视频

实例文件保存路径：配套素材\第 12 章\效果文件

实例效果文件名称：输出 GIF 动画.gif

（1）打开“输出 GIF 动画.fla”素材文件，①在菜单栏中单击【文件】菜单，②在弹出的菜单中选择【发布设置】菜单项，如图 12-18 所示。

（2）弹出【发布设置】对话框，①在【发布】区域勾选【GIF 图像】复选框，②单击【输出文件】右侧的【选择发布目标】按钮，如图 12-19 所示。

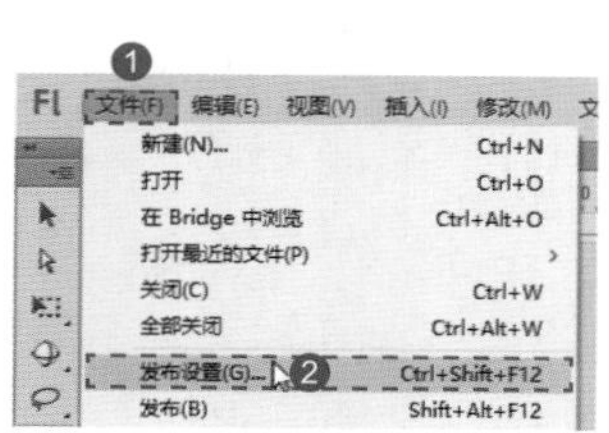

图 12-18

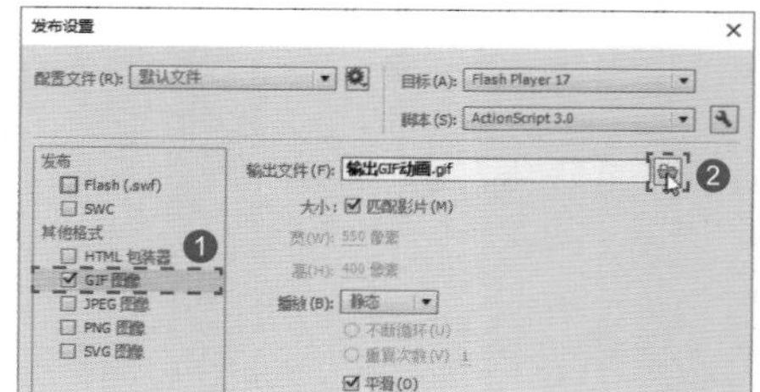

图 12-19

（3）弹出【选择发布目标】对话框，①选择发布文件的存储路径，②设置发布的文件名，③单击【保存】按钮，如图 12-20 所示。

（4）返回【发布设置】对话框，①设置发布参数，②单击【发布】按钮，③单击【确定】按钮，即可完成输出 GIF 动画的操作，如图 12-21 所示。

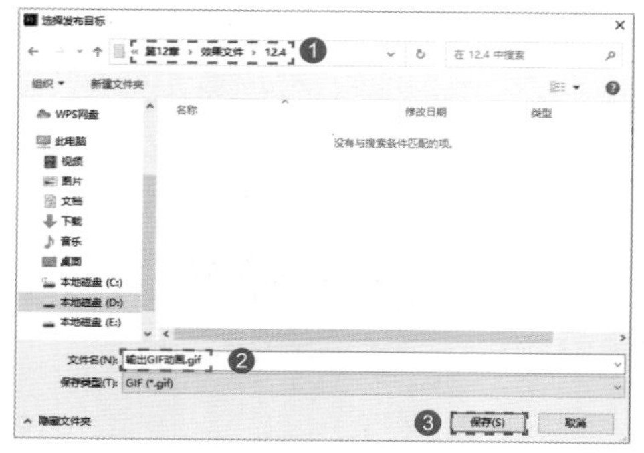

图 12-20

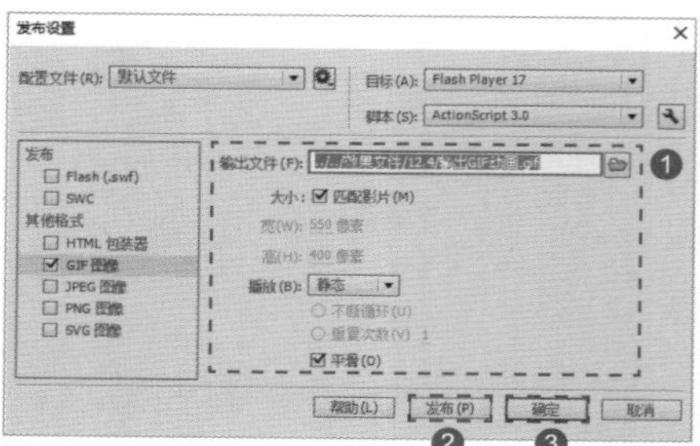

图 12-21

12.5 范例应用——输出 MOV 视频

微视频

在 Flash CC 中，Adobe Media Encoder 可以将 MOV 格式的视频转换成其他视频格式，所以需要先导出 MOV 视频，MOV 即 QuickTime 封装格式（也叫影片格式），用于存储常用数字媒体类型。下面介绍输出 MOV 视频的操作方法。

实例文件保存路径：配套素材\第 12 章\效果文件

实例效果文件名称：输出 MOV 视频.mov

（1）打开“输出 MOV 视频.fla”素材文件，①在菜单栏中单击【文件】菜单，②在弹出的菜单中选择【导出】菜单项，③选择【导出视频】子菜单项，如图 12-22 所示。

（2）弹出【导出视频】对话框，单击【浏览】按钮，如图 12-23 所示。

图 12-22

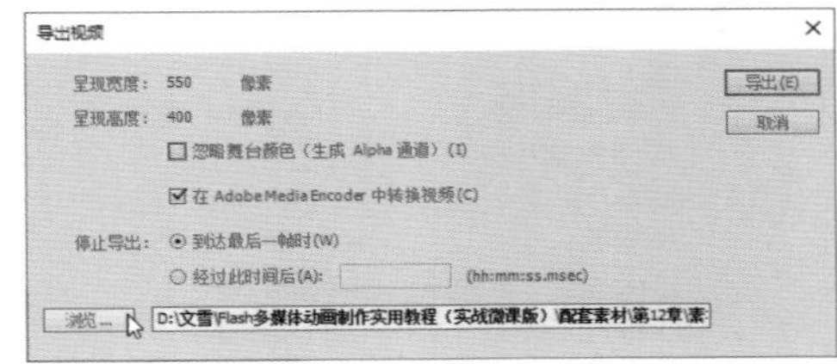

图 12-23

（3）弹出【选择导出目标】对话框，①选择导出文件的存储路径，②设置导出的文件名，③单击【保存】按钮，如图 12-24 所示。

（4）返回到【导出视频】对话框，单击【导出】按钮即可完成输出 MOV 视频的操作，如图 12-25 所示。

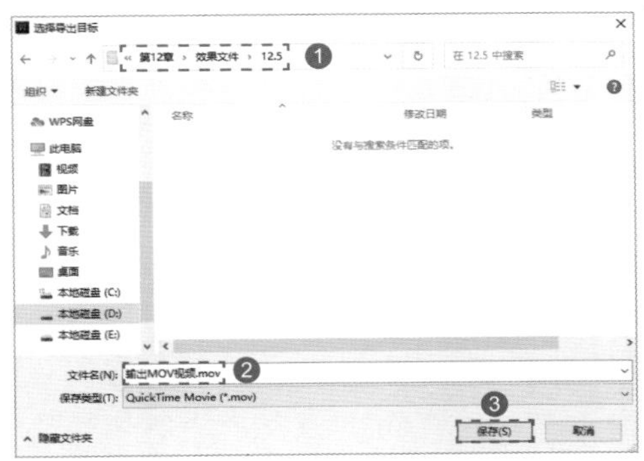

图 12-24

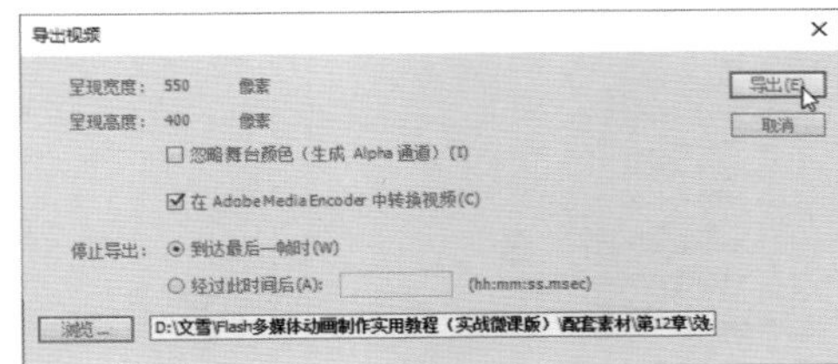

图 12-25

12.6 范例应用——输出 PNG 图像

在 Flash CC 中输出 Flash 动画时，用户可以根据需要输出 PNG 图像，PNG 是一种采用无损压缩算法的位图格式，其设计目的是试图替代 GIF 和 TIFF 文件格式，并且增加一些 GIF 文件格式所不具备的特性。下面详细介绍输出 PNG 图像的操作方法。

微视频

实例文件保存路径：配套素材\第 12 章\效果文件

实例效果文件名称：输出 PNG 图像.png

（1）打开“输出 PNG 图像.fla”素材文件，①在菜单栏中单击【文件】菜单，②在弹出的菜单中选择【发布设置】菜单项，如图 12-26 所示。

（2）弹出【发布设置】对话框，①在【发布】区域勾选【PNG 图像】复选框，②单击【输出文件】右侧的【选择发布目标】按钮，如图 12-27 所示。

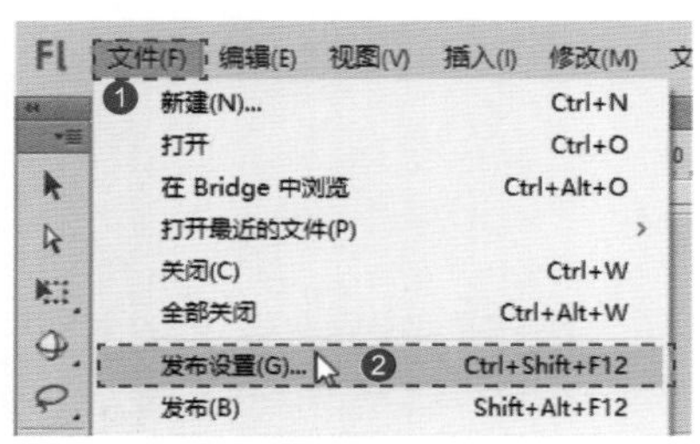

图 12-26

图 12-27

（3）弹出【选择发布目标】对话框，①选择发布文件的存储路径，②设置发布的文件名，③单击【保存】按钮，如图 12-28 所示。

（4）返回到【发布设置】对话框，单击【发布】按钮，再单击【确定】按钮即可完成输出 PNG 图像的操作，如图 12-29 所示。

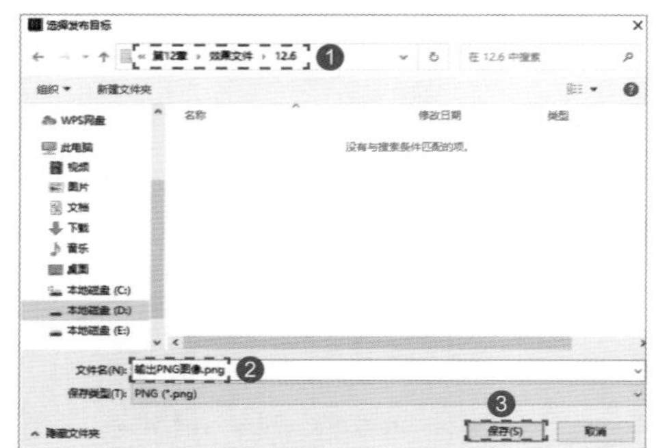

图 12-28

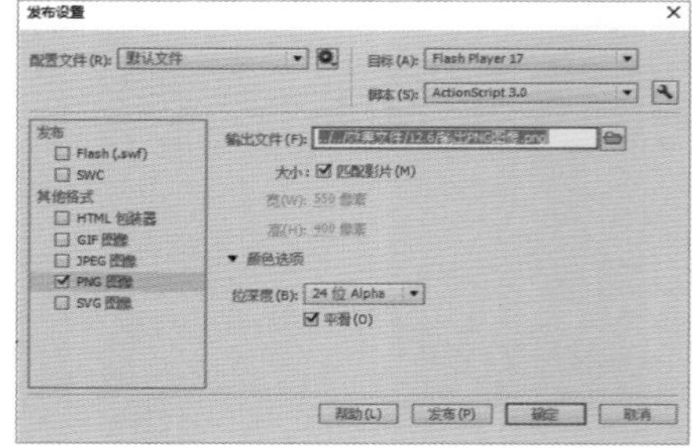

图 12-29

12.7 范例应用——输出 SVG 图像

微视频

在 Flash CC 中输出 Flash 动画时，用户可以根据需要输出 SVG 图像，SVG 的全称是 Scalable Vector Graphics，它是一种基于可扩展标记语言（XML），用于描述二维矢量图的图形格式。下面详细介绍输出 SVG 图像的操作方法。

实例文件保存路径：配套素材\第 12 章\效果文件

实例效果文件名称：输出 SVG 图像.svg

（1）打开“输出 SVG 图像.fla”素材文件，①在菜单栏中单击【文件】菜单，②在弹出的菜单中选择【发布设置】菜单项，如图 12-30 所示。

（2）弹出【发布设置】对话框，①在【发布】区域勾选【SVG 图像】复选框，②单击【输出文件】右侧的【选择发布目标】按钮，如图 12-31 所示。

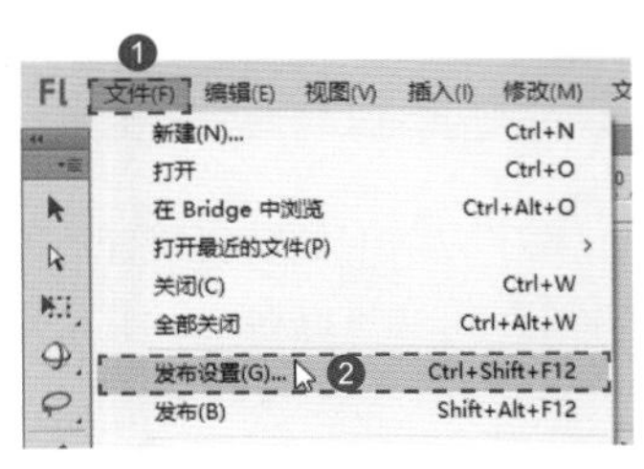

图 12-30

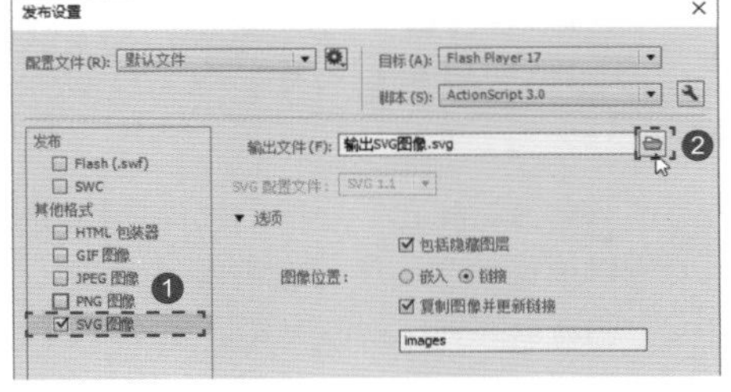

图 12-31

（3）弹出【选择发布目标】对话框，①选择发布文件的存储路径，②设置发布的文件名，③单击【保存】按钮，如图 12-32 所示。

（4）返回到【发布设置】对话框，单击【发布】按钮，再单击【确定】按钮即可完成输出 SVG 图像的操作，如图 12-33 所示。

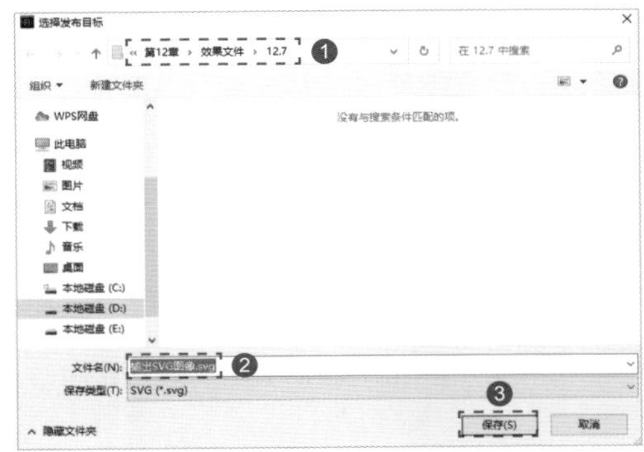

图 12-32

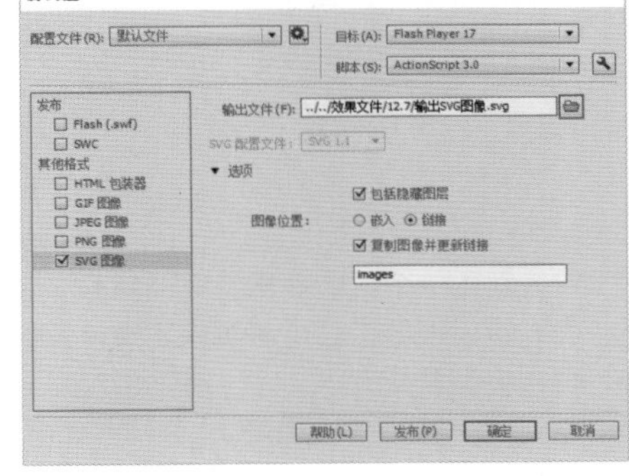

图 12-33

12.8 课后习题

一、填空题

1. 在 Flash CC 中，为了得到更清晰的画面，用户可以对图像文件进行 ____________。

2. 对 Flash 动画文件进行 __________，能够确保动画作品流畅并按照期望的情况进行播放。

二、判断题

1. 在 Flash CC 中将动画制作完成后，还可以按 Ctrl+Delete 组合键测试影片。（　　）

2. 矢量图可以被任意放大且不变形。（　　）

三、简答题

1. 在 Flash CC 中怎样测试场景？

2. 在 Flash CC 中怎样发布 Flash 动画？

附录A 综合上机实训

微视频

为了强化学生的上机操作能力，本书专门安排了以下上机实训项目，教师可以根据教学进度与教学内容合理安排学生上机操作，读者可以通过扫描左侧二维码获取实训课程的配套学习素材。

实训一：制作小孩微笑头像

图 A-1

在Flash CC中制作如图A-1所示的小孩微笑头像。

素材文件：无

结果文件：上机实训\效果文件\实训一\小孩微笑头像.fla

操作提示：

在制作小孩微笑头像的实例操作中，主要使用了钢笔工具、颜料桶工具、线条工具、铅笔工具和椭圆工具等，主要操作步骤如下。

（1）新建一个550像素×350像素、12fps的Flash空白文档。

（2）使用钢笔工具绘制头像轮廓，并使用颜料桶工具为其填充黄色，效果如图A-2所示。

（3）去掉轮廓颜色，然后复制图形，新建“图层2”，按Ctrl+Shift+V组合键粘贴图形，并填充颜色，如图A-3所示。

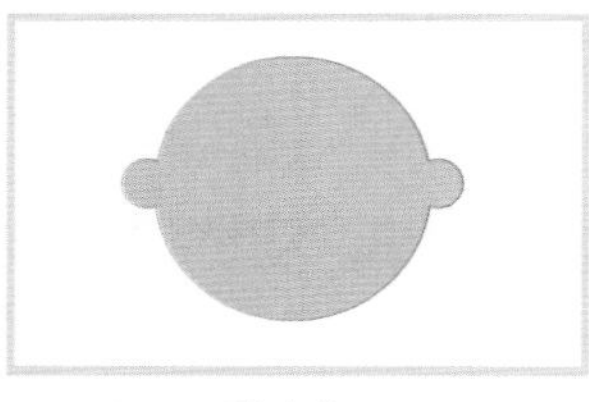
图 A-2

图 A-3

（4）新建“图层3”，使用线条工具绘制眉毛和嘴巴，如图A-4所示。

（5）使用选择工具改变眉毛和嘴巴的弧度，然后新建“图层4”，使用铅笔工具绘制头发，如图A-5所示。

（6）使用椭圆工具绘制眼睛，如图A-6所示。

图 A-4

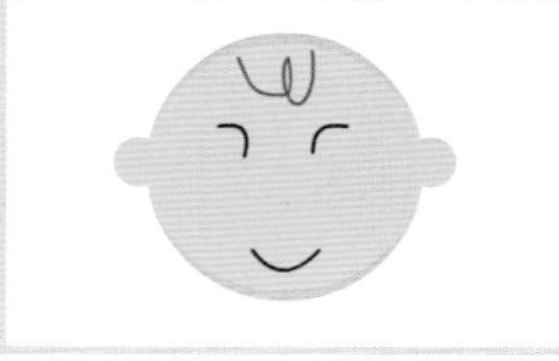
图 A-5

图 A-6

实训二：制作端午贺卡动画

在 Flash CC 中制作如图 A-7 所示的端午贺卡动画。

素材文件：上机实训 \ 素材文件 \ 实训二 \ 粽子.png、茶杯.png、端午安康毛笔字.png
结果文件：上机实训 \ 效果文件 \ 实训二 \ 端午贺卡.fla

图 A-7

操作提示：

在制作端午贺卡动画的实例操作中，主要使用了矩形工具、导入素材到舞台、插入关键帧、创建传统补间动画等知识，主要操作步骤如下。

（1）创建 Flash 空白文档，将“图层 1”重命名为“背景”，然后使用矩形工具绘制一个和舞台大小相同的矩形，为其添加渐变填充，并锁定“背景”图层，如图 A-8 所示。

（2）新建“图层 2”并重命名为“粽子”，导入“粽子.png”素材；新建“图层 3”并重命名为“茶杯”，导入“茶杯.png”素材；新建“图层 4”并重命名为“文字”，导入“端午安康毛笔字.png”素材，如图 A-9 所示。

图 A-8

图 A-9

（3）延长动画至第 85 帧，在各图层第 20 帧的位置插入关键帧，然后选中各图层的第 1 帧，将素材移出舞台，并为其添加传统补间动画，如图 A-10 所示。

（4）选中“茶杯”图层的补间动画，向后移至第 21 帧处；选中“文字”图层的补间动画，向后移至第 41 帧处，如图 A-11 所示。然后按 Ctrl+Enter 组合键测试影片。

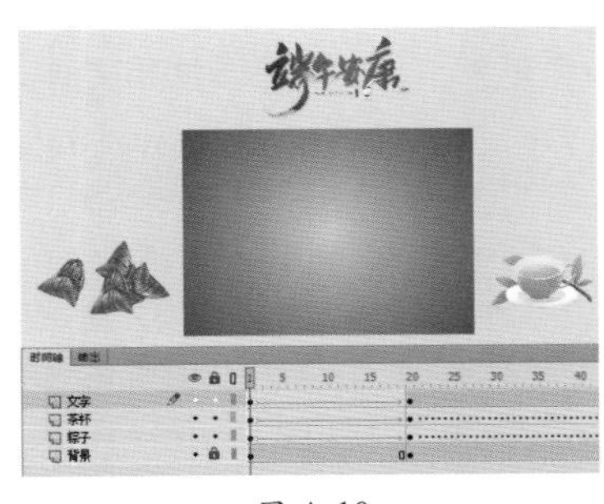

图 A-10

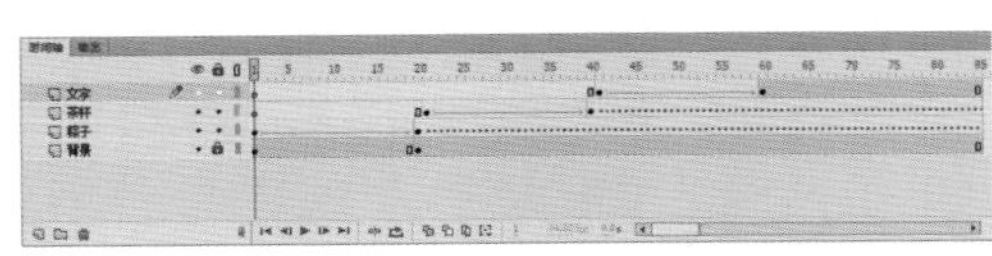

图 A-11

实训三：制作环保动画

在 Flash CC 中制作如图 A-12 所示的环保动画。

素材文件：上机实训 \ 素材文件 \ 实训三 \ 垃圾桶.psd、易拉罐.png
结果文件：上机实训 \ 结果文件 \ 实训三 \ 环保动画.fla

图 A-12

操作提示：

在制作环保动画的实例操作中，主要使用了导入素材到舞台、导入素材到库、将素材转换为元件、创建关键帧、创建传统补间动画等知识，主要操作步骤如下。

（1）创建 Flash 空白文档，将“垃圾桶.psd”素材导入舞台，在弹出的对话框中设置参数如图 A-13 所示。

（2）将所带的 PSD 文件分别放置在两个图层，重命名为“桶盖”和“桶身”，并重命名“图层 1”为“易拉罐”，将“易拉罐.png”素材导入库中，如图 A-14 所示。

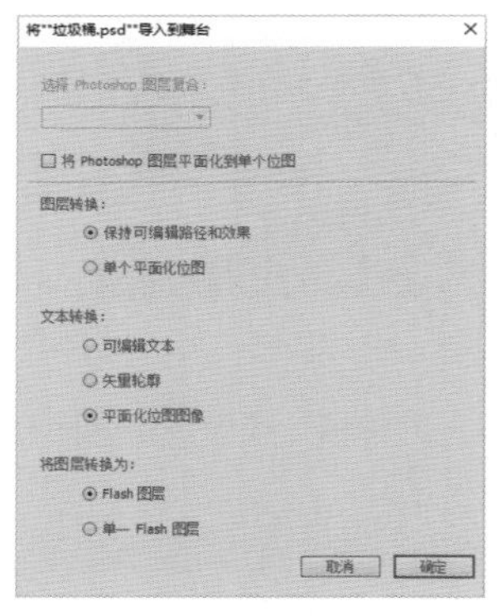

图 A-13

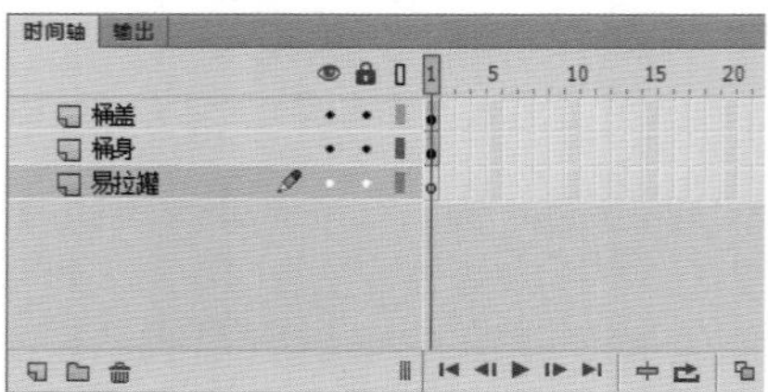

图 A-14

（3）将“易拉罐.png”素材拖入舞台，并调整大小和位置，将其转换为图形元件，如图 A-15 所示。

（4）将“桶盖”和“桶身”图层延长至第 78 帧，在“易拉罐”图层的第 30 帧处按 F6 键创建关键帧，移动易拉罐的位置到垃圾桶内，并为其创建传统补间动画，如图 A-16 所示。

（5）将桶盖形状转换为图形元件，在“桶盖”图层的第 16 帧处插入关键帧，并使用任意变形工具更改中心点的位置，如图 A-17 所示。

（6）在“桶盖”图层的第 25 帧处插入关键帧，设置形状的旋转角度为 30°，并为第 16 ～ 25 帧创建传统补间动画，如图 A-18 所示。

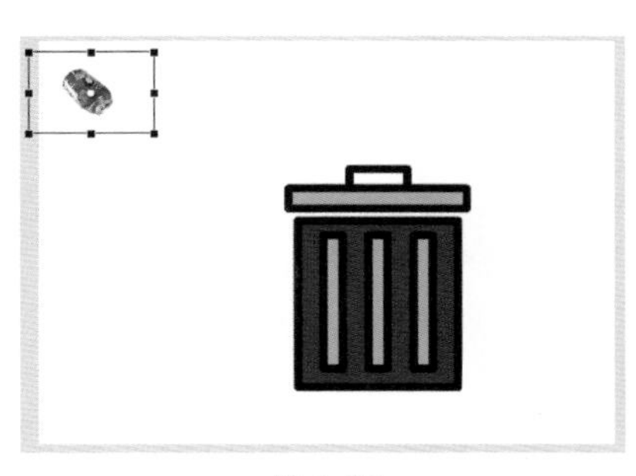

图 A-15

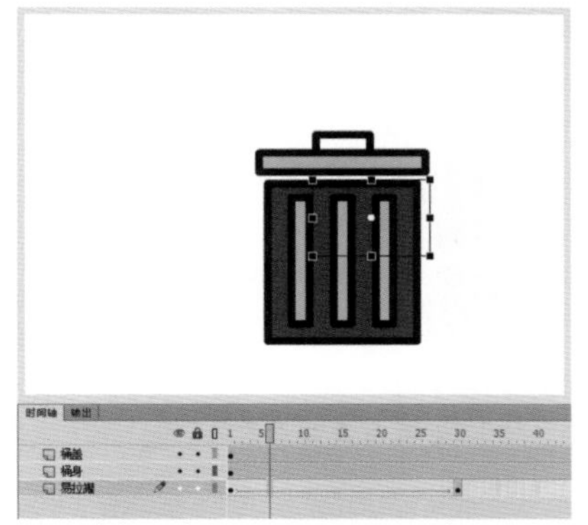

图 A-16

（7）在第 35 帧处插入关键帧，设置角度为 0°，并为第 25 ～ 35 帧创建传统补间动画，如图 A-19 所示。

图 A-17

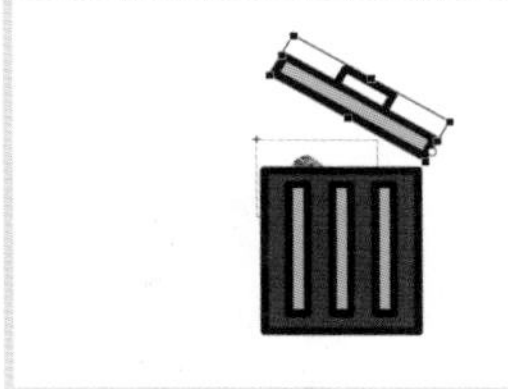

图 A-18

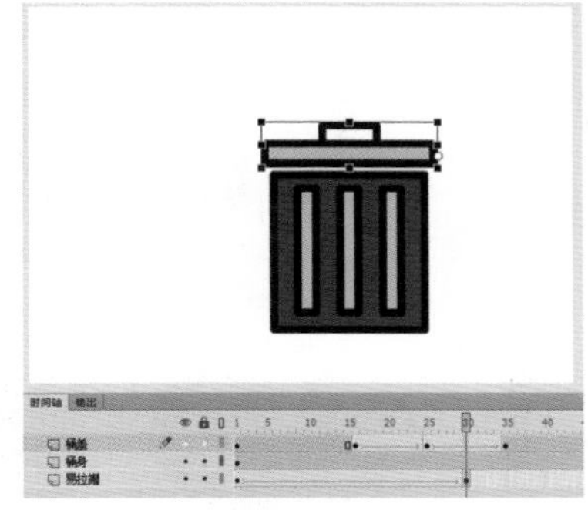

图 A-19

实训四：制作打字动画

在 Flash CC 中制作如图 A-20 所示的打字动画。

素材文件：上机实训 \ 素材文件 \ 实训四 \ 草莓.png、打字机.mp3
结果文件：上机实训 \ 结果文件 \ 实训四 \ 打字动画.fla

图 A-20

操作提示：

在制作打字动画的实例操作中，主要使用了文本工具、打散文字功能、翻转帧、导入声音到库、添加动作代码等知识，主要操作步骤如下。

（1）创建 Flash 空白文档，将“图层 1”重命名为“背景”，导入“草莓.png”素材，并调整其大小和位置；新建“图层 2”并重命名为“文字”，使用文本工具输入内容，设置字体为“方正平和简体”，如图 A-21 所示。

（2）按 Enter 键修改文字为竖排显示，按 Ctrl+B 组合键打散文字，如图 A-22 所示。

图 A-21

图 A-22

（3）在“文字”图层的第 2 帧处添加关键帧，删除最后一个字，如图 A-23 所示。

（4）在“文字”图层的第 3 帧处添加关键帧，删除最后一个字，如图 A-24 所示。

（5）使用相同方法操作，直至删除到最后一个字，效果如图 A-25 所示。

图 A-23

图 A-24

图 A-25

（6）删除“文字”图层后面的普通帧，然后选中所有关键帧，右击，在弹出的快捷菜单中选择【翻转帧】菜单项，效果如图 A-26 所示。

（7）在“文字”图层的每个关键帧之间插入一些普通帧，制造打字间隔效果，如图 A-27 所示。

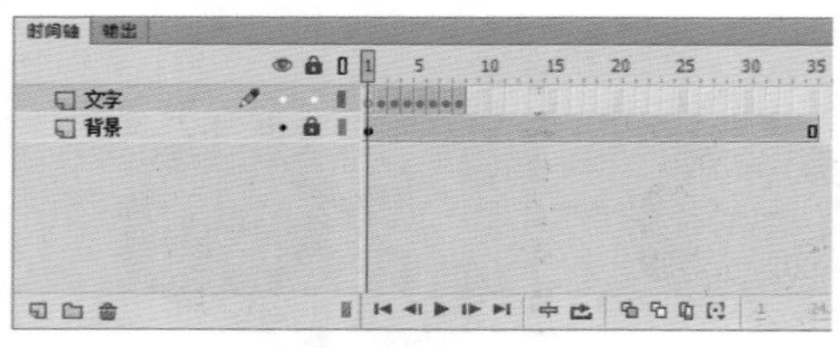

图 A-26

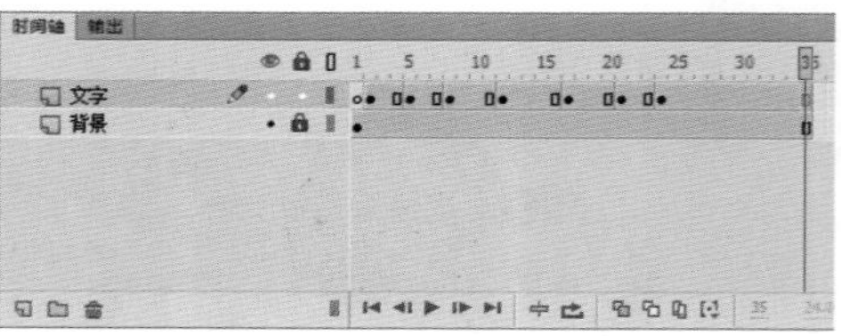

图 A-27

（8）创建“图层 3”并重命名为“声音”，将“打字机.mp3”导入库中，并将其拖入舞台，效果如图 A-28 所示。

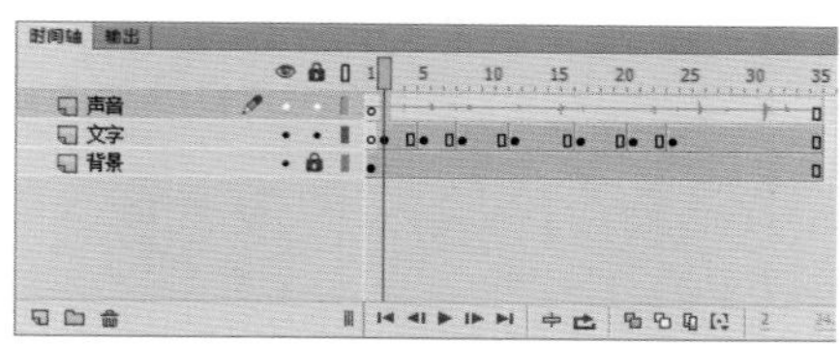

图 A-28

（9）在“声音”图层的第 25 帧处按 F7 键，调整声音的长度；新建“图层 4”并重命名为“动作”，在第 35 帧处按 F7 键，并右击，在弹出的快捷菜单中选择【动作】菜单项，效果如图 A-29 所示。

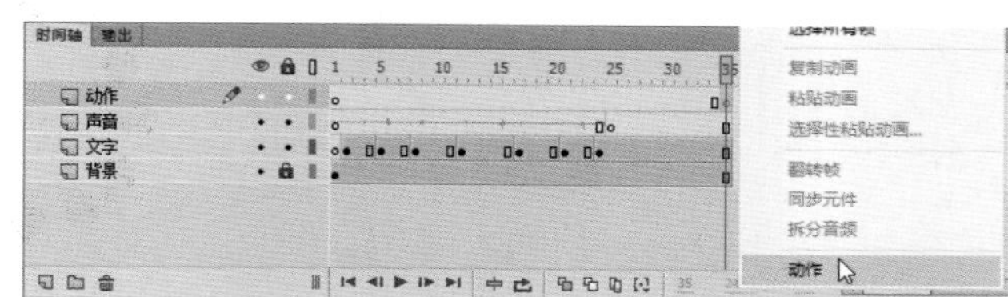

图 A-29

（10）打开【动作】面板，输入代码，如图 A-30 所示。然后关闭该面板测试影片。

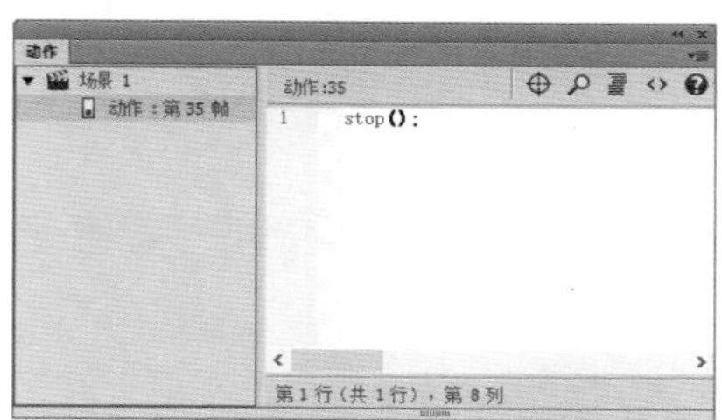

图 A-30

实训五：制作加载画面动画

在 Flash CC 中制作如图 A-31 所示的加载画面动画。

素材文件：无

结果文件：上机实训\结果文件\实训五\加载画面动画.fla

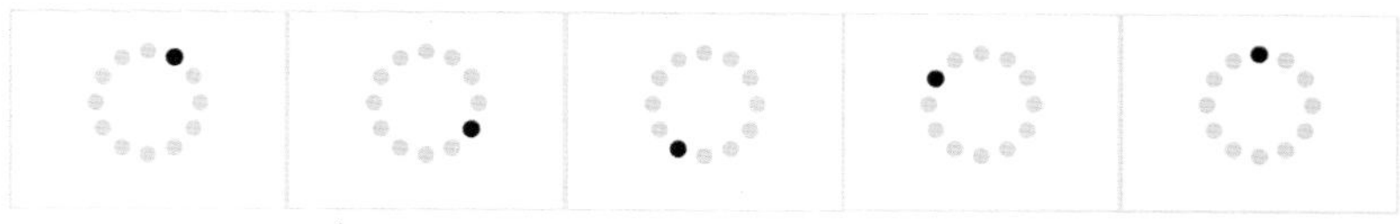

图 A-31

操作提示：

在制作加载画面动画的实例操作中，主要使用了椭圆工具、【变形】面板中的【重制选区和变形】按钮、分散到图层等知识，主要操作步骤如下。

（1）创建 Flash 空白文档，将“图层 1”重命名为“背景”，使用椭圆工具绘制灰色正圆，并移动中心点的位置，如图 A-32 所示。

（2）在【变形】面板中设置【旋转】为 30°，并单击【重制选区和变形】按钮，直至复制出一圈圆形，如图 A-33 所示。

（3）创建“图层 2”并重命名为“黑圆”，将“背景”图层延长至第 55 帧。选中“背景”图层的第 1 帧，按 Ctrl+C 组合键复制图形，选中“黑圆”图层的第 1 帧，按 Ctrl+Shift+V 组合键粘贴图形，并将其填充为黑色，如图 A-34 所示。

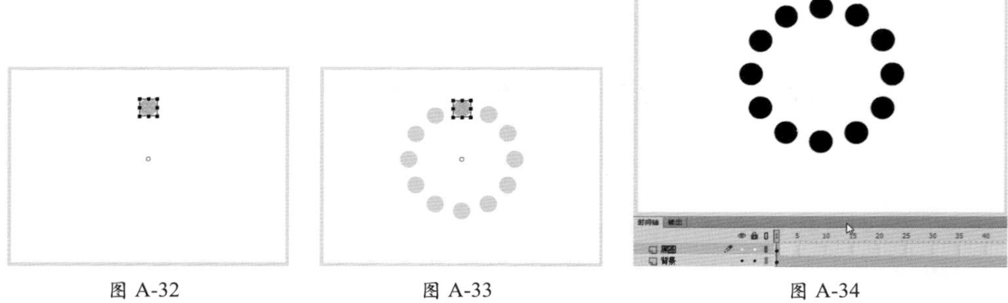

图 A-32　　图 A-33　　图 A-34

（4）选中“黑圆”图层的所有圆形，右击，在弹出的快捷菜单中选择【分散到图层】菜单项，将每个圆形分配到一个图层，如图 A-35 所示。

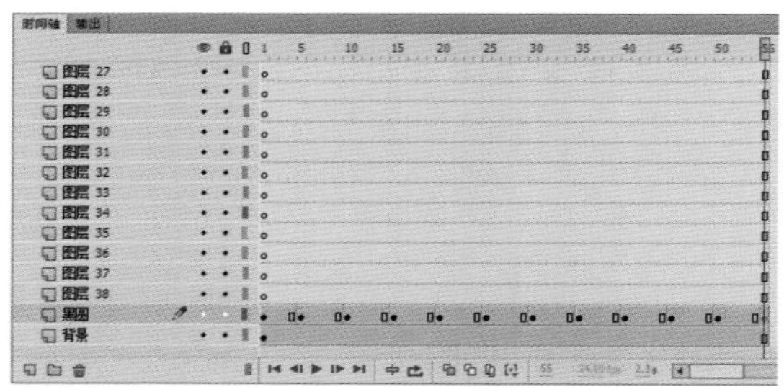

图 A-35

（5）将每个图层中的关键帧按照顺时针方向每隔 5 帧放入“黑圆”图层中，删除多余的图层，如图 A-36 所示。然后按 Ctrl+Enter 组合键测试影片。

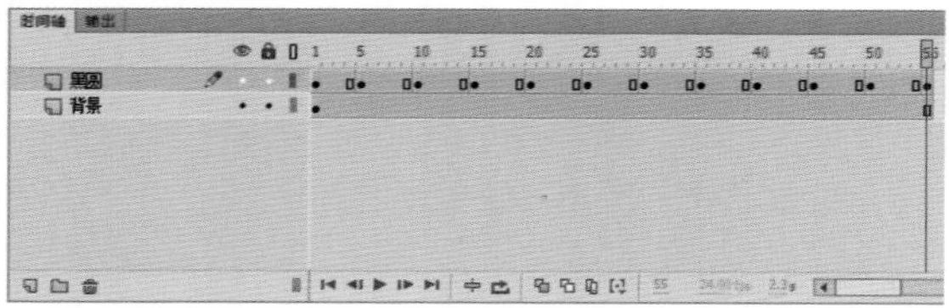

图 A-36

附录 B　知识与能力综合测试题试卷

（全卷：100 分　　答题时间：120 分钟）

得分	评卷人

一、选择题（每题2分，共23小题，共计46分）

1. Flash 影片的帧频最大可以设置为（　　）。

A. 99fps　　B. 100fps　　C. 120fps　　D. 150fps

2. 对于在网络上播放的动画，最合适的帧频是（　　）。

A. 24fps　　B. 12fps　　C. 25fps　　D. 16fps

3. 在 Flash 的时间轴上选取连续的多帧或选取不连续的多帧时，分别需要按（　　）键后再使用鼠标进行选择。

A. Shift、Alt　　B. Shift、Ctrl　　C. Ctrl、Shift　　D. Esc、Tab

4. 在编辑位图图像时修改的是（　　）。

A. 像素　　B. 曲线　　C. 直线　　D. 网格

5. 以下各种关于图形元件的叙述中正确的是（　　）。

A. 图形元件可以重复使用

B. 图形元件不可以重复使用

C. 可以在图形元件中使用声音

D. 可以在图形元件中使用交互式控件

6. 以下关于元件优点的叙述中不正确的是（　　）。

A. 使用元件可以使电影的编辑更加简单化

B. 使用元件可以使所发布文件的大小显著地减小

C. 使用元件可以使电影的播放速度加快

D. 使用电影可以使动画更加漂亮

7. 以下关于逐帧动画和补间动画的说法中正确的是（　　）。

A. 对于两种动画模式，Flash 都必须记录各帧的完整信息

B. 前者必须记录各帧的完整信息，而后者不用

C. 前者不必记录各帧的完整信息，而后者必须记录各帧的完整信息

D. 以上说法均不对

8. 计算机显示器所用的三原色指的是（　　）。

A. RGB（红色、绿色、蓝色）

B. CMY（青色、洋红、黄色）

C. CMYK（青色、洋红、黄色、黑色）

D. HSB（色泽、饱和度、亮度）

9. Flash 不可以保存的格式是（　　）。

A. .fla　　B. .gif　　C. .swf　　D. .pptx

10. Flash 动画加入声音后更具有感染力，下面关于 Flash 中声音的说法正确的是（　　）。

A. 只能在场景的时间轴上添加声音，不能在元件的时间轴上添加声音

B. 声音只能是.wav 格式，不能是.mp3 格式

C. 添加声音后能够进行简单的音效编辑

D. 声音必须单独在一个图层

11. 以下说法中错误的是（　　）。

A. 无论遮罩使用什么颜色，遮罩效果都是一样的

B. 一个遮罩层可以有多个被遮罩层

C. 一个被引导层只能有一个引导层

D. 被引导层上的对象只要在引导线上就一定能沿着引导线运动

12. Flash 中的空白关键帧（　　）。

A. 无内容，不可编辑　　B. 有内容，不可编辑

C. 有内容，可编辑　　D. 无内容，可编辑

13. 下面的面板中可以设置舞台背景的是（　　）。

A.【对齐】面板　　B.【颜色】面板　　C.【动作】面板　　D.【属性】面板

14. 插入空白关键帧的作用是（　　）。

A. 完整地复制前一个关键帧的所有内容　　B. 起延时作用

C. 等于插入了一张白纸　　D. 以上都不对

15. 插入关键帧的快捷键是（　　）。

A. F5　　B. F6　　C. F7　　D. F8

16. 将当前选中的关键帧转换为普通帧的菜单操作是（　　）。

A. 执行【编辑】→【清除】命令

B. 执行【文件】→【关闭】命令

C. 执行【修改】→【时间轴】→【转换为空白关键帧】命令

D. 执行【修改】→【时间轴】→【清除关键帧】命令

17. 按（　　）键可以快速地在指定位置插入空白关键帧。

A. F5　　B. F6　　C. F7　　D. F8

18. 关于 Flash 舞台的最大尺寸，下列说法中正确的是（　　）。

A. 8192 像素 ×8192 像素　　B. 1000 像素 ×1000 像素

C. 2880 像素 ×2880 像素　　D. 4800 像素 ×4800 像素

19. 一个最简单的动画至少应该有（　　）个关键帧。

A. 1　　B. 2　　C. 3　　D. 4

20. 双击（　　）工具，舞台将在工作区的正中央显示。

A. 套索　　B. 滴管　　C. 选择　　D. 手形

21. 在使用部分选取工具拖拽节点时，按（　　）键可以使角点转换为曲线点。

A. Alt　　B. Ctrl　　C. Shift　　D. Esc

22. 在制作图形的过程中，可以使用（　　）改变图形的大小和倾斜度。

A. 任意变形工具　　B. 椭圆工具　　C. 颜料桶工具　　D. 选择工具

23. 在 Flash 中选择滴管工具，当单击填充区域时，该工具将自动变为（　　）。

A. 墨水瓶工具　　B. 颜料桶工具　　C. 钢笔工具　　D. 铅笔工具

得分	评卷人

二、填空题（每空2分，共9小题，共计24分）

1. 修改中心点位置需要使用的是 __________ 工具。

2. 传统文本有静态文本、动态文本和 __________3 种类型，它们应用的范围有所不同。

3. 在 ActionScript 3.0 中，“trace( );”语句的作用是 __________。

4. Flash 动画分为 __________ 和补间动画，其中补间动画又分为 __________ 和 __________ 动画。

5. 在绘制椭圆时按住 __________ 键可以绘制出一个正圆。

6. 在【颜色】面板中可以设置为图形填充纯色、线性渐变色和 __________。

7. 按 __________ 键可以撤销上一步的操作。

8. 使用橡皮擦工具只能对 __________ 进行擦除，对文字和位图无效，如果要擦除文字或位图，必须将它们 __________。

9. 在将完成的 Flash 动画进行发布时，如果在【发布设置】对话框的【其他格式】选项设置中只勾选了【HTML 包装器】复选框，则 __________ 文件会被自动勾选并被同时发布。

得分	评卷人

三、判断题（每题1分，共14小题，共计14分）

1. Flash 的舞台从 100% 调到 50%，舞台的实际大小也变小了。（　　）

2. 清除关键帧的快捷键是 Shift+F6。（　　）

3. 打字效果的原理就是在时间轴的不同关键帧上增删文字。（　　）

4. 在导入序列图片生成逐帧动画后，如果不满意对象在舞台中的位置，可以在启用绘图纸外观功能的情况下先将第 1 帧中的图形拖动到合适的位置，然后在【属性】面板中调整每一个关键帧中图形的位置。（　　）

5. 没有任何内容的关键帧就是空白关键帧。（　　）

6. 选中需要删除的关键帧，执行【删除帧】或者【清除帧】命令都可以完成删除所选关键帧的操作。（　　）

7. 在 Flash CC 中 3D 旋转工具不具有全局转换和局部转换模式。（　　）

8. 使用部分选取工具在对象的外边线上单击，对象上会出现多个节点，拖动节点来调整控制线的长度和斜率，从而改变对象的形状。（　　）

9. 使用线条工具只能绘制直线，不能绘制曲线。（　　）

10. 在画笔工具的【属性】面板中可以设置不同的填充颜色和平滑度。（　　）

11. 在使用钢笔工具绘制图形时，转换锚点指针可以将锚点类型进行转换。（　　）

12. 使用滴管工具可以吸收矢量图的线型和色彩，之后使用颜料桶工具可以快速修改其他矢量图内部的填充色。（　　）

13. 使用选择工具在舞台中的对象上单击鼠标进行点选，按住 Shift 键再点选其他对象，可以同时选中多个对象；而在舞台中用鼠标拖曳出一个矩形区域可以框选该矩形区域内的对象。（　　）

14. 使用墨水瓶工具可以快速修改矢量图的边框颜色及线型。（　　）

得分	评卷人

四、简答题（每题8分，共2小题，共计16分）

1. Flash CC 软件的应用领域有哪些？

2. 简述创建补间形状动画的方法。